普通高等教育自动化类国家级特色专业系列规划教材

过程控制系统

（第三版）

陈夕松　汪木兰　杨　俊　编著

李　奇　主审

科学出版社

北　京

内 容 简 介

本书以过程控制系统组成和结构为线索,介绍了过程控制的基本概念,过程控制常用仪表的原理和工程选用,过程对象及建模方法,过程执行器的原理和选择,过程控制器的设计和整定及先进过程控制策略,串级过程控制系统,各种复杂过程控制系统的控制方案与工程设计,计算机过程控制系统的原理、组成与应用,过程优化技术等。

本书除过程控制的基础知识外,还介绍了基于计算机及先进控制理论等在内的过程控制新技术,如现场总线技术、组态软件以及控制与管理信息集成技术等。

本书可作为高等院校自动控制、工业自动化及相关专业高年级本科生的教材,也可供有关工程技术人员参考。

图书在版编目(CIP)数据

过程控制系统 / 陈夕松,汪木兰,杨俊编著.—3 版.—北京:科学出版社,2014.12
（普通高等教育自动化类国家级特色专业系列规划教材）
ISBN 978-7-03-042891-2

Ⅰ.①过…　Ⅱ.①陈…②汪…③杨…　Ⅲ.①过程控制-自动控制系统-高等学校-教材　Ⅳ.①TP273

中国版本图书馆 CIP 数据核字(2014)第 310041 号

责任编辑:余　江 / 责任校对:郭瑞芝
责任印制:霍　兵 / 封面设计:迷底书装

斜学出版社 出版
北京东黄城根北街 16 号
邮政编码:100717
http://www.sciencep.com

保定市中画美凯印刷有限公司 印刷
科学出版社发行　各地新华书店经销
＊
2005 年 7 月第　一　版　　开本:787×1092 1/16
2014 年 12 月第　三　版　　印张:16 1/2
2016 年 12 月第十五次印刷　　字数:391 000
定价:38.00 元
（如有印装质量问题,我社负责调换）

第三版前言

过程控制技术近年来发展迅速,特别是在计算机、网络通信和先进控制理论的带动下,过程控制的检测、执行仪表及控制系统日益向智能化方向发展。过程控制教材必须与时俱进,适应这种新形势。

本书根据作者多年的教学体会和从事过程控制的实际经验,合理组织过程控制的基本内容和近年来过程控制的有关新技术精心编写而成。

自动控制的核心是反馈,过程控制也不例外。一个典型的过程控制系统一般由控制器、执行器、被控过程和测量变送等4个部分组成,也称单回路控制系统,如图0-1所示。

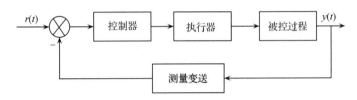

图 0-1　过程控制系统的一般结构

本书在介绍过程控制的基本概念后,分五章介绍了过程控制的4大组成部分,接着用两章篇幅介绍了几种典型的过程控制系统,为了突出计算机在过程控制中的应用,本书单辟一章详细讲述了计算机过程控制系统,最后讲述了过程优化技术,具体安排如下:

在第1章介绍过程控制概述后,第2章讲述过程测量变送,主要包括过程控制中常见的温度、压力、流量、物位及成分等工艺参数的测量技术;第3章讲述执行器,主要介绍调节阀和变频器的应用知识;第4章讲述被控过程特性及过程建模方法;第5章和第6章讲述过程控制器,其中第5章讲述了应用最为普遍的PID控制算法及工程整定,作为PID这种常规算法的补充,第6章讲述了先进过程控制策略,包括内模控制、预测控制和智能控制等。

至此,过程控制的4个基本环节已讲述完毕,接着在第7章讲述了除单回路控制系统以外使用最多的另一类过程控制系统——串级控制系统;在第8章讲述了包括前馈控制系统、时间滞后控制系统、解耦控制系统、比值控制系统、均匀控制系统、超驰控制系统、分程控制系统和阀位控制系统在内的各种复杂控制系统。

第9章详细讲述了计算机过程控制系统,重点介绍了集散控制系统(DCS)、基于可编程序控制器的监督控制与采集系统(PLC-SCADA)和现场总线系统(FCS)等相关技术。

第10章讲述了过程优化技术及应用,介绍了过程优化的基本概念及结构,实时优化技术及求解算法等。

为了突出工程应用特点,附录中列举了过程控制SAMA图和过程控制仪表位号,这为大型过程控制工程的设计与施工奠定了基础。最后列出的部分专业术语中英文对照有助于读者阅读过程控制的相关国外文献资料。

本书在编写上,对控制中的一些共性内容,合理地安排在相关教材中讲授,避免概念、原理重复,同时又力求做到概念准确,条理清晰。

本书第 1、3、6、8 章由东南大学陈夕松教授编写,第 2、4、5、7 章由南京工程学院汪木兰教授编写,第 10 章由东南大学杨俊副教授编写,南京农业大学徐友老师完成了第 9 章初稿和插图;全书由陈夕松教授统稿。

全书由东南大学博士生导师李奇教授主审,并提出了许多宝贵意见,对提高本书的质量起到了重要作用,在此表示衷心感谢。

本教材是东南大学"自动化专业主干技术课程改革与实践"项目的重要组成部分(该项目 2004 年获得江苏省优秀教学成果一等奖),在编写过程中得到了项目负责人博士生导师周杏鹏教授的热心关怀和指导,特此一并致谢。

本书规定的教学时数为 32~48 学时,根据各校的实际情况,教师可对书中章节有选择地讲授。

由于作者水平有限,对于书中存在的不足之处,恳请读者批评指正。联系方式:

陈夕松,东南大学自动化学院(210096),E-mail:chenxisong@263.net。

作 者

2014 年 9 月

目　　录

第1章 过程控制系统概述

教学要求

本章概要介绍过程控制系统的基本概念,重点介绍过程控制系统的组成、特点和分类。学完本章后,应能达到如下要求:

- 掌握过程控制的定义,弄清过程控制的目的;
- 掌握过程控制系统的组成和特点;
- 掌握过程控制系统的分类以及相互之间的区别;
- 掌握过程控制的阶跃响应指标,理解偏差积分性能指标;
- 了解过程控制的发展历程和发展方向;
- 了解本课程的地位和性质。

1.1 过程控制系统组成及特点

1.1.1 过程控制认识

所谓过程控制是指根据工业生产过程的特点,采用测量仪表、执行机构和计算机等自动化工具,应用控制理论,设计工业生产过程控制系统,实现工业生产过程自动化。

通常把原材料转变成产品并具有一定生产规模的过程叫做工业生产过程,它可分为连续(或批处理)生产过程(如化工、石油、冶金、发电、造纸、生物化工、轻工、水处理、制药等)和离散制造过程(如机械加工、汽车制造等)。

本书讨论的工业生产过程主要是指连续生产过程,这些生产过程中自动控制系统的被控参数往往是温度、压力、流量、物位和成分等变量。

下面通过一个具体例子来认识一下过程控制。

例 1.1 过程控制认识。

图 1.1(a)所示是矿石经给矿机下矿后,由皮带送往磨机的工业生产过程,它是冶金行业选矿生产中的一个生产环节。在生产过程中,要求控制矿石流量以保证产量稳定。以前由人工控制给矿机的频率来调节矿石流量,产量波动较大。

为稳定矿量,在给矿机皮带上安装皮带秤,矿量控制器根据设定的矿量(矿量给定)和皮带秤的检测信号自动调节给矿机的频率,保证产量稳定。该控制系统示意图如图 1.1(a)所示,根据自动控制原理知识,该控制系统方框图如图 1.1(b)所示。

这是一个以流量为被控参数的工业生产过程控制系统。通过给矿过程的自动控制,可以稳定产量,并为后续工艺质量的控制提供基础,而且该过程控制还可以减轻人工操作强度,改善劳动条件等。

过程控制由来已久,早在 20 世纪中叶,工业生产过程中就开始陆续引入过程控制。特别是近年来,随着计算机技术、网络通信技术以及先进控制理论的发展,过程控制已经深入到工业生产过程的各个层面。

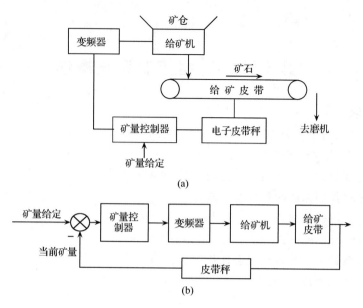

图 1.1　冶金行业选矿过程矿石流量控制系统

(a) 示意图　(b) 方框图

过程控制最根本的目的在于抑制外界扰动的影响,确保生产过程的稳定性,并实现生产过程工况的最优化。其实,随着过程控制的不断发展,过程控制在工业生产过程中的作用越来越大。具体来说,通过过程控制可以达到保证质量、提高产量、节能降耗、实现安全运行、改善劳动条件、保护环境卫生和提高管理水平等多种目的和要求。

可见,过程控制是保证现代化工业企业安全、优质、低耗和高效生产的主要技术手段。实现过程控制不仅可以给企业带来优质、高效、节能等直接的经济效益,还可以为企业和社会带来间接的社会效益。

1.1.2　过程控制系统组成

由图 1.1 可知,过程控制系统一般由控制器、执行器、被控过程和测量变送等环节组成,其一般性框图如图 1.2 所示。

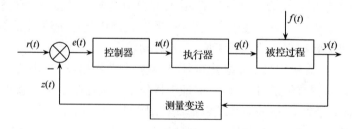

图 1.2　过程控制系统的一般性框图

图 1.2 也反映了自动控制的本质——反馈。基于反馈构成的闭环控制是过程控制的核心内容。在过程控制中,图 1.2 所示的系统也称为单回路控制系统。在本书后面章节中,将先介绍该系统的各个组成环节,并在此基础上介绍多种其他复杂控制系统。

图 1.2 中,有以下几个名词术语:

1）被控参数（变量）$y(t)$：被控过程内要求保持设定数值的工艺参数。

2）控制（操纵）参数（变量）$q(t)$：受控制器操纵，用以克服扰动量的影响，使被控参数保持设定值的物料量或能量。

3）扰动量 $f(t)$：除控制参数外，作用于被控过程并引起被控参数变化的各种因素。

4）给定值 $r(t)$：被控参数的设定值，一般用 SP 表示。

5）当前值 $z(t)$：被控参数经测量变送环节实际测量的值，一般用 PV 表示。

6）偏差 $e(t)$：被控参数的设定值与当前实际值之差。

7）控制作用 $u(t)$：控制器的输出量。

过程控制系统中，有时将控制器、执行器和测量变送环节统称为过程仪表。这样，过程控制系统就由过程仪表和被控过程两部分组成。

例 1.2 过程控制系统框图。

在石油化工生产过程中，常常利用液态丙烯汽化来吸收裂解气体热量，使裂解气体的温度下降到规定数值。图 1.3 是一个简化的丙烯冷却器温度控制系统，被冷却的物料是乙烯裂解气，其温度要求控制在 $15\pm1.5℃$。若温度太高，冷却后的气体会含过多的水分；若温度太低，乙烯裂解气会产生结晶析出，堵塞管道。现请指出系统中被控过程、被控参数和控制参数，并画出该控制系统的方框图。图中 TT、TC 是过程控制中的仪表位号，分别代表温度检测和温度控制，参见附录 A。

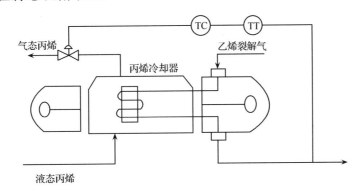

图 1.3 丙烯冷却器温度控制系统示意图

解 由上述工艺介绍可知，在丙烯冷却器温度控制系统中，被控过程为丙烯冷却器；被控参数为乙烯裂解气的出口温度；控制参数为气态丙烯的流量。

该系统方框图如图 1.4 所示。

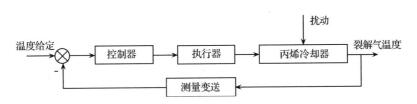

图 1.4 丙烯冷却器温度控制系统方框图

需要注意的是，与示意图不同，方框图中箭头的指向并不代表物料的实际流向。比如在本例示意图中，气态丙烯的流向是由丙烯冷却器流出的。而在方框图中，气态丙烯作为控制参数，其信号的流向是指向丙烯冷却器的。

例 1.3 过程控制系统组成。

例 1.1 中的被控过程是指给矿皮带;测量变送是皮带秤;执行机构是变频器和给矿机。作为控制器,矿量控制器一般是由电子元件组成的数字调节器,或可编程序控制器(PLC)、工业计算机(IPC)等。

1.1.3 过程控制的特点

同其他自动控制系统相比,过程控制具有如下明显特点。

(1) 被控过程形形色色

由于生产规模大小不同,工艺要求各异,产品多种多样,过程控制中被控过程的形式很多,比如化学反应器、精馏塔、锅炉、压力容器以及像例 1.1 中的给矿设备和例 1.2 中的丙烯冷却器等。

(2) 控制过程多属缓慢过程和参量控制形式

许多工业生产过程设备体积大,工艺反应过程缓慢,具有大惯性大滞后等特点。通常是用一些物理量和化学量来表征其生产过程是否正常,因此需要对表征生产过程的温度、压力、流量、物位、成分等过程参量进行控制,即过程控制多半为参量控制。

(3) 控制方案多种多样

由于被控过程的多样性、复杂性,且控制要求各异,使得控制方案多种多样,除最常见的单回路和串级控制外,还有前馈、比值、均匀、分程、超弛、阀位等多种过程控制系统。

在这些控制系统中,单回路控制约占总数的一半以上,串级控制约占 20% 左右。所以本书前几章均以单回路控制为主线介绍,串级控制作为一章详细介绍,其他控制系统将在第 8 章集中阐述。

(4) 定值控制是过程控制的一种主要控制形式

在大部分工业生产中,控制的目的在于克服外界扰动对被控过程的影响,使生产指标或工艺参数保持在设定值不变,或只允许小范围内波动。如例 1.2 中,乙烯裂解气的温度要求定值在 15℃,只允许在 ±1.5℃ 范围内变化。

1.2 过程控制系统分类及性能指标

1.2.1 过程控制系统的分类

按系统结构和系统给定值的不同,过程控制系统有如下不同的分类方法。

1. 按系统结构特点分

(1) 反馈控制系统

如前所述,反馈是过程控制的核心内容,只有通过反馈才能实现对被控参数的闭环控制,所以这类系统是过程控制中使用最为普遍的。

反馈控制是根据系统被控参数与给定值的偏差进行工作的,偏差是控制的依据,最后目的是减小或消除偏差。反馈信号也可能有多个,从而可以构成串级等多回路控制系统。

例 1.4 闭环与开环控制系统。

图 1.5(a)所示为一列管式换热器。工艺要求出口物料温度保持恒定。经分析,如果保

持物料入口流量和蒸汽流量基本恒定,则温度的波动将会减小到工艺允许的误差范围内。现分别设计了物料入口流量和蒸汽流量两个控制系统,以保持出口物料温度恒定。相应的控制系统方框图如图 1.5(b)所示。

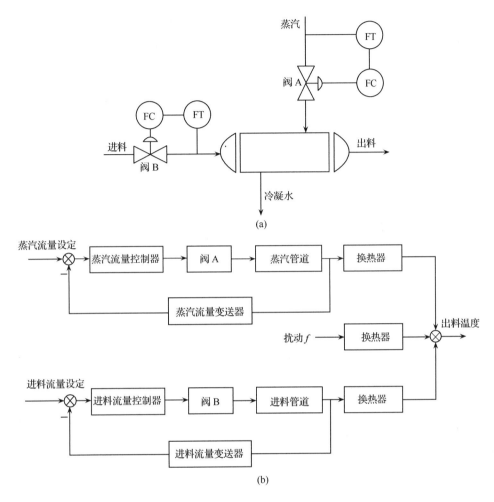

图 1.5　列管式换热器出口物料温度控制系统
(a)示意图　(b)方框图

从方框图可以看出,对于物料入口流量和蒸汽流量而言,系统均为闭环控制系统。而对于出口物料温度,并未经过测量变送环节反馈到系统输入端,没有形成闭环系统。故从"出料温度"这个被控参数角度来说,该控制系统为开环控制系统。

开环控制系统不能自动地"察觉"被控参数的变化情况,也不能判断控制参数的校正作用是否适合实际需要。

(2)前馈控制系统

前馈控制系统是根据扰动量的大小进行工作的,扰动是控制的依据,属于开环控制。前馈控制系统方框图如图 1.6 所示。鉴于前馈控制的种种局限性,所以在实际生产中不能单独采用。关于前馈控制的内容详见 8.1 节。

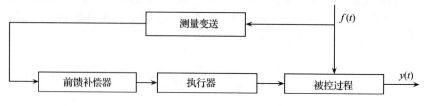

图 1.6　前馈控制系统方框图

（3）前馈-反馈复合控制系统

为了充分发挥前馈和反馈的各自优势，可将两者结合起来，构成前馈-反馈复合控制系统，如图 1.7 所示。这样可提高控制系统的动态和静态特性。关于前馈-反馈复合控制系统的内容见 8.1 节。

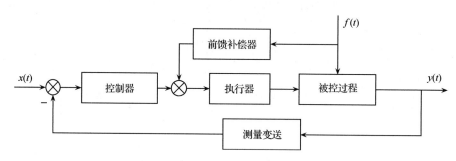

图 1.7　前馈-反馈复合控制系统方框图

2. 按给定值信号特点分

（1）定值控制系统

定值控制系统是工业生产过程中应用最多的一种过程控制系统。在运行时，系统被控参数（如温度、压力、流量、物位、成分等）的给定值是固定不变的，有时只允许在规定的小范围内变化。

（2）随动控制系统

一般意义上的随动控制系统是指位置随动系统，如火炮、导弹的位置跟踪等。而在过程控制中，随动控制系统是指被控参数的给定值随时间任意变化的控制系统，它的主要作用是克服一切扰动，使被控参数随时跟随给定值。例如，在锅炉燃烧控制系统中，要求空气量随燃料量的变化而变化，以保证燃烧的经济性。此外，像第 7 章介绍的串级控制系统中的副回路也属于随动控制。

1.2.2　过程控制的性能指标

过程控制系统的性能是由组成系统的结构、被控过程与过程仪表（测量变送、执行器和控制器）各环节特性所共同决定的。一个性能良好的过程控制系统，在受到外来扰动作用或给定值发生变化后，应能平稳、准确、迅速地回复（或趋近）到给定值上。过程控制系统性能的评价指标可概括如下：

1）系统必须是稳定的。

2）系统应能提供尽可能好的稳态调节（静态指标）。

3）系统应能提供尽可能好的过渡过程（动态指标）。

稳定是系统性能中最重要、最根本的指标，只有在系统是稳定的前提下，才能讨论静态和动态指标。

控制系统性能指标应根据生产工艺过程的实际需要来确定，特别需要注意的是，不能不切实际地提出过高的控制性能指标要求。

过程控制系统通常采用系统阶跃响应性能指标，在采用计算机仿真或分析时，有时也采用偏差积分性能指标。

1. 阶跃响应性能指标

在阶跃扰动作用下，控制系统过渡过程曲线有以下几种典型形式：发散振荡过程、非振荡发散过程、等幅振荡过程、衰减振荡过程和非振荡衰减过程，如图 1.8 所示。

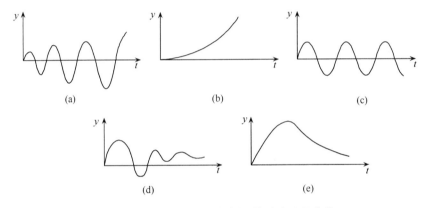

图 1.8　阶跃扰动作用下控制系统过渡过程曲线

（a）发散振荡过程　（b）非振荡发散过程　（c）等幅振荡过程　（d）衰减振荡过程　（e）非振荡衰减过程

由于发散振荡、非振荡发散和等幅振荡这三种过程均属不稳定过程，性能指标无从谈起。而衰减振荡和非振荡衰减这两种过程为稳定过程，本书以较复杂也最为常见的衰减振荡过程为例来介绍过程控制系统的常用性能指标。

（1）稳态误差 e_{ss}

稳态误差是指系统过渡过程终了时给定值与被控参数稳态值之差，它是反映控制精度的一个稳态指标。给定值阶跃变化时过渡过程的典型曲线如图 1.9 所示，则

$$e_{ss} = r - y(\infty) \tag{1-1}$$

一般要求稳态误差不超过预定值，并且最理想是等于零。

在过程控制中，了解或研究控制系统的动态特性比其静态特性更为重要。因为在生产过程中，干扰是无时不在的。在扰动引起系统变化后，就需要通过控制装置不断地施加控制作用去消除干扰作用的影响，使被控参数保持在工艺生产所规定的技术指标上。所以，控制系统时时刻刻都处在一种频繁的、不间断的动态调节过程中。因此，研究控制系统的动态特性比其静态特性更有意义。下面介绍控制系统的几个常见的动态性能指标。

（2）衰减比 n

衰减比是衡量系统过渡过程稳定性的一个动态性能指标。它可定义为

$$n = \frac{B_1}{B_2} \tag{1-2}$$

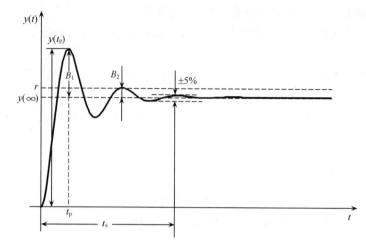

图 1.9　给定值阶跃变化时过渡过程的典型曲线

为了保持系统足够的稳定程度,一般取衰减比为 4∶1～10∶1。其中 4∶1 衰减比常作为评价过渡过程动态性能的一个理想指标。

(3)超调量 σ

对于定值系统来说,最大偏差是指被控参数第一个波峰值与给定值之差,进一步采用超调量可表示为

$$\sigma = \frac{y(t_p) - y(\infty)}{y(\infty)} \times 100\% \tag{1-3}$$

(4)过渡过程时间 t_s

过渡过程时间是指系统从受扰动作用时起,直到被控参数进入新的稳定值±5%(或±2%)范围内所经历的时间,它是反映系统快速性能的指标。通常要求 t_s 越短越好。

上述性能指标之间有时是相互矛盾的,如稳态精度要求较高时,可能导致系统超调量增大,甚至不稳定。对于不同的控制系统,这些性能指标各有其重要性。应根据工艺生产的具体要求,分清主次,统筹兼顾,保证优先满足主要的品质指标要求。

例 1.5　阶跃响应性能指标。

某发酵过程工艺规定操作温度为 40±5℃。现设计一定值控制系统,在阶跃扰动作用下的过渡过程曲线如图 1.10 所示。试确定该系统的稳态误差、衰减比、超调量和过渡过程时间。

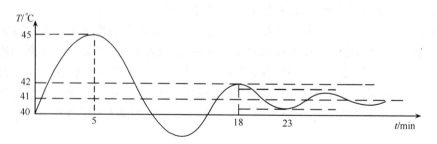

图 1.10　发酵反应过渡过程曲线示意图

解 由反应曲线可知：

稳态误差 $e_{ss}=41-40=1(℃)$

衰减比 第一个波峰值 $B_1=45-41=4(℃)$

第二个波峰值 $B_2=42-41=1(℃)$

$$n=\frac{B_1}{B_2}=4:1$$

超调量 $\sigma=(45-41)/41=9.75\%$

由图 1.10 可见，过渡过程时间 $t_s=23\text{min}$（误差带为 $\pm2\%$）。

2. 偏差积分性能指标

阶跃响应性能指标中各单项指标清晰明了，但如何统筹兼顾则比较困难。众所周知，偏差的幅度及其存在的时间都与指标有关，所以采用偏差积分性能指标则可兼顾衰减比、超调量和过渡过程时间等各单项指标。偏差积分性能指标属于综合性能指标。

一般来说，阶跃响应性能指标便于工程整定和分析，在工程应用中使用广泛；而偏差积分性能指标则更便于计算机仿真和分析。

偏差积分性能指标适用于衰减和无静差系统，常表示为目标函数形式如下：

（1）偏差绝对值积分（integral of absolute error，IAE）

$$J=\int_0^\infty |e(t)|\,dt \rightarrow \min \tag{1-4}$$

在偏差积分性能指标中，该性能指标使用广泛。

（2）偏差绝对值与时间乘积的积分（integral of time and absolute error，ITAE）

$$J=\int_0^\infty t|e(t)|\,dt \rightarrow \min \tag{1-5}$$

该性能指标用以降低初始大误差对性能指标的影响，同时强调了过渡过程后期的误差对指标的影响，着重惩罚过渡过程拖得过长。

（3）偏差平方值积分（integral of squared error，ISE）

$$J=\int_0^\infty e^2(t)\,dt \rightarrow \min \tag{1-6}$$

该性能指标着重于抑制过渡过程中的大误差。

（4）时间乘偏差平方积分（integral of time and squared error，ITSE）

$$J=\int_0^\infty te^2(t)\,dt \rightarrow \min \tag{1-7}$$

该性能指标着重于惩罚过渡过程中的大误差以及过渡过程拖得过长。

采用不同的积分公式意味着估计过渡过程优良程度的侧重点不同。在实际工程中具体选用何种性能指标，必须根据系统的性能和生产工艺要求进行综合后确定。

1.3　过程控制技术的发展

1.3.1　过程控制仪表的发展

自 20 世纪 40 年代开始，过程控制陆续采用自动检测及控制以取代手工操作。工业自动化仪表的发展经历了从气动仪表到电动仪表、从现场就地控制到中央控制室控制、从仪表盘(屏)上监视操作到计算机操作站操作、从模拟信号到数字信号等过程。其发展过程见表 1.1。

表 1.1　过程控制仪表的发展

年代	工业发展状况	仪表技术
20 世纪 50 年代	化工、钢铁、纺织、造纸等规模较小 电子管时代	仪表信号传输标准:20~100kPa 气动信号 基地式仪表 气动单元组合式仪表 气动仪表控制器
20 世纪 60 年代	分立元件的半导体技术 计算机 大型电站 过程工业大型化	电动仪表开始使用,DDZ-II 型,信号标准:0~10mA 仪表控制室 电动单元组合式仪表 组装式仪表 DDC
20 世纪 70 年代	集成电路技术 微处理器 工业现代化 微机广泛使用	电动仪表,DDZ-III 型,信号标准:4~20mA CAD 自动机械工具 机器人 DCS,PLC
20 世纪 80 年代	办公自动化 数字化技术 通信、网络技术	数字化仪表 各种通信协议,RS232/485/422 等 智能化仪表 先进控制软件 DCS 功能扩展
20 世纪 90 年代	智能控制 工业控制高要求	现场总线 分析仪器的在线应用 优化控制 管理与控制的集成

1.3.2　计算机在过程控制中的应用及发展

计算机在过程控制中的应用见表 1.2。早期由于价格昂贵、可靠性不高,计算机在过程控制中的应用仅限于取代模拟 PID 控制器、监视、记录或报警等,即所谓的计算机直接数字控制(DDC)。随着微处理器的发展,集散控制系统(DCS)于 20 世纪 70 年代末在过程控制中开始使用,大大提高了系统的可靠性。进入 90 年代,现场总线(field bus)技术开始实用化。关于计算机在过程控制中的应用内容将在第 9 章中详述。

当前,随着科学技术和市场竞争的需要,人们关心的不仅是单个生产装置的效益,而更加关心车间乃至企业的整体效益。工业过程自动控制的一个研究热点是以市场为导向的集管理与控制于一体的计算机集成综合自动化系统。综合自动化系统应用计算机技术、网络技术、信息技术和自动控制技术,引入实时数据库服务器和关系数据库服务器协同工作的概念,实现生产加工过程、计划调度、生产工艺操作优化、趋势分析、物资供应、产品质量、办公和财务等整个企业信息的平台集成和利用,实现全车间、全厂甚至全企业无人或很少人参与操作管理,实现过程控制最优化与现代化的集中调度管理相结合。

表 1.2　计算机在过程控制中的应用

年代	计算机应用技术
20 世纪 60 年代	计算机开始应用于自动控制 集中控制及直接数字控制
20 世纪 70 年代	微型计算机产生 微处理机技术用于工业控制 集散控制系统产生 小型机开始在企业管理中应用
20 世纪 80 年代	微机在企业管理信息系统(MIS)中应用 DCS 在过程控制中推广应用 先进控制技术在工业上应用
20 世纪 90 年代	工业生产过程自动化(PA),工厂自动化(FA) 计算机集成制造技术(CIMS,CIPS) 企业资源规划(ERP) 现场总线技术发展 管控一体化技术(MCIS) 基于 WEB 的远程监控

由于综合自动化系统能给企业带来显著的经济效益,已引起企业界与学术界广泛的兴趣。关于这些方面的内容将在 9.6 节阐述。

1.3.3　过程控制理论的发展

从 20 世纪 40 年代至 60 年代,经典控制理论为生产过程控制系统的设计提供了强有力的理论支撑,以此为基础的单变量控制系统得到了广泛应用,并达到了相当完善的程度。在这一时期,过程控制系统的结构方案大多为单输入单输出(SISO)的单回路定值控制系统。

从 60 年代开始,由于工业装置规模不断扩大,在大型工业装置中单元操作之间的耦合更加紧密,孤立地考虑一些工艺变量的定值控制已很难满足稳定生产的基本要求。另一方面,工业生产对产品质量提出了更高的要求。工程系统的复杂性在理论上体现为对象是多输入多输出(MIMO)、时变、非线性,这对控制系统的性能指标提出了更严格的要求,系统的复杂程度也大大增加,计算工作量也相应急剧增加。经典控制理论中的系统设计方法已不能满足需要。

60 年代后,现代控制理论应运而生。这种新的理论和方法很快在航天航空领域,接着又在生产过程控制中得到了越来越多的应用,同时理论本身也得到了迅速发展。然而,直到七八十年代,现代控制理论才真正在工业生产过程中得到成功应用。这一时期由于计算机的可靠性及性能价格比的大幅度提高,特别是作为基础级控制用的集散控制系统以及多级递阶结构的控制方式被广泛采用,使得各种复杂控制方法的在线实现成为可能。经过近一二十年的探索,工业过程自动化已从稳定单个工艺变量的 SISO 系统发展到稳定整个单元操作运行工况的 MIMO 系统,进而发展到生产装置的优化操作乃至以市场为导向的集管理与控制为一体的工厂综合自动化系统。随着控制规模的扩大,过程自动化带来的经济效益也显著增长。

由于多数工业过程运行工况一般不会偏离额定工况太远,而且简单工业过程往往可以用一阶或二阶加纯滞后的、具有自衡的集中参数对象特性来近似描述,故很多控制回路只需要采用常规仪表及简单的 PID 控制算法即可满足控制要求。目前,在工业过程控制系统中,将近 90%以上还是采用 PID 控制算法。现代控制理论在理论上讲虽然更系统、更规范、更强有力,但是其分析与设计方法的物理意义却远没有经典控制理论清晰。利用现代控制理论设计的控制系统只是在特殊需要时(特别是对产品质量控制时)才被采用。

数学上比较完美的现代控制理论,在过程控制的实际应用中却存在较大的问题,因为它严格依赖于被控对象的数学模型。众所周知,在工业生产中要得到被控过程准确的数学模型是非常困难的,在建模过程(包括机理建模与辨识)中必要的假设与简化是必不可少的。也就是说工业过程中被控过程的模型总包含有被称为未建模动态部分,它的存在有时会使控制系统的品质大大恶化。除了被控过程的上述这种不确定性以外,工业生产过程中的干扰也十分复杂,它们的统计特性往往未知,有时甚至是不确定的,这给设计控制系统带来很大的困难。因而针对上述情况,近年来成为控制理论界研究热点的鲁棒控制、非线性控制、自适应控制、内模控制、预测控制等一直长盛不衰。与此同时,一些所谓无模型控制方法如模糊控制、人工神经元网络控制和专家系统等也应运而生,在控制理论界形成一个多角度、多方位的研究态势。本书在第 6 章将有选择地介绍几种先进控制策略。

1.3.4 我国过程控制技术的发展

我国的工业自动化起步于 20 世纪 50 年代,当时主要采用机械式和气动仪表,60 年代广泛采用 I 型电动单元组合仪表(DDZ-I),70 年代中期,II 型电动单元组合仪表(DDZ-II)成为过程检测和控制的主流产品,到了 80 年代初开始采用 III 型电动单元组合仪表(DDZ-III)。总的趋势是电动电子仪表逐步取代气动仪表,由集成电路构成的 DDZ-III 型仪表逐步取代由分立元件制成的 I、II 型仪表。

进入 80 年代,相继引进了分布式控制系统(DCS)、可编程序控制器(PLC)和工业 PC 机(IPC)。90 年代以来,我国的过程控制系统呈现了 DCS、PLC 和 IPC 三者并存的局面,但仪表仍大量使用气动、电动单元组合仪表。

在控制策略方面,80 年代以后,随着计算机和控制理论的发展,开始逐步采用先进过程控制策略,实现操作优化乃至综合优化。

1.4 本课程的地位和任务

1.4.1 本课程的地位

过程控制(process control)和运动控制(motion control)是自动控制、自动化专业的主干课。二者的区别在于控制对象有所不同:过程控制研究化工、石油、冶金、发电等工业生产过程中的温度、压力、流量、物位、成分等变量的控制;而运动控制研究速度和位置控制,如数控机床、机器人等。

鉴于过程控制所涉及的行业在国民经济生产中占有极其重要的地位,所以过程控制对确保生产安全、减少环境污染、降低原材料消耗、提高经济和社会效益都具有非常重要的战略意义。

目前,我国还有许多工业生产过程仍然处于手动或半自动状态,操作水平较低,稳定性差,经济效益不佳,还有很大的生产技术改造空间。采用过程控制及信息技术改造传统产业,实施生产过程的优化控制和管理,已成为当务之急。

1.4.2 本课程的任务

工业生产过程的扰动作用使得生产过程操作不稳定,从而影响工厂生产过程的经济效益。这些扰动主要有:原材料的组成变化、产品质量与规格的变化、生产设备特性的漂移以及装置与装置或工厂与工厂之间的关联等。在流程工业中,物料流与能量流在各装置之间或工厂之间有着紧密的关系,由于前后的联结调度等原因,往往要求生产过程的运行作出相应的改变,以满足整个生产过程物料与能量的平衡。一个局部的扰动,往往会在整个生产过程中传播开来。影响工业生产过程控制的因素主要有:

1) 信号的测量问题。工业生产过程的变量有时很难在线测量,有些必须采取间接测量。

2) 执行器特性。执行器的特性,如非线性,直接影响到控制系统的品质。

3) 被控过程的滞后特性、非线性特性、时变性、本征不稳定性和耦合特性。纯滞后对于反馈控制系统来说是最难控制的过程。非线性特性使得控制校正和扰动在不同的工作区域会有不同的作用特性。工业生产过程中输入和输出之间的关系通常是很复杂的,一个输入可能会同时改变几个输出,反过来,一个输出可能会受到多个输入的影响。

过程控制的任务就是使生产过程达到安全、平稳、优质、高效(高产、低耗)。作为自动化最根本的目标应是使生产过程安全(仅限于越限报警和联锁)并平稳地运行。

1.4.3 过程控制的设计

由于工业生产过程复杂多样,因此,在设计工业生产过程控制系统时,首先必须花大量的时间和精力了解该工业生产过程的基本原理、操作过程和过程特性,这是设计和实现一个工业生产过程控制系统的首要条件。这就要求从事过程控制的技术人员必须与生产工艺人员充分交流。

要实现过程自动控制,还需要对整个工业生产过程的物料流(气体、液体、固体)、能源流(电、蒸汽、煤气等)和生产过程中的有关状态(如温度、压力、流量、物位、成分等)进行准确的测量和计量。根据测量到的数据和信息,用生产过程工艺和控制理论的知识来管理和控制该生产过程。

一个完整的过程控制系统设计,应包括系统的方案设计、工程设计、工程安装与仪表调校以及控制器参数整定等主要内容。控制方案设计和控制器参数整定则是系统设计中的两个核心内容。控制方案设计的基本原则包括合理选择被控参数和控制参数、被控参数的测量变送、控制规律的选取以及执行机构的选择等。

如果控制方案设计不正确,如需要串级控制而设计成单回路控制系统,仅凭控制器参数的整定,则不可能获得好的控制质量;反之,若控制方案设计正确,但控制器参数整定得不合适,也不能发挥控制系统的作用,不能使其保持在最佳状态。

习题与思考题

1.1 什么是过程控制系统,它有哪些特点?

1.2 过程控制的目的有哪些?

1.3 过程控制系统由哪些环节组成的,各有什么作用? 过程控制系统有哪些分类方法?

1.4 图1.11是一反应器温度控制系统示意图。A、B两种物料进入反应器进行反应,通过改变进入夹套的冷却水流量来控制反应器的温度保持不变。试画出该温度控制系统的方框图,并指出该控制系统中的被控过程、被控参数、控制参数及可能影响被控参数变化的扰动有哪些。

1.5 锅炉是化工、炼油等企业中常见的主要设备。汽包水位是影响蒸汽质量及锅炉安全的一个十分重要的参数。水位过高,会使蒸汽带液,降低了蒸汽的质量和产量,甚至会损坏后续设备;而水位过低,轻则影响气液平衡,重则烧干锅炉甚至引起爆炸。因此,必须对汽包水位进行严格控制。图1.12是一类简单锅炉汽包水位控制示意图,要求:

1) 画出该控制系统方框图。

2) 指出该控制系统中的被控过程、被控参数、控制参数和扰动参数各是什么。

3) 当蒸汽负荷突然增加,试分析该系统是如何实现自动控制的。

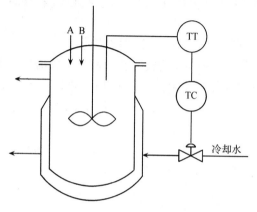

图 1.11 反应器温度控制系统

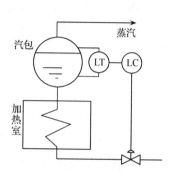

图 1.12 锅炉汽包水位控制示意图

1.6 评价过程控制系统的衰减振荡过渡过程的品质指标有哪些? 有哪些因素影响这些指标?

1.7 为什么说研究过程控制系统的动态特性比研究其静态特性更有意义?

1.8 某反应器工艺规定操作温度为800±10℃。为确保生产安全,控制中温度最高不得超过850℃。现运行的温度控制系统在最大阶跃扰动下的过渡过程曲线如图1.13所示。

1) 分别求出稳态误差、衰减比和过渡过程时间。

2) 说明此温度控制系统是否已满足工艺要求。

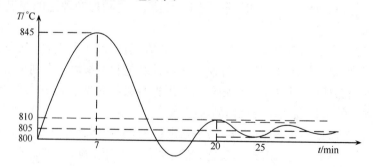

图 1.13 某反应器温度控制系统过渡过程曲线

1.9 简述过程控制技术的发展。

1.10 过程控制系统与运动控制系统有何区别? 过程控制的任务是什么? 设计过程控制系统时应注意哪些问题?

第 2 章　过程检测仪表

教学要求

本章将介绍过程检测仪表的基础知识,重点介绍过程检测仪表中常用的温度、压力、流量、物位和成分等变量的检测。在选材上力求避免与检测技术这门课内容的交叉和重叠。学完本章后,应能达到如下要求:

- 了解过程检测仪表的组成,掌握过程检测仪表信号的标准;
- 了解测量误差的基本概念,掌握常用数字滤波的方法;
- 掌握过程检测仪表的几种接线方式,以及相互之间的区别;
- 了解安全场所的划分和仪表防爆的基本知识;
- 掌握热电偶、热电阻等温度检测仪表的使用,以及温度检测仪表的选型及安装;
- 掌握常用压力、流量等检测仪表的工作原理以及选型和安装;
- 了解物位、成分等检测仪表的工作原理与使用;
- 了解过程控制中软测量技术的基本概念。

由第 1 章可知,一个典型的过程控制系统是由 4 个基本环节组成的,如图 1.2 所示。从本章开始将逐个介绍各基本组成环节。本章首先介绍测量变送环节,重点介绍过程检测仪表中常用的温度、压力、流量、物位和成分等变量的检测。

2.1　检测仪表组成及接线方式

2.1.1　检测仪表组成

过程检测仪表主要用于确定被控变量的当前值,相当于图 1.2 中的测量变送环节,一般包括传感器和变送器两部分,将变量检测过程细化如图 2.1 所示。

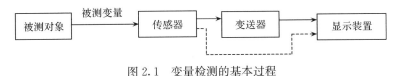

图 2.1　变量检测的基本过程

1. 传感器(sensor)

传感器(含敏感元件)是检测仪表中的重要部件,它直接与被控对象发生关联(但不一定直接接触),感受被控参数的变化,并传送出与之相适应的电量或非电量信号。工程上通常也把这个过程称为一次测量,所用仪表称为一次仪表。

2. 变送器(transmitter)

将传感器送来的检测信号进行转换、放大、整形、滤波等处理后,调制成相应的标准信号,并输出给控制器采样或进行模拟、数字显示,这部分电路称之为变送电路。标准信号是物理量的形式和数值范围都符合国际标准的信号,如直流电流4~20mA,空气压力 20~100kPa 都是当前通用的标准信号。其中直流电流 4~20mA 可用于远距离 3~5km 的传输。如果仅用于电气控制柜内短距离传输,也可采用直流 1~5V(DC)形式。

工程上习惯将传感器后面的计量显示仪表称为二次仪表,有时也将传感器和变送电路统称为变送器。

2.1.2 过程检测仪表的接线方式

1. 电流二线制、四线制

如图 2.2(a)所示电动模拟式过程检测仪表串入直流电源,该电源电压一般为 24V(DC)。由于两根导线同时传送所需的电源和输出电流信号,因此线路简单,节省电缆。如图 2.2(b)所示电动模拟式过程检测仪表的电源与检测回路相互独立,分别采用一对导线传输。仪表的工作电源可为直流,也可为交流。

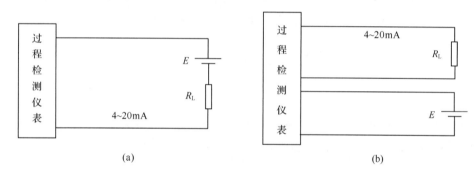

图 2.2　电流二线制、四线制检测仪表的连线

(a) 电流二线制　(b) 电流四线制

2. 电阻三线制

对于电阻型输入,如铜、铂热电阻,常采用三线制接线,有两种接线方式。

1) 接两根电桥线和一根电源线,如图 2.3(a)所示。

2) 接三根电桥线,如图 2.3(b)所示。

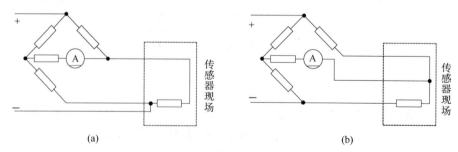

图 2.3　电阻三线制检测仪表的连线

(a) 接两根电桥线和一根电源线　(b) 接三根电桥线

由图 2.3 可见,若仅采用两根导线将热电阻接入电桥,将会由于远距离连接导线的电阻

而引入误差。

3. 现场总线方式

现场总线是新近发展起来的一种通信协议方式,这里以数字式仪表中使用较多的HART协议为例。HART是Highway Addressable Remote Transducer的缩写,具有HART通信协议的变送器可以在一条电缆上同时传输直流4～20mA的模拟信号和数字信号。

HART信号的传输基于Bell 202通信标准,采用频移键控(FSK)方法,在直流4～20mA基础上叠加幅值为±0.5mA的正弦调制波作为数字信号,1200Hz频率代表逻辑"1",2200Hz频率代表逻辑"0"。这种类型的数字信号通常称为FSK信号,如图2.4所示。由于数字FSK信号相位连续,其平均值为零,故不会影响直流4～20mA的模拟信号。

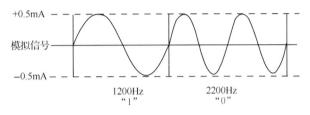

图2.4　HART协议通信信号

HART通信的传输介质为电缆线,通常单芯带屏蔽双绞电缆距离可达3000m,多芯带屏蔽双绞电缆可达1500m,短距离可以使用非屏蔽电缆。HART协议一般可以有点对点模式、多点模式和阵发模式三种不同的通信模式。关于现场总线的内容详见9.5节。

2.2　测量误差及处理

测量的最终目的是为了求得被测变量的真实值。测量值与真实值之间总是存在着一定的差别,这个差别就是测量误差。

2.2.1　测量误差的基本概念

1. 真值

被测变量本身所具有的真实值,称为真值,它是一个理想的概念,一般是无法得到的。所以在计算误差时,一般用约定真值或相对真值来代替。

约定真值是一个接近真值的值,它与真值之差可忽略不计。实际测量中以在没有系统误差的情况下,足够多次的测量值的平均值作为约定真值。

相对真值是指当高一级标准器的误差仅为低一级的1/20～1/3时,可认为高一级的标准器或仪表示值为低一级的相对真值。

2. 绝对误差与相对误差

绝对误差是指仪表输出信号所代表的被测值与被测参数真值之差。显然,绝对误差只能是被测值与约定真值或相对真值之差。

$$\Delta = M - A \tag{2-1}$$

式中，Δ 为绝对误差；M 为被测值；A 为约定真值或相对真值。

仪表绝对误差的求法是用精确度高的标准仪表和实用测量仪表，在相同的条件下，对同一参数进行测量，然后进行数据比较，这项工作就叫做仪表的校验。工业用仪表要定期进行校验，校验合格后才能投入使用。

绝对误差与约定真值的百分比，定义为仪表的相对误差，即

$$\delta = \frac{\Delta}{A} \times 100\% \tag{2-2}$$

3. 引用误差

绝对误差与仪表量程的百分比，称为仪表的引用误差，即

$$\delta_m = \frac{\Delta}{X} \times 100\% \tag{2-3}$$

式中，δ_m 为仪表引用误差；Δ 为仪表的绝对误差；X 为仪表的量程，即仪表测量范围的上限值与下限值之差。

例 2.1 误差的计算。

某压力表刻度 $0 \sim 100\text{kPa}$，在 50kPa 处计量检定值为 49.5kPa，求在 50kPa 处仪表的绝对误差、相对误差和引用误差。

解 仪表的绝对误差 $\Delta = 50 - 49.5 = 0.5\text{kPa}$

仪表的相对误差 $\delta = \dfrac{0.5}{50} \times 100\% = 1\%$

仪表的引用误差 $\delta_m = \dfrac{0.5}{100} \times 100\% = 0.5\%$

此外，在仪表制造厂保证的条件下（包括温度、相对湿度、电源电压、安装方式等）仪表的误差，称为仪表的基本误差。相对应地，在非规定的参比工作条件下使用时另外产生的误差，称为仪表的附加误差。如电源波动附加误差，温度附加误差等。

4. 精度等级

仪表的精度等级是衡量仪表准确程度的一个品质指标。常用引用误差作为判断精度等级的尺度。例如，在规定的使用条件下基本误差不超过量程的 $\pm 0.5\%$，就用这个引用误差的百分数的分子作为等级标志，即 0.5 级。

精度等级又称准确度级，是按国家统一规定的允许误差大小划分成的等级。我国生产的仪表，其精度等级有：0.001、0.005、0.02、0.05、0.1、0.2、0.4、0.5、1.0、1.5、2.5、4.0 等。级数越小，精度（准确度）就越高。

通常，科学实验用的仪表精度等级在 0.05 级以上；工业检测用仪表多在 0.1～4.0 级，其中校验用的标准仪表多为 0.1 或 0.2 级，现场使用多为 0.5～4.0 级。

自动仪表的精度等级应根据工艺要求、产品质量指标、变量的重要程度等方面来合理选用。因为仪表精度越高，其误差越小，但是仪表的使用维护要求也越高，价格也越贵，所以不能片面追求其高精度。一般应在满足上述要求的前提下，同时考虑经济型原则来合理选取。通常构成控制回路的各种仪表的精度要求互相匹配。记录仪表的精度不应低于 1.0 级，指示仪表精度不应低于 1.5 级。

2.2.2 测量变送中的几个问题

1. 纯滞后问题

由于测量元件安装位置不当及测量仪表本身特性等容易引入纯滞后,为了消除纯滞后的影响,只有合理选择测量元件及其安装位置,尽量减小纯滞后。

2. 测量滞后问题

测量滞后主要是由测量元件本身的惯性特性造成的。在系统设计中可选用快速测量元件,一般选其时间常数为控制通道时间常数 1/10 以下为宜。要注意正确选择测量元件的安装位置,将其安装在被控参数变化较灵敏的位置,也可在测量变送器的输出端加入微分环节。

3. 信号传送滞后问题

这里主要是指气动仪表气压信号在管路传送过程中所造成的滞后,电动仪表不存在这方面的问题。克服信号传送滞后,可采取以下措施:

1) 尽量缩短气动信号传递管线,一般不能超过 300m。
2) 应用气-电和电-气转换器,将气压信号变换为电信号传送。
3) 在气压管线上安装气动继电器,或用气动阀门定位器,以提高气压信号的传输功率,减小信号传送滞后。

2.2.3 测量信号的处理

这包括对测量信号进行线性化处理和滤波处理等。例如,对差压流量信号进行开平方处理,对热电偶信号进行折线化处理等实现测量信号的线性化。而关于测量信号的滤波,可以采用模拟电路,如由运算放大器构成的低通、高通、带通或带阻滤波电路,也可以采用计算机构成的软件滤波算法来消除噪声(干扰)。

数字滤波(digital filter)是一种程序滤波,即利用计算机自身能够进行运算与判断的特点,通过计算机软件滤去干扰信号,以提高信号的真实性。采用数字滤波可以消除低频干扰。

一般常用的数字滤波方法有 4 种:算术平均值滤波、程序判断滤波、中位值法滤波和一阶惯性滤波。

(1) 算术平均值滤波

算术平均值滤波又称为递推平均滤波,它对周期性等幅振荡的干扰有较明显的滤波效果。其公式为

$$\bar{Y} = \frac{1}{n} \sum_{i=1}^{n} X_i \qquad (2\text{-}4)$$

式中,$\bar{Y}$ 为 n 次采样的平均值,即滤波器的输出;X_i 为第 i 次的采样值,即滤波器的输入;n 为采样次数。

(2) 程序判断滤波

当 $|X_i - X_{i-1}| < B$ 时,则 X_i 为输入计算机的采样值;当 $|X_i - X_{i-1}| \geqslant B$ 时,则将 X_{i-1} 采样值作为第 i 次采样值输入计算机。式中,X_{i-1} 为上次采样值;X_i 为本次采样值;B 为阈

值，B 值的选择主要决定于对象被测参数的变化速度。

程序判断滤波可以有效滤除现场的随机干扰。

（3）中位值法滤波

连续采样三次以上的值，从中选择大小居中的那个值作为有效的测量信号，对某些变化速度不是太快的参数，为了去掉干扰脉冲，经常采用这种滤波方法。

（4）一阶惯性滤波

实质上是通过计算机的算法来实现动态的 RC 低通滤波。其传递函数如下：

$$\frac{Y(s)}{X(s)} = \frac{1}{T_f s + 1} \tag{2-5}$$

式中，$Y(s)$ 为滤波器输出的拉普拉斯变换；$X(s)$ 为滤波器输入的拉普拉斯变换；T_f 为滤波器的时间常数。

数字滤波要根据具体情况进行分析采用。在实际应用中，一般先对采样值进行程序判断滤波，然后再应用算术平均滤波或一阶惯性滤波等方法处理，以保证测量值的真实性。

2.3　安全防爆基础

2.3.1　危险场所划分

在许多工业过程中，需要处理一些易燃材料，任何渗漏或溅出都可能形成爆炸环境。为了工厂和人员的安全，必须确保这个环境不会被点燃。含有这些易燃材料的场合通常被认为是危险场合，如原油及它的衍生物、酒精、天然气和合成气、金属屑、炭尘、粉尘、浆料、晶粒、纤维、飞扬物等。它们与空气混合成为具有火灾或爆炸危险的混合物，使其周围空间成为具有不同程度爆炸危险的场所。安装在这类场所的检测仪表和执行器产生的火花如果具有点燃这些危险混合物的能量，则产生火灾或爆炸。

根据国际电工委员会（IEC）和相应的国家标准以及行业标准，根据可燃物质的形态、形成爆炸混合物的频度和爆炸混合物的持续时间，将危险区分为三类八级，如表 2.1 所示。

表 2.1　危险区分类说明

类　别	级别	说　　　明
气体和蒸汽爆炸危险环境	0 区	连续地出现爆炸性气体环境，或预计会长期出现或频繁出现爆炸性气体的环境区域
	1 区	在正常操作时，预计会周期性地（或偶然的）出现爆炸性气体的环境区域，也可能是短时存在的环境区域
	2 区	在正常操作时，预计不会出现爆炸性气体的环境，即使出现爆炸性气体，也只是短时间存在的场所
粉尘爆炸危险环境	10 区	连续地出现爆炸性粉尘混合物，或预计会长期出现或频繁出现爆炸性粉尘混合物的环境区域
	11 区	有时会将积留下的粉尘扬起而偶然形成爆炸性粉尘混合物的环境区域
火灾危险环境	21 区	具有闪点高于环境温度的可燃液体，在数量和配置上能引起火灾的危险区域
	22 区	具有悬浮状、堆积状的可燃粉尘或可燃纤维，虽不能形成爆炸混合物，但在数量和配置上能引起火灾的危险区域
	23 区	具有固体状可燃物质，在数量和配置上能引起火灾的危险区域

根据自燃温度 T 将易燃性气体或蒸汽混合物分为五组,即 a、b、c、d、e 组。其自燃温度分别为 450℃、300℃、200℃、135℃ 和 100℃。

为了确保电子设备在这些场合的安全使用,发展了隔爆型(d)、增安型(e)、本安型(i)、正压型(p)、油浸型(o)、充砂型(q)等多种防爆技术,每一种防爆方法的技术规范都由国际和国家的标准强制规定。不同的防爆技术适合不同的场合,需用不同的测量仪表。下面主要介绍常用的隔爆型和本安型。

(1) 隔爆型(d)

隔爆型防爆型式是把设备可能点燃爆炸性气体混合物的部件全部封闭在一个外壳内,其外壳能够承受通过外壳接合面或结构间隙渗透到外壳内部的任何可燃性混合物在内部引起的爆炸,而不被损坏,并且不会引起外部由一种、多种气体或蒸汽形成的爆炸性环境的点燃,从而达到隔爆目的。隔爆型(d)设备适用于 1、2 区场所。

(2) 本安型(i)

本质安全型防爆型式是在设备内部的所有电路都是在标准规定条件(包括正常工作和规定的故障条件)下,产生的任何电火花或任何热效应均不能点燃规定的爆炸性气体环境的本质安全电路。

本质安全型是从限制电路中的能量入手,通过可靠的控制电路参数将潜在的火花能量降低到可点燃规定的气体混合物能量以下,导线及元件表面发热温度限制在规定的气体混合物的点燃温度之下。

该防爆型式只能应用于弱电设备中,该类型设备适用于 0、1 或 2 区。

2.3.2 防爆安全栅

控制系统是由多种功能各异的仪表构成的,一部分是安装在安全区控制室内的非防爆型仪表,一部分是安装在危险区的安全防爆仪表,如电动仪表中的变送器、执行器、电气转换器等。两部分仪表经防爆安全栅连接,当两者距离较远时,还要采用分布参数较小的连接电缆。

安全栅安装在安全场所,作为控制室仪表和现场仪表的关联设备。一方面传输信号,另一方面将流入危险场所的能量控制在爆炸性气体或混合物的点火能量以下,当本安防爆系统的本安仪表发生故障时,安全栅能将串入到故障仪表的能量限制在安全值以内,从而确保现场设备、人员和生产的安全。

可见,从原理上讲,防爆安全栅是本安系统中连接本安设备与非本安设备的关联设备,用以限制进入危险场所设备的电能量,实现危险场所设备的防爆作用。它安装在安全场所,分齐纳式安全栅(齐纳栅)和隔离式安全栅(隔离栅)两种。

1. 齐纳式安全栅

齐纳式安全栅是通过快速熔断丝和限压、限流电路实现能量限制作用,使得在本安防爆系统中,不论现场本安仪表发生任何故障,都能保证传输到现场(危险区)的能量处于一个安全值内(不会点燃规定的分级、分组爆炸性气体的混合物),从而保证现场安全。

2. 隔离式安全栅

隔离式安全栅分输入式安全栅(从现场到控制室)和输出式安全栅(从控制室到现场)

两种。

隔离式安全栅中使用较多的是隔离变压器式安全栅。输入电源经 DC/AC 变换器变成交流方波,再经电源耦合、整流滤波得到直流稳压电源,通过电流、电压限制电路,提供给现场的隔离电源。

输入隔离式安全栅,接受变送器的输出电流,经调制变成交流方波信号,通过信号变压器耦合到安全侧,经解调放大还原为直流信号输出,实现电源隔离和危险侧输入信号与安全侧输出信号隔离。

输出隔离式安全栅,安全侧的输入直流信号通过调制变成交流方波信号,经信号变压器耦合到危险侧,送入解调放大器,输出直流信号,实现安全侧输入信号与危险侧输出信号之间的隔离。在危险侧输入(或输出)信号端通过快速熔丝、限压电路、限流电路组成齐纳式限压限流电路,把通往现场的电压和电流限制在一个安全值内,以确保现场安全。

与齐纳式安全栅相比,隔离式安全栅具有如下突出优点:

1)通用性强,使用时不需要特别本安接地,系统可以在危险区或安全区认为合适的任何一方接地,使用十分方便;

2)隔离式安全栅的电源、信号输入、信号输出均通过变压器耦合,实现信号的输入、输出完全隔离,使安全栅的工作更加安全可靠;

3)隔离式安全栅由于信号完全浮空,大大增强信号的抗干扰能力,提高了控制系统正常运行的可靠性。

2.4 温 度 检 测

温度是表征物体冷热程度的一个物理量,反映了物体内部分子运动平均动能的大小。温度高,表示分子动能大,运动剧烈;温度低,表示分子动能小,运动缓慢。

温标是将温度数值化的一套规则和方法,它同时确定了温度的单位。温标有起点、单位和方向。温标有华氏、摄氏及开氏温标(热力学温标)。华氏温标与摄氏温标之间的换算公式为

$$t'(\text{℉}) = \frac{9}{5}t(\text{℃}) + 32 \tag{2-6}$$

2.4.1 接触式与非接触式测温

根据敏感元件与被测物体接触与否,可将温度检测方法分为接触式与非接触式两大类。接触式测温方法主要包括基于物体受热体积膨胀的膨胀式温度检测仪表,基于导体或半导体电阻随温度变化的热电阻式温度检测仪表,基于热电效应的热电偶式温度检测仪表等。接触式测温方法简单、可靠、精度高,但测量时常伴有时间上的滞后,测温元件有时可能会破坏被测介质的温度场或与被测介质发生化学反应。另外,因受到耐高温材料的限制,测温上限有界。

非接触式测温方法利用的是物体的热辐射特性与温度之间的对应关系。辐射式测温一是要有一个热辐射源(被测对象);二是有辐射能量传输通道,可以是大气、光导纤维或真空等;三是有接收和处理辐射信号的仪器。例如,用于测定 800℃ 以上高温和可见光范围的辐射式仪表有单色辐射光学高温计、全辐射高温计和比色高温计等。接收低温与红外线范围

辐射信号的则用红外测温仪、红外热像仪等。显然,这种测温方法的上限原则上不受限制,并且也不会破坏被测介质的温度场,误差小,反应速度快,但会受到被测物体热辐射率及环境因素(物体与仪表间的距离、烟尘和水汽等)的影响。

各种温度检测方法均有自己的特点与应用场合,现按接触式测温与非接触式测温的分类综合比较于表 2.2 中,下面将介绍几种常用的测温方法及其工作原理。

表 2.2　工业测温仪表的分类及测温范围

方式	温度计类型	测温原理	测温范围/℃	主要特点
接触式	膨胀式温度计: 液体膨胀式 固体膨胀式	利用液体(水银、酒精等)或固体(金属片)受热时产生热膨胀的特性测温	−200～600	结构简单,价格低廉,适用于就地测量
	压力表式温度计: 气体式 液体式 蒸汽式	利用封闭在一定容积中的气体、液体或饱和蒸汽在受热时体积或压力变化的特性测温	−120～600	结构简单,具有防爆性,不怕震动,适宜近距离传送,时间滞后较大,准确性不高
	热电阻温度计	利用导体或半导体电阻值随温度变化的特性测温	−270～900	准确度高,能远距离传送,适用于低、中温测量
	热电偶温度计	利用金属的热电效应测温	−200～1800	测温范围广,准确度高,能远距离传送,适用于中、高温测量
非接触式	辐射式温度计: 光学式 比色式 红外式	利用物体辐射能随温度变化的特性测温	700 以上	适用于不宜直接接触测温的场合,测温范围广,测量准确度受环境条件的影响

2.4.2　热电偶

热电偶测温方法使用极广。其主要优点是:测温精度高;热电动势与温度在小范围内基本上呈单值、线性关系;稳定性和复现性较好;响应时间较快;测温范围宽,常用热电偶可测温度范围为−50～1600℃,若采用特殊材料时,测温范围可扩大为−200～2800℃。

热电偶是利用热电效应制成的温度传感器,分为标准热电偶和非标准热电偶两大类。所谓标准热电偶是指按国家规定定型生产、有标准化分度表和允许误差的热电偶。而非标准化热电偶主要用于特殊场合的测温。

工业上常用的标准热电偶有如下几种:铂铑$_{10}$-铂热电偶(分度号 S),铂铑$_{30}$-铂铑$_6$热电偶(也称双铂铑热电偶,分度号 B)和镍铬-镍硅热电偶(镍铬-镍铝,分度号 K)等。

随着现代科学技术的发展,大量非标准化的热电偶也得到迅速发展以满足某些特殊测温要求。例如,铠装式热电偶就是一种新型结构的快速热电偶,特别适合做温度控制系统中的测温元件。它将热电极、绝缘材料和金属保护套管加工成一个坚实的整体,经复合拉伸后形成一个很细、很长的热电偶,一般直径为 1～8mm,最小可达 0.2mm,长度一般为 1～20m,最长可达 100m。通常不用补偿导线,直接接到显示仪表上。铠装热电偶与普通热电偶相比,具有体积小、精度高、动态响应快、可靠性高、可挠性好等特点。其时间常数以φ1mm 的热电偶为例:露头型为 0.01s;接底型为 0.1s;绝缘型为 0.2s。

另外，还有薄膜式热电偶，采用真空蒸膜或化学涂层等制造工艺将两种热电极材料蒸镀到绝缘基板上，形成薄膜状热电偶，其热端接点极薄，约 $0.01\sim0.1\mu m$。它适合于壁面温度的快速测量，测温范围一般在 300℃以下，反应时间为数毫秒。

1. 我国标准型热电偶的主要特性

我国从 1988 年起，热电偶全部按 IEC 国际标准生产，并指定 S、B、K、T、E、J 等标准化热电偶为中国统一设计型号，现将其中使用较多的几类汇总在表 2.3 中。

表 2.3　我国标准型热电偶的主要特性

热电偶名称	分度号	适用条件	等级	测温范围/℃	允许误差/℃
铂铑$_{10}$-铂	S	适宜在氧化性气氛中测温；长期使用时测温范围为 $0\sim1300$℃，短期使用最高可达 1600℃；短期可在真空中测温	I	$0\sim1100$ $1100\sim1600$	±1 $\pm[1+(t-1100)\times0.003]$
			II	$0\sim600$ $600\sim1600$	±1.5 $\pm(0.25\%)\times t$
铂铑$_{30}$-铂铑$_6$	B	适宜在氧化性气氛中测温；长期使用可达 1600℃，短期测温最高为 1800℃；稳定性好；自由端在 $0\sim100$℃内可不用补偿导线；可短期在真空中测温	I	$600\sim1700$	$\pm(0.25\%)\times t$
			II	$600\sim800$ $800\sim1700$	±4 $\pm(0.5\%)\times t$
镍铬-镍硅（镍铬-镍铝）	K	适宜在氧化及中性气氛中测温；测温范围为 $-200\sim1300$℃；可短期在还原性气氛中使用，但必须外加密封保护管	I	$-40\sim1100$	±1.5 或 $\pm(0.4\%)\times t$
			II	$-40\sim1300$	±2.5 或 $\pm(0.75\%)\times t$
			III	$-200\sim40$	±2.5 或 $\pm(1.5\%)\times t$
铜-铜镍（康铜）	T	适合于在 $-200\sim400$℃范围内测温；精度高、稳定性好；测低温时灵敏度高；价格低廉	I	$-40\sim350$	±0.5 或 $\pm(0.4\%)\times t$
			II	$-40\sim350$	±1 或 $\pm(0.75\%)\times t$
			III	$-200\sim40$	±1 或 $\pm(1.5\%)\times t$
镍铬-铜镍（康铜）	E	适宜在各种气氛中测温；测温范围为 $-200\sim900$℃；稳定性好；灵敏度高；价廉	I	$-40\sim800$	±1.5 或 $\pm(0.4\%)\times t$
			II	$-40\sim900$	±2.5 或 $\pm(0.75\%)\times t$
			III	$-200\sim40$	±2.5 或 $\pm(1.5\%)\times t$
铁-铜镍（康铜）	J	适宜在各种气氛中测温；测温范围为 $-40\sim750$℃；稳定性好；灵敏度高；价廉	I	$-40\sim750$	±1.5 或 $\pm(0.4\%)\times t$
			II	$-40\sim750$	±2.5 或 $\pm(0.75\%)\times t$

2. 热电偶冷端补偿

由热电偶测温原理可知，只有当其冷端温度保持不变时，热电势才是被测温度的单值函数，即

$$E(t,0) = E(t,t_0) + E(t_0,0) \tag{2-7}$$

也就是说，在应用热电偶测温时，只有将冷端温度保持为 0℃，或者进行一定补偿修正才能得到准确的测量结果，并称之为热电偶冷端温度补偿。

在实际应用中,由于热电偶的工作端与冷端离得很近,而且冷端又暴露在空间,易受到周围环境温度波动的影响,因而冷端温度难以保持恒定。当然也可以把热电偶做得很长,使冷端远离工作端,但是这样做会多消耗许多贵重金属材料。解决这个问题的途径如下:

1) 冰点槽法,即将冷端温度保持为 $0℃$。

2) 对冷端温度进行修正,具体包括温度修正($t=t'+kt$)和热电势修正(查表法)。

3) 冷端温度自动补偿,包括电桥补偿法和 pn 结补偿法。

4) 采用导线补偿法,即用一种专用导线,将热电偶的冷端延伸出来,并称这种专用导线为"补偿导线"。

在使用热电偶补偿导线时,要注意型号相配,极性不能接错,热电偶与补偿导线连接端所处的温度不应超过 $100℃$。在实际使用中,人们找到了适合于各种型号热电偶配用的补偿导线,具体见表 2.4。

表 2.4　热电偶配用的补偿导线

热电偶名称	补偿导线			
	正极		负极	
	材料	颜色	材料	颜色
铂铑$_{10}$-铂(S)	铜	红	铜镍	绿
镍铬-镍硅(K)	铜	红	铜镍	蓝
镍铬-铜镍(E)	镍铬	红	铜镍	棕
铜-铜镍(T)	铜	红	铜镍	白

例 2.2　热电偶的冷端温度补偿。

用分度号为 K 的镍铬-镍硅热电偶测量温度,在没有采取冷端温度补偿的情况下,显示仪表指示值为 $500℃$,而这时冷端温度为 $60℃$。试问:实际温度应为多少? 如果热端温度不变,设法使冷端温度保持在 $20℃$,此时显示仪表的指示值应为多少?

解　显示仪表指示值为 $500℃$ 时,查阅相关手册可得此时显示仪表的实际输入电势为 20.64mV,由于这个电势是由热电偶产生的,即

$$E(t,t_0) = 20.64\text{mV}$$

同样,查表可得

$$E(t_0,0) = E(60,0) = 2.436\text{mV}$$

$$E(t,0) = E(t,t_0) + E(t_0,0) = 20.64 + 2.436 = 23.076(\text{mV})$$

由 $E(t,0)=23.076\text{mV}$ 查表,可得 $t=557℃$,即实际温度为 $557℃$。

当热端为 $557℃$,冷端为 $20℃$ 时,由于 $E(20,0)=0.798\text{mV}$,故有

$$E(t,t_0) = E(t,0) - E(t_0,0) = 23.076 - 0.798 = 22.278(\text{mV})$$

由此电势,查表可得显示仪表指示值应为 $538.4℃$。

2.4.3　热电阻

由于在中、低温区热电偶输出的热电动势很小,因而对显示仪表及抗干扰措施的要求都较高。另外,在较低的温度区域内,冷端温度的漂移及环境温度的变化所引起的误差,相对来说也就更大,并且不易得到完全补偿。所以,在中、低温区使用热电阻比用热电偶作为测温元件时的测量精度更高。

电阻温度计由热电阻、显示仪表和连接导线组成,利用某些导体或半导体的电阻值随温度的变化而改变的性质来测定温度。实验证明,大多数的金属导体在温度每升高 1℃时,其电阻值约增加 $0.4\% \sim 0.6\%$,而具有负温度系数的半导体电阻值要减小 $3\% \sim 6\%$。

金属热电阻的电阻值和温度之间的关系一般可以近似表示为

$$R_t = R_0[1 + \alpha(t - t_0)] \tag{2-8}$$

式中,R_t 为温度 t 时对应的电阻值;R_0 为温度 t_0(通常 $t_0 = 0℃$)时对应的电阻值;α 为温度系数。

半导体热电阻(也称热敏电阻)的阻值与温度之间的关系一般可以近似表示为

$$R_t = Ae^{B/t} \tag{2-9}$$

式中,R_t 为热敏电阻在温度 t 时对应的电阻值;A、B 为取决于半导体材料和结构的常数。

相比较而言,半导体热敏电阻温度系数更大,常温下阻值更高(通常在数千欧以上),但互换性较差,非线性严重,测温范围在 $-50 \sim 300℃$ 左右,大量用于家电和汽车等制造业中的温度检测。制造热敏电阻的材料多为锰、镍、铜、钛和镁等金属的氧化物,将这些材料按一定比例混合,经成形高温烧结而成热敏电阻。根据其温度系数可分为负温度系数(NTC)型、正温度系数(PTC)型和临界温度系数(CTR)型三种。如图 2.5 所示,NTC 型热敏电阻常用于温度测量,PTC 型和 CTR 型在一定温度范围内阻值随温度而急剧变化,可用于特定温度点的检测。

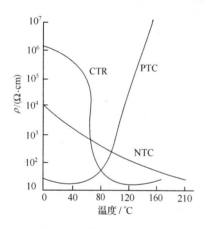

图 2.5 热敏电阻三种类型
(NTC、PTC 和 CTR)特性

金属热电阻测温的最大特点是性能稳定、测量精度高,一般可在 $-270 \sim 900℃$ 范围内使用,在过程控制领域中使用广泛。

从电阻值随温度的变化来看,大部分金属导体都具有这种性质,但并不是都能用作测温热电阻。工业用热电阻金属材料的一般要求为:电阻温度系数大;电阻率大;热容量小;在测温范围内具有稳定的物理和化学性能、良好的复制性以及电阻随温度的变化呈单值线性关系等特性。

目前世界上用作热电阻的材料主要有铂、铜及镍。我国镍储量较少,故只采用铂、铜两种金属热电阻。其中,铂热电阻精度高,适用于中性和氧化性介质,稳定性好,具有一定非线性,温度越高电阻变化率越小,价格较贵,测温范围为 $-200 \sim 850℃$;铜电阻在测温范围内电阻值和温度之间呈线性关系,温度系数大,适用于无腐蚀介质,超过 150℃易被氧化,价格便宜,测温范围为 $-50 \sim 150℃$。

常用的铂热电阻有 $R_0 = 10\Omega$ 和 $R_0 = 100\Omega$,它们的分度号分别标为 Pt10 和 Pt100;铜热电阻有 $R_0 = 50\Omega$ 和 $R_0 = 100\Omega$,它们的分度号分别标为 Cu50 和 Cu100。其中 Pt100 应用最为广泛。工业上常用金属热电阻的主要性能见表 2.5,表中电阻比 W_{100} 值越高,电阻纯度一般也越高。

表 2.5　常用工业热电阻及其特性

热电阻名称	代号	分度号	温度为零度时的电阻值 R_0/Ω		电阻比 $W_{100}=R_{100}/R_0$	
			名义值	允许误差	名义值	允许误差
铜热电阻	WZC	Cu50	50	±0.05	1.428	±0.002
		Cu100	100	±0.1		
铂热电阻	WZP	Pt10	10 (0～850℃)	A级±0.006 B级±0.012	1.385	±0.001
		Pt100	100 (－200～850℃)	A级±0.06 B级±0.12		

2.4.4　集成式温度传感器

利用 pn 结的伏安特性与温度之间的关系研制的一种集成电路式固态传感器具有体积小、热惯性小、反应快、测温精度高、稳定性好、价格低等特点。根据输出信号的不同可以分为电压型和电流型两种,电压型温度系数约 10mV/K,电流型温度系数约 1μA/K。

AD590 就是一个常用的电流型集成式温度测量二端元件,直流工作电压为 4～30V,测温范围为－55～150℃,能输出与绝对温度成比例的电流(1μA/K),并且不需要进行线性补偿,可以进行长距离传输(达到 100m),使用非常方便。例如,当工作环境温度为 25℃时,相应的绝对温度为 273.2＋25＝298.2(K),则对应输出电流为 298.2μA,然后利用精密电阻可将该电流转换成相应的电压变化值,由变送器进行显示或者送给微机系统进行 A/D 采样。该转换电路如图 2.6 所示,图中当调整 R_1,保证 $R_1+R_2=1000\Omega$ 时,则当 AD590 所测温度每变化 1K,其输出电压变化值为 1mV。

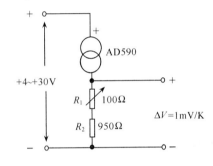

图 2.6　AD590 测温电路

DS18B20 是美国 DALLAS 公司生产的新型单总线数字温度传感器,供电电压为 3.0～5.5V,测温范围为－55～125℃,可以直接与微机系统进行接口。分辨率默认为 12 位。读出数据或写入命令只需一根 I/O 端口线,以串行方式与微控制器通信,并进行 CRC 校验。该电路将半导体温敏器件、A/D 转换器、存储器等集成在一个很小的芯片上。一条单总线上可以挂接若干个数字温度传感器,每个传感器对应有一个唯一的地址编码。传感器直接输出的就是温度信号数字值,使用非常方便。

2.4.5　接触式测温元件的选型与安装

1. 接触式测温元件的选型

1) 仪表的精度等级应根据生产工艺对参数允许偏差值的大小确定。

2) 仪表选型应力求操作方便、运行可靠、经济、合理等。在同一工程中,应尽量减小仪表的品种和规格。

3) 温度仪表的测量上限应选得比实际使用的最高温度略高一些,一般取实测最高温度为仪表上限值的 90%,而 30% 以下的刻度原则上最好不用。

4) 热电偶测温反应速度快,适用于远距离传送,并且便于与计算机连接,价格也低廉,故一般优先选用热电偶测温,而只在测温范围低于150℃时才选用热电阻。

5) 热电偶、补偿导线及显示仪表的分度号要一致。

6) 保护套管的耐压等级应不低于所在管线或设备的耐压等级,材料应根据最高使用温度及被测介质的特性来选择。

2. 接触式测温元件的安装

1) 在测量管道内流动介质温度时,应保证传感器与介质充分接触,要求传感器与被测介质成逆流状态安装,至少呈正交式安装,切勿与被测介质形成顺流状态。

2) 传感器的感温点应处于管道中流速最大的地方。

3) 为了减小测量误差,应尽可能增大传感器的插入深度。温度计应斜插或在管道弯头处插入。

4) 当测温管道过细(直径小于80mm)时,安装测温元件需加装扩充管。

5) 在安装热电偶及热电阻时,应使其接线盒的面盖朝上,以免雨水或其他污物渗漏而影响测量的准确性。

6) 安装在负压管道上的温度计,必须要保证良好的密封性,以防外界冷空气进入。

7) 用热电偶测量炉膛温度时,应避免与火焰直接接触,否则将使测量值偏高;还应避免把热电偶安装在炉门旁或与热物体距离过近之处。接线盒不应碰到被测介质的器壁,以免热电偶冷端温度过高。

2.5 压力检测

压力是工业生产中的重要参数,如高压容器的压力超过额定值时便不安全,必须进行测量和控制。在某些工业生产过程中,压力还直接影响产品的质量和生产效率,如生产合成氨时,氮和氢不仅需在一定的压力下合成,而且压力的大小直接影响产量高低。此外,在一定的条件下,测量压力还可间接得出温度、流量和液位等参数。

所谓压力是指均匀而垂直作用于单位面积上的力,也就是物理学中的压强,用符号 p 表示。在国际单位制中,压力的单位是帕斯卡(简称帕,用符号 Pa 表示,$1Pa=1N/m^2$),它也是中国的法定计量单位。但在工程上也使用其他一些压力单位,例如,工程大气压、巴、毫米汞柱、毫米水柱等。表2.6给出了各种压力单位之间的换算关系。

表 2.6 部分压力单位的换算关系

单 位	帕 Pa	巴 bar	毫米水柱 mmH$_2$O	标准大气压 atm	工程大气压 at	毫米汞柱 mmHg
帕 Pa	1	1×10^{-5}	1.019716×10^{-1}	0.986923×10^{-5}	1.019716×10^{-5}	0.75006×10^{-2}
巴 bar	1×10^5	1	1.019716×10^4	0.986923	1.019716	0.75006×10^3
毫米水柱 mmH$_2$O	0.980665×10^1	0.980665×10^{-4}	1	0.967841×10^{-4}	1×10^{-4}	0.735559×10^{-1}
标准大气压 atm	1.01325×10^5	1.01325	1.033227×10^4	1	1.033227	0.76×10^3
工程大气压 at	0.980665×10^5	0.980665	1×10^4	0.967841	1	0.735559×10^3
毫米汞柱 mmHg	1.333224×10^2	1.333224×10^{-3}	1.35951×10^1	1.31579×10^{-3}	1.35951×10^{-3}	1

由于参考点不同,在工程技术中流体的压力可分为如下几种:

1) 差压,又称压差。两个压力之间的相对差值。

2) 绝对压力。相对于零压力(绝对真空)所测得的压力。

3) 表压力。绝对压力与当地大气压之差。

4) 负压,又称真空表压力。当绝对压力小于大气压时,大气压与绝对压力之差。

5) 大气压。它是地球表面上的空气质量所产生的压力,大气压随当地的海拔高度、纬度和气象情况而变。

压力的表示方法有三种:绝对压力 p_a,表压力 p,负压或真空度 p_h,其间关系如图 2.7 所示。

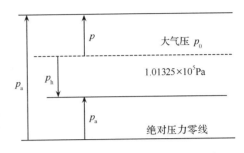

图 2.7 绝对压力、表压力、真空度的关系

由于在现代工业生产过程中测量压力的范围很宽,测量的条件和精度要求各异,所以压力检测仪表的种类很多,现总结于表 2.7 中。

表 2.7 各类压力表的性能及应用场合

类别	液柱式压力表	弹性式压力表	活塞式压力表	电气式压力表
测量原理	根据流体静力学原理,把被测压力转换成液柱高度。如单管压力计、U 形管压力计及斜管压力计等	根据弹性元件受力变形的原理,将被测压力转换成位移。如弹簧管式压力表、膜片(或膜盒式)压力表、波纹管式压力表等	根据液压机传递压力的原理,将被测压力转换成活塞上所加平衡砝码的重量。通常作为标准仪器对弹性压力表进行校验与刻度	将被测压力转换成电势、电容、电阻等电量的变化来间接测量压力。如应变式压力计、霍尔片式压力计、热电式真空计等
主要特点	1) 结构简单,使用方便 2) 测量精度要受工作液毛细管作用、密度及视差等影响 3) 测压范围较窄,只能测量低压与微压 4) 若用水银为工作液,则易造成环境污染	1) 测压范围宽,可测高压、中压、低压、微压、真空度 2) 使用范围广,若添加记录机构、控制元件或电气转换装置,则可制成压力记录仪、电接点压力表、压力控制报警器和远传压力表等,供记录、指示、报警、远传之用等 3) 结构简单、使用方便、价格低廉,但有弹性滞后现象	1) 测量精度高,可以达到 0.05%~0.02% 2) 结构复杂,价格较高 3) 测量精度受温度、浮力与重力加速度的影响,故使用时应进行修正	1) 按作用原理不同,除前述种类外,还有振频式、压电式、压阻式、电容式等压力表 2) 根据不同形式,输出信号可以是电阻、电流、电压或频率等 3) 适用范围宽
应用场合	用于测量低压与真空度,用于作为标准计量仪器	用于测量压力或真空度,可就地指示、远传、记录、报警和控制。还可测易结晶与腐蚀性介质的压力与真空度	作为标准计量仪器用于检定低一级活塞式压力表或检验精密压力表	用于远传、发信与自动控制,与其他仪表连用可构成自动控制系统,广泛应用于生产过程自动化,可测压力变化快、脉动压力、高真空与超高压场合

2.5.1 弹性式压力检测

弹性式压力表是利用各种弹性元件,在被测介质压力作用下产生弹性变形(服从胡克定律)的原理来测量压力的。工业上常用的弹性元件有如图2.8所示的几种。

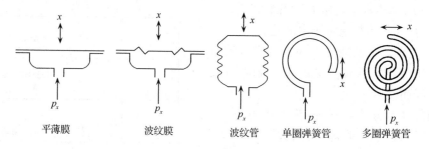

平薄膜　　　　波纹膜　　　　波纹管　　单圈弹簧管　　多圈弹簧管

图2.8　弹性元件

1. 膜片

膜片是一种沿外缘固定的片状圆形薄板或薄膜,按剖面形状可分为平薄膜片和波纹膜片。波纹膜片是一种压有环状同心波纹的圆形薄膜,其波纹数量、形状、尺寸和分布情况与压力测量范围及线性度有关。有时也可以将两块膜片沿周边对焊起来,形成一个薄膜盒子,两膜片内部充液体(如硅油),称为膜盒。

当膜片两边压力不等时,膜片就会发生形变,产生位移,当膜片位移很小时,它们之间具有良好的线性关系,这就是利用膜片进行压力检测的基本原理。膜片受压力作用产生的位移,可直接带动传动机构进行指示。但是,由于膜片的位移较小,灵敏度低,指示精度不太高,一般为2.5级。在更多的情况下,都是把膜片和其他转换环节结合起来使用,通常膜片和转换环节把压力转换成电信号,例如,膜盒式差压变送器、电容式压力变送器等。

2. 波纹管

波纹管是一种具有同轴环状波纹,能沿轴向伸缩的测压弹性元件。当它受到轴向力作用时能产生较大的伸长或收缩位移,通常在其顶端安装传动机构,带动指针直接读数。波纹管的特点是灵敏度较高(特别是在低压区),适合检测低压信号($\leqslant 10^6\text{Pa}$),但波纹管时滞较大,测量精度一般只能达到1.5级。

3. 弹簧管

弹簧管是弯成圆弧形的空心管子(中心角 θ 通常为270°),其横截面积呈非圆形(椭圆或扁圆形)。弹簧一端是开口的,另一端是封闭的,如图2.9所示。开口端作为固定端,被测压力从开口端接入到弹簧管内腔;封闭端作为自由端,可以自由移动。

当被测压力从弹簧管的固定端输入时,由于

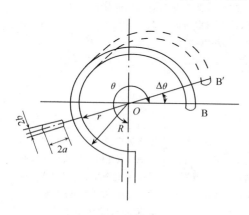

图2.9　单圈弹簧管结构示意

弹簧管的非圆横截面,使它有变成圆形并伴有伸直的趋势,导致自由端产生位移并改变中心角 $\Delta\theta$。由于输入压力 p 与弹簧管自由端的位移成正比,所以只要测得自由端的位移量就能够反映出压力 p 的大小,这就是弹簧管测量压力的基本工作原理。

弹簧管有单圈和多圈之分。单圈弹簧管的中心角变化量较小,而多圈弹簧管的中心角变化量较大,二者的测压原理是相同的。弹簧管可以通过传动机构直接指示被测压力,也可以用适当的转换元件把弹簧管自由端的位移变换成电信号输出。弹簧管压力表结构简单、使用方便、价格低廉、测量范围宽,应用十分广泛。一般的工业用弹簧管压力表的精度等级为 1.5 级或 2.5 级。

2.5.2 应变片式压力检测

应变片式压力传感器使用的敏感元件是应变片,它是由金属导体或者半导体材料制成的电阻体。当应变片受到外力作用产生形变(伸长或者收缩)时,其电阻值也将发生相应的变化。根据电阻值计算公式

$$R = \rho\frac{l}{A} \tag{2-10}$$

可以求得,在应变片的测压范围内,其电阻值的相对变化量为

$$\frac{\mathrm{d}R}{R} = \frac{\mathrm{d}\rho}{\rho} + \frac{\mathrm{d}l}{l} - \frac{\mathrm{d}A}{A} \tag{2-11}$$

可见,电阻值的相对变化量与应变系数成正比,也就是与被测压力之间具有良好的线性关系。

应变片一般要和弹性元件结合使用,将应变片粘贴在弹性元件上,当弹性元件受压形变时带动应变片也发生形变,其阻值发生变化,通过电桥输出测量信号。

由于应变片具有较大的电阻温度系数,会造成应变片电阻值随环境温度而变,所以必须考虑补偿措施。目前最常用的方法是采用两个或者四个以上静态性能完全相同的应变片,使它们处在同一电桥的不同桥臂上,实现温度的补偿。

如图 2.10(a)所示应变式压力传感器的原理,图中应变片 r_1、r_2 的静态性能完全相同,r_1 轴向粘贴,r_2 径向粘贴。当膜片受到外力作用时,弹性筒轴向受压,使应变片 r_1 产生轴向应变,阻值变小;而应变片 r_2 受到轴向压缩,引起径向拉伸,阻值变大。实际上,r_2 的变化量比 r_1 的变化量要小,r_2 的主要作用是温度补偿。

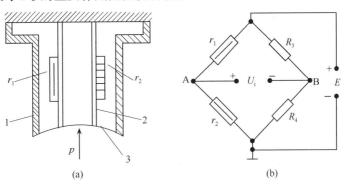

图 2.10 应变片式压力传感器示意
1. 外壳;2. 弹性筒;3. 膜片
(a) 传感器 (b) 测量电桥

如图 2.10(b)所示应变片阻值变化量的测量电桥,图中 R_3 和 R_4 是两个阻值相等的精密固定电阻。由此可见,由于压力作用时,r_1 和 r_2 一减一增,使电桥有较大的输出;当环境温度发生变化时,r_1、r_2 同时增减,不影响电桥的平衡。如果仪表能把电桥输出电压 U_i 进一步转换为标准信号输出,则该仪表即可称为应变式压力变送器。

应变片式压力检测仪表具有较大的测量范围,被测压力可达几百兆帕,并具有良好的动态性能,适用于快速变化的压力测量。但是,尽管测量电桥具有一定的温度补偿作用,应变片式压力检测仪表仍有比较明显的温漂和时漂,因此,这种压力检测仪表较多地用于一般要求的动态压力检测,测量精度一般在 $0.5\%\sim1.0\%$ 左右。

2.5.3 压阻式压力检测

压阻式压力传感器是根据压阻效应制造的,其压力敏感元件就是在半导体材料的基片上利用集成电路工艺制成的扩散电阻,当它受到外力作用时,扩散电阻的阻值由于电阻率的变化而改变。

用作压阻式传感器的基片材料主要为硅片和锗片,由于单晶硅材料纯、功耗小、滞后和蠕变极小、机械稳定性好,而且传感器的制造工艺和硅集成电路工艺有很好的兼容性,以扩散硅压阻传感器作为检测元件的压力检测仪表得到了广泛的应用。

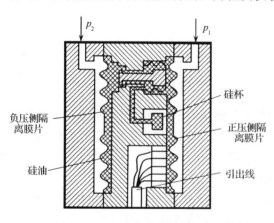

图 2.11 压阻式压力传感器示意

如图 2.11 所示是压阻式压力传感器的结构示意图,其核心部分是一块圆形的单晶硅膜片,膜片上用离子注入和激光修正方法布置有 4 个阻值相等的扩散电阻,形成惠斯通电桥。单晶硅膜片用一个圆形硅杯固定,并将两个气腔隔开,一端接被测压力,另一端接参考压力(如接入低压或者直接通大气压)。

当外界压力作用于膜片上产生压差时,膜片产生形变,使扩散电阻的阻值发生变化,电桥就会产生一个与膜片承受的压差成正比的不平衡输出信号。

压阻式压力传感器的主要优点是体积小、结构简单,其核心部分就是一个既是弹性元件又是压敏元件的单晶硅膜片。扩散电阻的灵敏系数是金属应变片的几十倍,能直接测量出微小的压力变化。此外,压阻式压力传感器还具有良好的动态响应,迟滞小,可用来测量几千赫兹乃至更高的脉动压力。因此,这是一类发展比较迅速,应用十分广泛的压力传感器。

2.5.4 压力表的选择与安装

1. 压力表的选择

量程的选择——根据被测压力的大小确定仪表量程。对于弹性式压力表,在测量稳定压力时,最大压力值应不超过满量程的 3/4;测量波动压力时,最大压力值应不超过满量程的 2/3,最低测量压力值应不低于满量程的 1/3。

精度的选择——根据生产允许的最大测量误差,以经济、实惠的原则确定仪表的精度等级。一般工业用压力表选择 1.5 级或 2.5 级已足够,科研或精密测量选用 0.05 级或 0.02 级的精密压力计或标准压力表。

使用环境及介质性能的考虑——根据环境条件的恶劣程度(如高温、腐蚀、潮湿、振动等)和被测介质的性能(如温度的高低、腐蚀性、易结晶、易燃、易爆等)来确定压力表的种类和型号。

压力表外形尺寸的选择——现场就地指示的压力表表面直径一般为 $\phi100mm$,在标准较高或照明条件较差的场合选用表面直径为 $\phi200\sim250mm$ 的压力表,盘装压力表直径为 $\phi150mm$ 或用矩形压力表。

2. 压力表的安装

1) 测点的选择和安装必须保证仪表所测得的是介质的静压力。测点要选在前后有足够长的直管段上,取压管的端面要与生产设备连接处的内壁保持平齐,不应有凸出物或毛刺。

2) 安装地点应力求避免振动和高温的影响。

3) 在测量蒸汽压力时,应加装凝汽管,以防止高温蒸汽与测压元件直接接触;对于腐蚀性介质,应加装充有中性介质的隔离罐;针对被测介质的不同性质(高温、低温、腐蚀、脏污、结晶、黏稠等),应采取相应的防高温、防腐蚀、防冻、防堵等措施。

4) 测点与压力计之间应加装切断阀门,以备检修压力计时使用。切断阀门应安装在靠近测点的地方。

5) 在需要进行现场校验和经常冲洗引压导管的情况下,切断阀可改用三通开关。

6) 引压导管不宜过长,以便减小压力指示的时延,一般长度不大于 50m。

2.6 流 量 检 测

流量通常是指单位时间内流经管道某截面流体的数量,也就是所谓的瞬时流量;在某一段时间内流过流体的总和,称为总量或累积流量。

瞬时流量和累积流量可以用体积表示,也可以用质量表示。

1) 体积流量——以体积表示的瞬时流量用 q_v 表示,单位为 m^3/s;以体积表示的累积流量用 Q_v 表示,单位为 m^3。根据上述定义,体积流量可用下式表示,即

$$q_v = \int_A v dA = \bar{v}A \tag{2-12}$$

$$Q_v = \int_0^t q_v dt \tag{2-13}$$

式中,v 为截面 A 中某一微元面积 dA 上的流速;$\bar{v}$ 为截面 A 上的平均流速。

2) 质量流量——以质量表示的瞬时流量用 q_m 表示,单位为 kg/s;以质量表示的累积流量用 Q_m 表示,单位为 kg。根据上述定义,质量流量可用下式表示,即

$$q_m = \rho q_v \tag{2-14}$$

$$Q_m = \rho Q_v \tag{2-15}$$

式中,ρ 为液体的密度。

3) 标准状态下的体积流量——由于气体是可压缩的,流体的体积会受工作状态的影

响,为了便于比较,工程上通常把工作状态下测得的体积流量换算成标准状态(温度为20℃,压力为一个标准大气压)下的体积流量。标准状态下的体积流量用 q_{vn} 表示,单位为 m^3/s。

流量测量仪表种类繁多,其测量原理、结构特性、适用范围以及使用方法等各不相同。按测量原理不同,可将流量仪表划分为容积式、速度式和差压式三类。

容积式流量计是利用机械测量元件把流体连续不断地分隔成单位体积并进行累加而计量出流体总量的仪表。如腰轮流量计、椭圆齿轮流量计、刮板流量计、活塞流量计等。

速度式流量计是以测量管道内或明渠中流体的平均速度来求得流量的仪表。如涡轮流量计、涡街流量计、电磁流量计、超声流量计等。

差压式流量计是利用伯努利方程的原理测量流量的仪表。它可以输出差压信号来反映流量的大小。如节流式流量计、均速管流量计、楔形流量计、弯管流量计等。浮子流量计作为一种特例也属于差压式流量计。

2.6.1　容积式流量计

容积式流量测量是采用固定的小容积来反复计量通过流量计的流体体积。所以,容积式流量计内部必须具有构成一个标准体积的空间,通常称其为"计量空间"或"计量室"。这个空间由仪表壳的内壁和流量计转动部分一起构成。

容积式流量计的工作原理为:流体通过流量计,就会在流量计进出口之间产生一定的压力差。流量计的转动部分在这个压力差作用下将产生旋转,并将流体由入口排向出口。在这个过程中,流体一次次地充满流量计的"计量空间",然后又不断地送往出口。在给定流量计条件下,该计量空间的体积是确定的,只要测得转子的转动次数,就可以得到通过流量计的流体体积的累积值。

设流量计的"计量空间"体积为 $V(m^3)$,一定时间内转子转动次数为 N,则在该时间内流过的流体体积为

$$V_{\Sigma} = NV \tag{2-16}$$

容积式流量计具有对上游流动状态变化不敏感,测量精确度高,可用于高黏度液体,并直接得到流体累积量等特点。在石油、化工、食品等工业过程中得到了广泛应用。

容积式流量计属于比较准确的一类流量计,为了适应生产中对流量测量的各种不同介质和不同工作条件的要求,主要分为椭圆齿轮式、腰轮式、螺杆式、刮板式、活塞式多种形式。如图 2.12 所示为椭圆齿轮型容积流量计(也称奥巴尔容积流量计)的工作示意图。

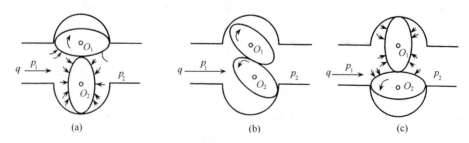

图 2.12　椭圆齿轮型容积流量计工作示意图

由图可见,该流量计由两个椭圆齿轮相互啮合进行工作,p_1 表示流量计进口流体压力;p_2 表示出口流体压力,显然压力 $p_1 > p_2$。在图 2.12(a)中,下面转子虽然受到流体的压差

作用,但不产生旋转力矩,而上面齿轮在两侧差压作用下产生旋转力矩而转动。由于两个齿轮相互啮合,故各自以 O_1 和 O_2 为轴心按箭头方向旋转,同时上面的齿轮将半月形计量空间的流体排向出口。在此状态时,上齿轮为主动轮,下齿轮为从动轮。在图 2.12(b)位置时,两个齿轮均在流体差压作用下产生旋转力矩,并在该力矩作用下沿箭头方向继续旋转,转变到图 2.12(c)所示位置。这时,齿轮位置与图 2.12(a)相反,下齿轮为主动轮,上齿轮为从动轮。下齿轮在进出口流体差压作用下旋转,又一次将它与壳体之间的半月形"计量空间"中的流体排出。如此连续不断,椭圆齿轮每转一周,就排出 4 份"计量空间"流体体积。因此,只要读出齿轮的转数,就可以计算出排出液体的量。

2.6.2 节流式流量计

节流式流量计也称为差压式流量计,是目前工业生产过程中最成熟、最常用的流量测量方法之一。如果在管道中安置一个固定的阻力件,其中间开一个比管道截面积小的孔,当流体流过该阻力件时,由于流体流束的收缩而使流速加快、静压力降低,其结果是在阻力件前后产生一个较大的压差。压差的大小与流体流速的大小有关,流速越大,压差也越大,因此,只要测出压差就可以推算出流速,进而可以计算出流体的流量。

流体流过阻力件使流束收缩导致压力变化的过程称为节流过程,其中的阻力件称为节流件,并且分标准型和特殊型两种。标准节流件包括标准孔板、标准喷嘴和标准文丘里管,如图 2.13 所示。对于标准节流件,在设计计算时都有统一的标准规定、要求和计算所需的有关数据及程序,安装和使用时不必进行标定。特殊节流件主要用于特殊介质或特殊工况条件的流量检测,它必须用实验方法单独标定。

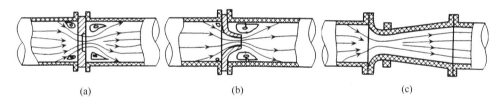

（a）　　　　　　　　（b）　　　　　　　　（c）

图 2.13　标准节流装置
（a）标准孔板　（b）喷嘴　（c）文丘里管

目前最常用的节流件是标准孔板,所以在以下的讨论中主要以标准孔板为例介绍节流式流量检测的原理、设计以及实现方法。

1. 节流原理

流动流体的能量有两种形式:静压能和动能。流体由于有压力而具有静压能,又由于有流动速度而具有动能,这两种形式的能量在一定条件下是可以相互转化的。

设稳定流动的流体沿水平管流经节流件,在节流件前后将产生压力和速度的变化,如图 2.14所示。

在截面 1 处流体不受节流件影响,流束充满管道,流体的平均速度为 v_1,静压力为 p_1;流体接近节流装置时,由于遇到节流装置的阻挡,使一部分动能转化为静压能,出现节流装置入口端面靠近管壁处流体的静压力升高至最大 $p_{\max}$;流体流经节流件时,导致流束截面的收缩,流体流速增大,由于惯性的作用,流束截面经过节流孔以后继续收缩,到截面 2 处达到

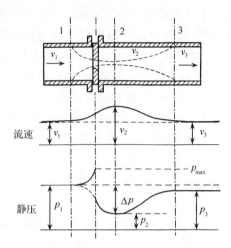

图 2.14　标准孔板的压力、流速分布示意图

最小,此时流速最大为 v_2,静压力 p_2 最小;随后,流体的流束逐渐扩大,到截面 3 以后完全复原,流速恢复到原来的数值,即 $v_3 = v_1$,静压力逐渐增大到 p_3。由于流体流动产生的涡流和流体流经节流孔时需要克服的摩擦力,导致流体能量的损失,所以在截面 3 处的静压力 p_3 不能恢复到原来的数值 p_1,而产生永久的压力损失。

2. 伯努利方程

伯努利方程实际上就是能量守恒定律在运动流体中的具体应用。可以证明,当无黏性正压流体在有势外力的作用下做定常运动时,其总能量(位置势能、压力能和流体动能之和)沿流线是守恒的。

对于不可压缩液体,伯努利方程可表示如下:

$$gz + \frac{p}{\rho} + \frac{v^2}{2} = 常数 \tag{2-17}$$

或

$$z + \frac{p}{\rho g} + \frac{v^2}{2g} = z + \frac{p}{\gamma} + \frac{v^2}{2g} = 常数 \tag{2-18}$$

式中,g 为重力加速度($\mathrm{m/s^2}$);z 为垂直位置高度(m);p 为流体的静压力(Pa);ρ 为流体密度($\mathrm{kg/m^3}$);v 为流体的平均流速(m/s);γ 为流体重度($\mathrm{N/m^3}$)。

式(2-17)左边三项表示单位质量流体的位置势能、压力能和流体动能。整个式子表示单位质量流体的总能量沿流线守恒。当然,其总能量可以不同。而式(2-18)的形式具有明显的几何意义,左边第一项代表流体质点所在流线的位置高度,称为位势头;第二项相当于液柱底面压力为 p 时液柱的高度,称为压力头;第三项代表流体质点在真空中以初速度沿直线向上运动所能达到的高度,称为速度头。按式(2-18)的位势头、压力头和速度头之和沿流线不变。

将伯努利方程用于流量测量领域时,位置高度往往变化很小或基本不变,所以,不可压缩流体的伯努利方程可简化为

$$\frac{p}{\rho} + \frac{v^2}{2} = 常数 \tag{2-19}$$

或

$$\frac{p}{\gamma} + \frac{v^2}{2g} = 常数 \tag{2-20}$$

式(2-19)和式(2-20)说明不可压缩流体在流动过程中,流速增加必然导致压力的减小;相反,流速减小也必然导致压力的增加。

3. 节流装置的流量方程

节流装置的流量方程是在假定所研究的流体是理想流体,并在一定条件下根据伯努利方程和连续性方程推导出来的,并对不符合假设条件的影响因素进行修正。

如图 2.14 所示取两个截面,截面 1 是流束收缩前的截面,截面 2 是流束最小截面。根据不可压缩理想流体的伯努利方程

$$\frac{p_1}{\rho_1} + \frac{v_1^2}{2} = \frac{p_2}{\rho_2} + \frac{v_2^2}{2} \tag{2-21}$$

和连续性方程

$$A_1 v_1 = A_2 v_2 \tag{2-22}$$

对于不可压缩流体,其密度 ρ 为常数,即 $\rho_1 = \rho_2 = \rho$,可以推得

$$v_2 = \frac{1}{\sqrt{1 - \mu^2 \beta^4}} \sqrt{\frac{2}{\rho}(p_1 - p_2)} \tag{2-23}$$

$$\beta = \frac{d}{D} = \sqrt{\frac{A_0^2}{A_1^2}} \tag{2-24}$$

式中,p_1、p_2 为截面 1 和截面 2 处的静压力(Pa);v_1、v_2 为截面 1 和截面 2 处的平均流速(m/s);ρ_1、ρ_2 为截面 1 和截面 2 处的流体密度(kg/m³);μ 为流束收缩系数($A_2 = \mu A_0$),大小与节流件的形式及流动状态有关;A_1、A_2 为截面 1 和截面 2 处管道流体流通面积(m²);A_0 为节流孔面积;β 为节流装置的直径比;d 为节流件的开孔直径(m);D 为管道内径(m)。

事实上,由于实际流体中的摩擦和黏性,会造成流动损失,式(2-23)和式(2-24)中有关系数必须进行修正。另外,对于可压缩流体,不再满足 $\rho_1 = \rho_2$,因此必须对式(2-23)进一步修正,从而将这两种情况统一起来。根据上述流速公式最终推得可压缩流体的统一流量方程为

$$q_v = \alpha \varepsilon A_0 \sqrt{\frac{2}{\rho} \Delta p} \tag{2-25}$$

$$q_m = \alpha \varepsilon A_0 \sqrt{2 \rho \Delta p} \tag{2-26}$$

式中,α 为流量系数;ε 为可膨胀性系数;A_0 为节流件的开孔面积(m²);ρ 为节流装置前的流体密度(kg/m³);Δp 为节流装置前后实际测得的压差(Pa)。

流量系数 α 主要与节流装置的型式、取压方式、流体的流动状态和管道条件等因素有关。因此,α 是一个影响因素复杂的综合性参数,也是节流式流量计能否准确测量流量的关键所在。对于标准节流装置,α 可以从有关手册中查出;对于非标准节流装置,α 值由实验确定。

可膨胀性系数 ε 用来校正流体的可压缩性。对于不可压缩性流体,$\varepsilon = 1$;对于可压缩性流体,则 $\varepsilon < 1$。具体应用时可以查阅有关手册。

2.6.3 浮子式流量计

浮子式流量计结构主要由一个向上扩张的锥形管和一个置于锥管中可以上下自由移动的浮子组成,如图 2.15 所示。流量计的两端通过法兰连接或螺纹连接的方式垂直地安装在测量管路上,使流体自下而上地流过流量计,推动浮子。在稳定工况下,浮子悬浮的高度 h 与通过流量计的体积流量之间有一定的比例关系。所以,可以根据浮子的位置直接读出通过流量计的流量值,或通过远传信号方式将流量信号(即浮子的位置信号)远传给二次仪表显示和记录。

为了使浮子在锥形管中移动时不碰到管壁,通常采用如下两种方法:一种方法是在浮子上开几条斜的槽沟,流体流经浮子时,作用在斜槽上的力使浮子绕流束中心旋转以保持浮子

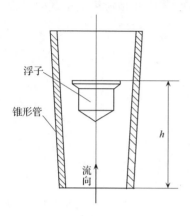

浮子

锥形管

流向

h

图 2.15 浮子式流量计基本结构

工作时居中和稳定；另一种方法是在浮子中心加一导向杆或使用带棱筋的玻璃锥管起导向作用，使浮子只能在锥形管中心线上下运动，保持浮子的稳定性。

浮子式流量计中浮子的平衡条件是

$$V(\rho_t - \rho_f)g = \Delta p A \tag{2-27}$$

式中，V 为浮子的体积；ρ_t、ρ_f 分别为浮子和流体的密度；g 为重力加速度；Δp 为浮子前后的压差；A 为浮子的最大截面积。

浮子和锥形管间的环隙面积相当于节流式流量计的节流孔面积，但它是变化的，并与浮子高度 h 成近似的线性关系，因此，浮子流量计的流量公式可以表示为

$$q_v = \phi h \sqrt{\frac{2}{\rho_f}\Delta p} = \phi h \sqrt{\frac{2V(\rho_t - \rho_f)g}{\rho_f A}} \tag{2-28}$$

式中，ϕ 为仪表常数；h 为浮子浮起的高度。

上面所介绍的浮子式流量计只适用于就地指示。对配有电远传装置的浮子式流量计，可以把反映流量大小的浮子高度 h 转换成电信号，传送到其他仪表进行显示、记录或控制。

浮子式流量计主要有以下几个方面的特点：① 浮子式流量计主要适合于检测中小管径、较低雷诺数(判断流体在管道内流动状态的一个无量纲数)的中小流量；② 流量计结构简单，使用方便，工作可靠，仪表前直管段长度要求不高；③ 流量计的基本误差约为仪表量程的±2％，量程比可达 10∶1；④ 流量计的测量精度易受被测介质密度、黏度、温度、压力、纯净度、安装质量等的影响。

2.6.4 涡轮流量计

涡轮流量计是一种速度式流量仪，它利用置于流体中的叶轮旋转角速度与流体流速成比例的关系，通过测量叶轮的转速来反映通过管道的体积流量大小，是目前流量仪表中比较成熟的高精度仪表。涡轮流量计由涡轮流量传感器和流量显示仪表组成，可实现瞬时流量和累积流量的测量。传感器输出与流量成正比的脉冲频率信号，该信号可以远距离传送给显示仪表，便于进行流量的显示。本类仪表适用于轻质成品油、石化产品等液体和空气、天然气等低黏度流体介质，通常用于流体总量的测量。

涡轮式流量检测方法是以动量矩守恒原理为基础，如图 2.16 所示，流体冲击涡轮叶片，使涡轮旋转，涡轮的旋转速度随流量的变化而变化，通过涡轮外的磁电转换装置可将涡轮的旋转转换成电脉冲。

涡轮流量计安装方便，磁电感应转换器与叶片间不需密封和齿轮传动机构，因而测量精度高，可达到 0.5 级以上；基于磁电感应的转换原理，使涡轮流量计具有较高的反应速度，可测脉动流量；流量与涡轮转速之间呈线性关系，量程比一般为 10∶1，主要用于中小口径的流量检测。但是，涡轮流量计仅适用洁净的被测物质，通常要求在涡轮前安装过滤装置；流量计前后需有一定的直管段长度，以使流向比较稳定，一般流量计上、

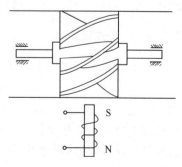

图 2.16 涡轮式流量检测原理

下侧直管段的长度要求在 $10D$ 和 $50D$（D 为管道内径）以上；流量计的转换系数一般是在常温下用水标定的，当介质的密度和黏度发生变化时需重新标定或进行补偿。

2.6.5 漩涡（涡街）流量计

漩涡流量计是利用流体振动原理来进行流量测量的。即在特定的流动条件下，流体一部分动能产生流体振动，且振动频率与流体的流速（或流量）有一定关系。这种流量计可分为自然振荡的卡门漩涡分离型和流体强迫振荡的漩涡进动型两种。前者称为涡街流量计（vortex shedding flow meter），后者称为旋进漩涡流量计（swirl flow meter）。这种流量计输出与流量成正比的脉冲信号，可以广泛用于液体、气体和蒸汽的流量测量。

涡街流量计把一个漩涡发生体（如圆柱体、三角柱体等非流线型对称物体）垂直插在管道中，当流体绕过漩涡发生体时会在其左右两侧后方交替产生旋转方向相反的漩涡，形成涡列，犹如街道旁的路灯，故又有"涡街"之称，如图 2.17 所示。

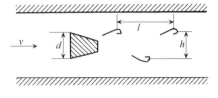

图 2.17 漩涡的形成原理

由于漩涡之间相互影响，漩涡列一般是不稳定的。实验证明，当两列漩涡之间的距离 h 和同列的两个漩涡之间的距离 l 满足公式 $h/l=0.281$ 时，涡街是稳定的。此时漩涡的频率 f 与流体的平均速度 v 及漩涡发生体的宽度 d 有如下关系，即

$$f = S_t \frac{v}{d} \tag{2-29}$$

式中，S_t 为斯特劳哈尔数，它主要与漩涡发生体宽度 d 和流体雷诺数有关。在雷诺数为 $5000 \sim 150000$ 的范围内，S_t 基本上为常数，而漩涡发生体宽度 d 也是定值，因此，漩涡产生的频率 f 与流体的平均流速 v 成正比。所以，只要测得漩涡的频率 f，就可以得到流体的流速 v，进而可求得体积流量 q_v。

一般来说，涡街流量计输出信号（频率）不受流体物性和组分变化的影响，仅与漩涡发生体形状和尺寸以及流体的雷诺数有关。其特点是管道内无可动部件，压损较小，精确度约为 $\pm(0.5\% \sim 1\%)$，量程比可达 20∶1 或更大。但是，涡街流量计不适于低雷诺数的情况，对于高黏度、低流速、小口径的使用有限制，流量计安装时要有足够的直管段长度，上下游的直管段分别不少于 $20D$ 或 $5D$（D 为管道内径），应尽量杜绝振动。

2.6.6 电磁流量计

电磁式流量检测，它是根据法拉第电磁感应定律进行流量测量的电磁流量计（electromagnetic flow meter，EMF），可以检测具有一定电导率的酸、碱、盐溶液、腐蚀性液体以及含有固体颗粒的液体，但不能检测气体、蒸汽和非导电液体的流量。

如图 2.18 所示，当导电的流体在磁场中以垂直方向流动而切割磁力线时，就会在管道两边的电极上产生感应电势，其大小与磁场的强度、流体的速度和流体垂直切割磁力线有效长度成正比，即

$$E_x = KBDv \tag{2-30}$$

式中，E_x 为感应电势；K 为比例系数；B 为磁场强度；D 为管道内径；v 为垂直于磁力线的流体流动速度。

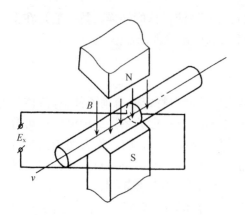

图 2.18　电磁式流量检测原理

而体积流量 q_v 与流速 v 之间的关系为

$$q_v = \frac{\pi D^2}{4} v \qquad (2\text{-}31)$$

将式(2-30)代入式(2-31)，可得

$$q_v = \frac{\pi D}{4BK} E_x \qquad (2\text{-}32)$$

由此可见，在管道直径 D 已经确定，磁场强度 B 维持不变时，流体的体积流量与磁感应电势呈线性关系。

由于电磁流量计的测量导管内无可动部件，因而压力损失极小。由式(2-32)可以看出，流量计的输出电流与体积流量呈线性关系，且不受液体的温度、压力、密度、黏度等参数的影响。电磁流量计反应迅速，可以测量脉动流量，其量程比一般为 10∶1，精度较高的量程比可达 100∶1。电磁流量计的测量口径范围很大，可以从 1mm 到 2m 以上，测量精度一般优于 0.5 级。但是电磁流量计要求被测流体必须是导电的，且被测流体的电导率不能小于水的电导率。另外，由于衬里材料的限制，电磁流量计的使用温度一般为 0~200℃；因电极是嵌装在测量导管上的，这也使最高工作压力受到一定的限制。

电磁流量计在安装时还要注意以下几个问题：① 它既可以水平安装，也可以垂直安装，但要求被测液体充满管道；② 电磁流量计的安装现场要远离外部磁场，以减小外部干扰；③电磁流量计前后管道有时带有较大的杂散电流，一般要将流量计前后 1~1.5m 处和流量计外壳连接在一起，共同接地；④ 前后要有足够长的直管段，一般上下游的直管段分别不少于 5D 和 3D(D 为管道内径)。

2.6.7　超声波流量计

超声波在流体中传播时，会载带流体流速的信息。因此，通过接收穿过流体的超声波就可以检测出流体的流速，从而换算成流量。一般来说，超声波流量计可用来测量体积流量值，并且由超声波换能器、电子线路及流量显示和积算系统三部分组成。超声波换能器将电能转换为超声波能量，将其发射并穿过被测流体，接收器接收到超声波信号，经电子线路放大并转换为代表流量的电信号，供显示和计算。超声波流量计具有如下主要特点：

1) 适用于大管径、大流量测量。

2) 对介质无特别要求，超声波流量计不仅可以测量液体、气体，甚至对双相介质的流体流量也可以测量；由于采用非接触式测量方式，所以没有压力损失，并且可以测量强腐蚀性、非导电性、放射性的流体流量。

3) 超声波流量计的流量测量准确度几乎不受被测流体温度、压力、密度、黏度等参数的影响。

4) 超声波流量计的测量范围较宽，一般可达 20∶1。

设超声波在静止流体中的传播速度为 c，流体的速度为 v，声波发送器和接收器之间的距离为 l。如图 2.19 所示，若在管道上安装两对方向相反的超声波换能器，则声波从超声波发生器 T_1、T_2 到接收器 R_1、R_2 所需的时间分别为

$$t_1 = l/(c+v), \quad t_2 = l/(c-v) \quad (2\text{-}33)$$

二者的时间差为

$$\Delta t = t_1 - t_2 = 2lv/(c^2 - v^2) \approx 2lv/c^2 \quad (2\text{-}34)$$

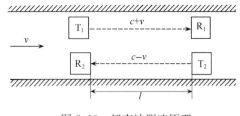

图 2.19　超声波测速原理

可见,当声速 c 和传播距离 l 已知时,只要测出声波的传播时间差 Δt,就可以求出流体的流速 v,进而可求得流量值。

超声波流量计的换能器一般都斜置在管壁外侧,不用破坏管道,不会对管道内流体的流动产生影响,特别适合于大口径管道的液体流量检测。

除上述速度差法测量外,还有超声波频差法和多普勒法测量流体的流量。

2.6.8　质量流量计

目前,质量流量的检测方法主要有三大类:① 直接式,检测元件的输出直接反映出质量流量;② 间接式,同时检测出体积流量和流体的密度,或同时用两个不同的检测元件检测出两个与体积流量和密度有关的信号,通过运算得到质量流量;③ 补偿式,同时测量出流体的体积流量、温度和压力信号,根据密度和温度、压力之间的关系,求出工作状态下的密度,进而与体积流量组合,换算成质量流量。

这里介绍如图 2.20 所示较为成熟的基于科里奥利力的质量流量检测方法,图中演示实验将充水的软管(水不流动)两端悬挂,使中间段下垂成 U 形,静止时,U 形的两管处于同一平面,并垂直于地面,左右摆动时,两管同时弯曲,仍然保持在同一曲面,如图 2.20(a)所示。

若将软管与水源相接,使水从一端流入,另一端流出,如图 2.20(b)和(c)所示。当 U 形管受到外力作用左右摆动时,它将发生弯曲,但扭曲的方向总是出水侧的摆动要早于入水侧。随着流量的增加,这种现象变得更加明显,这说明出水侧摆动的相位超前于入水侧更多。这就是科里奥利力质量流量检测的基本工作原理,它是利用两管的摆动相位差来反映流经该 U 形管的质量流量。

利用科里奥利力构成的质量流量计主要有直管、弯管、单管、双管等多种形式。但目前应用最多的是双弯管型,如图 2.21 所示。两根金属 U 形管与被测管路由连通器相接,流体按箭头方向分由两路弯管通过。在 A、B、C 三处各安装有一组压电换能器,在换能器 A 处外加交流电压产生交变力,使两个 U 形管彼此一开一合地振动,B 和 C 处分别检测两管的振动幅度。B 位于进口侧,C 位于出口侧。根据出口侧相位超前于进口侧的规律,C 处输出的交变电信号超前于 B 处一个相位差,此相位差大小与质量流量成正比。若将这两个交流信号相位差经过电路进一步转换成直流 4~20mA 的标准信号,就成为质量流量变送器。

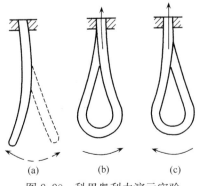

图 2.20　科里奥利力演示实验

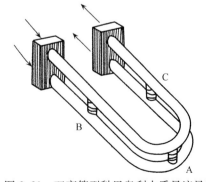

图 2.21　双弯管型科里奥利力质量流量计

2.6.9 多相流体的流量测量

多相流体就是在流体流动中不是单相物质,而是有两种或两种以上不同相物质同时存在一起运动。因此,两相流动可能是液相和气相的流动、液相和固相的流动或固相和气相的流动。也有气相、液相和固相三相混合物的流动,如气井中喷出的流体以天然气为主,但也包含一定数量的液体和泥沙。

两相流体流量可分为两种:一种为两相混合物流量,即两相流的总流量;另一种为各相的流量,各相流量之和就等于两相混合物流量。

要确定各相流量,不仅需要测定两相混合物流量,还需要测定两相中任一相在混合物中的含量。以气液两相流为例,要确定气相或液相的质量流量就需要测定气液混合物的质量流量 q_m 和气相的流量质量含量 β_{Gm}。气相的流量质量含量等于气相质量流量 q_G 与气液混合物质量流量 q_m 之比。因此,$q_G = q_m\beta_{Gm}$,而液相质量流量 $q_L = q_m - q_G$。所以要对气液两相流流量进行完整的测量,一般需要测定两个参数,即气液混合物流量 q_m 和气相的质量流量含量 β_{Gm}。

有些流量计(如电磁流量计、超声波流量计)的输出信号仅是体积流量,在用来测量两相流时,若知道轻相和重相的密度和流量体积比,则可计算出混合物平均密度,进而计算混合物和各相质量流量。

在实际的工程应用中,由于测量需要的多样性,有时只需测量两相混合物的质量流量或体积流量,有时只需测量轻相或重相的质量流量或体积流量。如湿蒸汽中的气相,油水混合物中的油。当然有时因测量装置的局限性或经济上的原因,只测量两相流中的部分参数。

液体及其蒸汽或组分不同的气体及液体一起流动的现象称为气液两相流。前者称为单组分气液两相流,后者称为多组分气液两相流。气液两相流在动力、化工、石油等工业设备中是常见的,在流动时气相和液相之间存在多种流动结构。

另外,热电厂锅炉燃用煤粉的流量测量是气固两相流测量问题,即气体带着煤粉颗粒流动,它们在流动的过程中,由于气体和煤粉颗粒密度不同,所以煤粉颗粒会被分离出来。

由于多相流体的流量测量非常复杂,目前还是一些研究课题,有时需要根据具体情况采取相应的措施,才能求得相应的流量值。这里就不再过多地深入讨论。

2.7 物位测量

物位是指存放在容器或工业设备中物质的高度或位置。如液体介质液面的高度称为液位;液体-液体或液体-固体的分界面称为界位;固体粉末或颗粒状物质的堆积高度称为料位。液位、界位及料位的测量统称为物位测量。物位测量仪表(简称物位仪)是测量液态和粉粒状材料的液面和装载高度的工业自动化仪表。

物位仪种类很多,常用的有直读式液位计、差压式物位仪、浮力式液位计、电容式物位仪、超声波式物位仪和核辐射物位仪等。此外,还有电触点式、翻板式和机械叶轮探测式等物位测量仪表。

2.7.1 浮力式液位测量

浮力式液位测量是利用浮力原理测量液位的。它利用漂浮于液面上的浮子升降位移反映液位变化,或利用浮子浮力随液位浸没高度而变化。前者称为恒浮力法,后者称为变浮力法。

恒浮力式液位测量时,若液位上升,浮子被浸没的体积增加,因此浮子所受浮力增加,使原有平衡关系被破坏,浮子向上移动。直到重新满足平衡关系为止,浮子停留在新的液位高度上。反之亦然,因而实现了浮子对液位的跟踪。这种方法实质上是通过浮子把液位的变化转换为机械位移的变化。

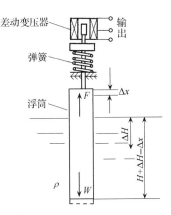

图 2.22 变浮力法测量液位原理示意图

变浮力式液位测量原理如图 2.22 所示,将一个截面相同、重力为 W 的圆筒形金属浮筒悬挂在弹簧上,浮筒的重力被弹簧的弹性力所平衡。当浮筒的一部分被液体浸没时,由于受到液体的浮力作用而使浮筒向上移动,当弹性力达到平衡时,浮筒停止移动,此时满足如下关系:

$$cx = W - AH\rho g \qquad (2-35)$$

式中,c 为弹簧刚度(N/m);x 为弹簧压缩位移(m);A 为浮筒的截面积(m^2);H 为浮筒被液体浸没的高度(m);ρ 为被测液体密度(kg/m^3);g 为重力加速度(m/s^2)。

当液位变化时,由于浮筒所受浮力发生变化,浮筒的位置也要发生变化。如液位升高 ΔH,则浮筒要向上移动 Δx,此时的平衡关系为

$$c(x - \Delta x) = W - A(H + \Delta H - \Delta x)\rho g \qquad (2-36)$$

式(2-35)减去式(2-36)便得到

$$c\Delta x = A\rho g(\Delta H - \Delta x)$$

$$\Delta x = \frac{A\rho g}{c + A\rho g}\Delta H = K\Delta H \qquad (2-37)$$

由式(2-37)可知,浮筒产生的位移 Δx 与液位变化 ΔH 成比例。如图 2.22 所示,在浮筒的连杆上安装了一个铁心,通过差动变压器便可以输出相应的电信号,显示出液位的数值。

2.7.2 静压式液位测量

静压式液位测量的方法是通过测得液柱高度产生的静压实现液位测量的。其原理如图 2.23 所示,设 p_A 为密封容器中 A 点的静压(气相压力),p_B 为 B 点的静压,H 为液位高度,ρ 为液体密度。根据流体静力学原理可知,A、B 两点的压力差为

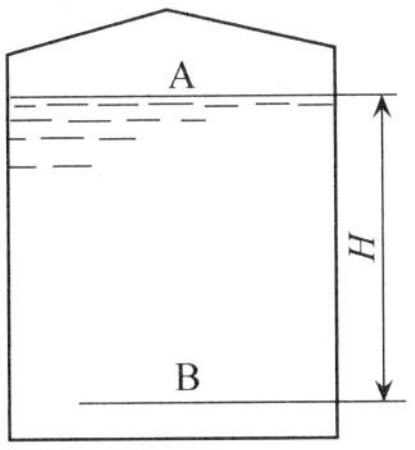

$$\Delta p = p_B - p_A = H\rho g \qquad (2-38)$$

图 2.23 静压法液位测量原理示意图

如果图 2.23 中的容器为敞口容器,则 p_A 为大气压,式(2-38)可改写为

$$p = p_B = H\rho g \qquad (2-39)$$

式中,p_B 为 B 点的表压力(Pa)。

由式(2-38)和式(2-39)可知,液体的静压力是液位高度和液体密度的函数,当液体密度为常数时,A、B 两点的压力或压力差与液位高度有关。因此,可以通过测量 p 或 Δp 实现液位高度的测量。这样,液位高度的测量就转变为液体的静压测

量,凡是能测量压力或差压的仪表,只要量程合适均可用于液位测量。

2.7.3 电容式物位测量

电容式物位计是基于圆筒电容器工作的。如图 2.24(a)所示,由两个同轴圆柱极板组成的电容器,设极板长度为 L,内、外电极的直径分别为 d 和 D,当两极板之间填充介电常数为 ε_1 的介质时,两极板间的电容为

$$C = \frac{2\pi\varepsilon_1 L}{\ln(D/d)} \qquad (2\text{-}40)$$

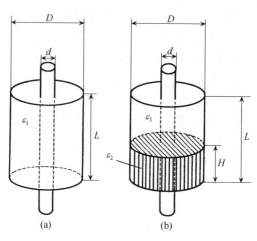

图 2.24 电容式液位计的测量原理

当极板之间一部分介质被介电常数为 ε_2 的另一种介质填充时,如图 2.24(b)所示,两种介质不同的介电常数将引起电容值发生变化。设被填充的物位高度为 H,可推导出相应的电容变化量 ΔC 为

$$\Delta C = \frac{2\pi(\varepsilon_2 - \varepsilon_1)H}{\ln(D/d)} = KH \qquad (2\text{-}41)$$

当电容器的几何尺寸和介电常数 ε_1、ε_2 保持不变时,电容变化量 ΔC 就与物位高度 H 成正比。因此,只要测量出电容的变化量就可以测得物位的高度,这就是电容式物位计的基本测量原理。

电容式物位计既可以用于液位的测量,也可以用于料位的测量,但要求介质的介电常数保持稳定。在实际使用过程中,当现场温度、被测液体的浓度、固体介质的湿度或成分等发生变化时,介质的介电常数也会发生变化,应及时对仪表进行校整后才能达到预想的测量精度。

2.7.4 超声波式物位测量

超声波类似于光波,具有反射、透射和折射的性质。当超声波入射到两种不同介质的分界面上时就会发生反射、折射和透射现象,这就是应用超声波技术测量物位的原理之一。另外,也可以利用超声波在介质中传播的声学特性(如声速、声衰减和声阻抗等)来实现物位检测。概括如下:

1) 超声波在某种介质中以一定的速度传播,在气体、液体和固体等不同介质中,因声波

被吸收而减弱的程度不同,从而区别出不同的介质来。

2) 声波遇到两相界面时会发生反射,并且反射角与入射角相等。反射声强与介质的特性阻抗有关,特性阻抗为声速和介质密度的乘积。当声波垂直入射时,反射声强 I_R 与入射声强 I_E 间存在如下关系:

$$I_R = \left[\frac{\rho_2 v_2 - \rho_1 v_1}{\rho_2 v_2 + \rho_1 v_1}\right]^2 I_E \tag{2-42}$$

式中,ρ_1、ρ_2 为两种不同介质的密度(kg/m³);v_1、v_2 为声波在不同介质中的传播速度(m/s)。

3) 声波在传送中,频率越高,声波扩散越小,方向性越好;而频率越低,则衰减越小,传输越远。也可根据该特点设计出超声物位计。

利用声换能器发射一定频率的声波。声换能器由压电元件制成,利用这种晶体元件的逆压电效应:交变电场(电能)→振动(声波);正压电效应:振动→交变电场,做成声波发射器和接收器。

物位测量基本原理如图 2.25 所示,设超声波探头至物位的垂直距离为 H,由发射到接收所经历的时间为 t,超声波在介质中的传播速度为 v,则存在如下关系:

$$H = \frac{1}{2}vt \tag{2-43}$$

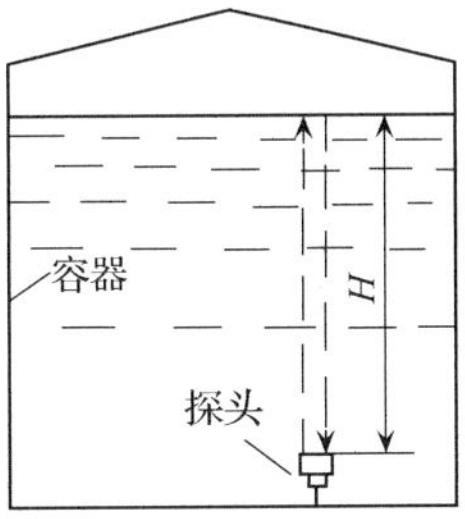

图 2.25　超声物位测量
基本原理

对于某种介质对应的 v 是已知的,因此,只要测得时间 t 即可确定距离 H,也就是被测物位高度。

2.7.5　雷达式物位测量

电磁波波长在 1mm 到 1m 的波段称为微波。微波与无线电波比较,前者具有良好的定向辐射性和传输特性,在传输过程中受火焰、灰尘、烟雾及光强的影响极小。介质对微波的吸收与介质的介电常数成比例,水对微波的吸收最大。基于上述特点,便可用微波法对物位进行测量。当前广泛应用于石化领域的雷达式物位计就是一种采用微波技术的物位测量仪表。它没有可动部件、不接触介质、没有测量盲区,可用于对大型固定顶罐、浮顶罐内腐蚀性液体、高黏度液体、有毒液体的液位进行连续测量。而且测量精度几乎不受被测介质温度、压力、相对介电常数及易燃易爆等恶劣工况的限制。

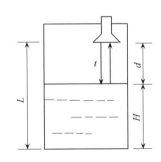

图 2.26　雷达式物位测量
基本原理

雷达液位计的基本原理是雷达波由天线发出,抵达液面后反射,被同一天线接收,雷达波往返的时间 t 正比于天线到液面的距离。如图 2.26 所示,其运行时间与物位距离关系为

$$t = 2\frac{d}{c} \tag{2-44}$$

$$d = c\frac{t}{2} \tag{2-45}$$

$$H = L - d = L - c\frac{t}{2} \tag{2-46}$$

式中,c 为电磁波传播速度(3.0×10^8 m/s);d 为被测介质与天线之间的距离(m);t 为天线发射与接收到反射波的时间差(s);L 为天线距罐底高度(m);H 为液位高度(m)。

由式(2-44)～式(2-46)可知,只要测得微波的往返时间 t,即可计算得到液位高度 H。

2.7.6　核辐射式物位计

核辐射式物位计利用放射源产生的核辐射线（通常为 γ 射线）穿过一定厚度的被测介质时，射线的投射强度将随介质厚度的增加而呈指数规律衰减的原理来测量物位的。射线强度的变化规律表示如下：

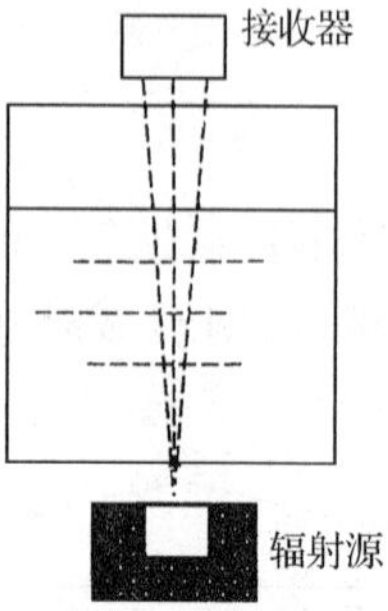

$$I = I_0 e^{-\mu H} \tag{2-47}$$

式中，I_0 为进入物料之前的射线强度；μ 为物料的吸收系数；H 为物料的厚度；I 为穿过介质后的射线强度。

如图 2.27 所示核辐射式物位计的测量原理示意图，在辐射源射出的射线强度 I_0 和介质的吸收系数 μ 已知的情况下，只要通过射线接收器测量出透过介质以后的射线强度 I，就可以检测出物位的厚度 H。

图 2.27　核辐射式物位
测量基本原理

核辐射式物位计属于非接触式物位测量仪表，适用于高温、高压、强腐蚀、剧毒等条件苛刻的场合。辐射线还能够直接穿透钢板等介质，可用于高温熔融金属的液位测量，使用时几乎不受温度、压力、电磁场的影响。但由于射线对人体有害，因此对射线的剂量应严格控制，切实加强安全防护措施。

2.7.7　光纤式液位测量

随着光纤传感技术的不断发展，其应用范围日益广泛。在液位测量中，光纤传感技术的有效应用，一方面缘于其高灵敏度；另一方面是由于它具有优异的电磁绝缘性能和防爆性能，从而为易燃易爆介质的液位测量提供了安全的检测手段。

全反射型光纤液位计由液位敏感元件、传输光信号的光纤、光源和光检测元件等组成。如图 2.28 所示的结构原理图，棱镜作为液位的敏感元件，它被烧结或粘结在两根大芯径石英光纤的端部。这两根光纤中的一根与光源耦合，称为发射光纤；另一根与光电元件耦合，称为接收光纤。棱镜的角度设计必须满足以下条件：当棱镜位于气体（如空气）中时，由光源经发射光纤传到棱镜与气体介面上的光线满足全反射条件，即入射光线被全部反射到接收光纤上，并传送到光电检测单元中；而当棱镜位于液体中时，由于液体折射率比空气大，入射光线在棱镜中全反射条件被破坏，其中一部分光线将透过界面而泄漏到液体中去，致使光电检测单元收到的光强减弱。

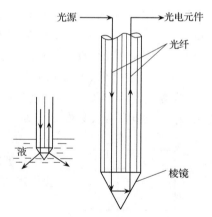

图 2.28　全反射型光纤液位
传感器结构原理

设光纤折射率为 n_1，空气折射率为 n_2，液体折射率为 n_3，光入射角为 Φ_1，入射光功率为 P_i，则单根光纤对端面裸露在空气中和淹没在液体中的输出光功率 P_{o1} 和 P_{o2} 分别为

$$P_{o1} = P_i \frac{(n_1 \cos\Phi_1 - \sqrt{n_2^2 - n_1^2 \sin^2\Phi_1})^2}{(n_1 \cos\Phi_1 + \sqrt{n_2^2 - n_1^2 \sin^2\Phi_1})^2} = P_i E_{o1} \tag{2-48}$$

$$P_{o2} = P_i \frac{(n_1 \cos\Phi_1 - \sqrt{n_3^2 - n_1^2 \sin^2\Phi_1})^2}{(n_1 \cos\Phi_1 + \sqrt{n_3^2 - n_1^2 \sin^2\Phi_1})^2} = P_i E_{o2} \tag{2-49}$$

二者之差为

$$\Delta P_o = P_{o1} - P_{o2} = P_i(E_{o1} - E_{o2}) \tag{2-50}$$

可见,只要检测出是否有差值 ΔP_o,便可确定光纤是否接触液面。

2.7.8　多相界面的测量

多相界面的测量包括液-液相界面和液-固相界面位置的测量,如油田的原油通常都含有大量的水、泥沙、天然气等介质,因此原油一般要输送到重力式三相分离器中进行分离。形成如图 2.29 所示的多相界面:泥沙/水、水/油、油/气等。由于存在过渡带,分界面是模糊的,例如,在油/水之间存在乳化层,在油/气之间存在泡沫层。

为了有效清除分离器中的泥沙和水,需要对多相界面进行检测。而常规的物位测量仪表,如电容式、超声波式、雷达式等传感器只能检测单一界面的位置,更难检测像乳化层、泡沫层等模糊界面。为此,近年来研发的容栅式阵列电极传感器可实现多相界面的有效测量。

现以简单的平行板电容器为例,讨论多相界面的可测性。若各相介电常数 ε_1 和 ε_2 已知,如图 2.30 所示。其中,如图 2.30(a)所示为一对平行板电容器中仅存在一种界面 h,其电容值可表示为

$$C = f(\varepsilon_1, \varepsilon_2, h) \tag{2-51}$$

当 ε_1 和 ε_2 已知时,则 C 为 h 的单值函数,界面 h 可唯一确定,即

$$h = f^{-1}(C) \tag{2-52}$$

如图 2.30(b)所示为一对平行板电容器中存在两种界面,其电容值可表示为

$$C = f(\varepsilon_1, \varepsilon_2, \varepsilon_3, h_1, h_2) \tag{2-53}$$

式(2-53)中含有两个未知数 h_1 和 h_2,即界面不能唯一确定。可见,独立方程的个数至少应等于存在界面的极板对数,方程中未知数的个数应等于被测界面数。若当各相介电常数未知时,可设想对于每种介质至少要存在两对电极,其中一对电极作为参考电极,那么便可以根据这两对电极的电容值确定出该介质的相对介电常数。因此,当介电常数未知时,需要增加一倍的电极对数。通常为提高测量精度,一般采用尽可能多的电极对结构。

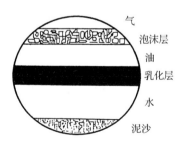

图 2.29　分离器中多相界面分布

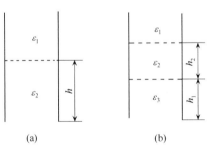

图 2.30　电极测量原理分析

2.8　成分测量

工业生产中的成分和物性参数都是最直接的控制指标。例如,精馏塔系统中塔顶、塔底

馏出物组分浓度的检测和控制,锅炉燃烧系统烟道气中 O_2、CO、CO_2 等气体含量的检测和控制,制药过程中 pH 的检测和控制,啤酒生产过程中氧含量、浊度的检测和控制等。因此,下面简要介绍几种常用的成分和物性参数检测方法。

2.8.1 热导式气体成分测量

热导式气体成分检测是根据混合气体中待测组分热导率各不相同的原理进行测量,当被测气体待测组分的含量改变时,将会引起总热导率的变化,通过热导池转换成电热丝电阻值的变化,从而间接获得待测组分的含量。利用上述原理制成的仪表称为热导式气体分析仪,它是一种应用较广的物理式气体成分分析仪。

表征物质导热能力大小的物理量是热导率 λ,λ 越大,说明该物质传热速率越大。几种常见气体相对于空气的热导率如图 2.31 所示。

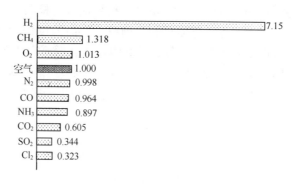

图 2.31　各种气体相对于空气的热导率

对于由多种气体组成的混合气体,若彼此间无相互作用,其热导率可近似为

$$\lambda = \lambda_1 c_1 + \lambda_2 c_2 + \cdots + \lambda_i c_i + \cdots + \lambda_n c_n \tag{2-54}$$

式中,λ 为混合气体的热导率;λ_i、c_i 分别为第 i 种组分的热导率和浓度。

设待测组分的热导率为 λ_1,浓度为 c_1,其他气体组分的热导率近似相等,为 λ_2。利用式(2-54)可推出待测组分浓度和混合气体热导率之间的关系为

$$c_1 = \frac{\lambda - \lambda_2}{\lambda_1 - \lambda_2} \tag{2-55}$$

可见,只要测得混合气体的热导率 λ,就可以测得待测气体的浓度 c_1。

从上面的分析可以看出,热导式气体分析仪的使用必须满足两个条件:一是待测气体的热导率与其他组分的热导率要有显著的区别,差别越大,灵敏度越高;二是混合气体中其他组分的热导率应相同或者十分接近。如图 2.31 所示,H_2 的热导率是其他气体的数倍,CO_2、SO_2 的热导率则明显小于其他气体的热导率。因此,热导式气体分析仪可用于 H_2、CO_2、SO_2 等气体在一定条件下的浓度测量。

总之,热导式气体分析仪特别适合于分析两元混合气,或者两种背景组分的比例保持恒定的三元混合气。甚至在多组分混合气中,只要背景组分基本保持不变也可有效地进行分析,如分析空气中的一些有害气体等。由于热导分析法的选择性不高,在分析成分更复杂的气体时,效果较差。但可采用一些辅助措施,如采用化学的方法除去干扰组分,或采用差动测量法分别测量气体在某种化学反应前后的热导率变化等,可以显著地改善仪器的选择性,扩大仪器的应用范围。

2.8.2　红外式气体成分测量

红外线是一种不可见光,也是一种电磁波,波长为 $0.76\sim1000\mu m$。红外线气体分析仪主要利用 $1\sim25\mu m$ 之间的一段红外光谱。

各种气体的分子本身都具有特定的振动和转动频率,只有当红外线光谱的频率和气体分子本身的特定频率相同时,这种气体分子才能吸收红外光谱辐射能,并部分地转化为热能,从而利用测温元件来测量红外辐射能的大小。这就是利用红外线进行气体成分分析的基本原理。但是各种惰性气体(如 He、Ne、Ar 等)以及相同原子组成的双原子气体(如 O_2、H_2、Cl_2、N_2 等)不能吸收红外辐射能,所以红外线气体分析仪不能分析这类气体。红外线气体分析仪主要用来分析 CO、CO_2、CH_4、C_2H_2、C_2H_4、C_2H_6 及水蒸气等。

红外线通过某种物质前、后能量的变化(即被吸收的程度)与待分析组分的浓度有关,它们之间的定量关系遵循 Bell 定律,即

$$I = I_0 e^{-kcl} \tag{2-56}$$

式中,I 为透射光强度(辐射强度);I_0 为入射光强度(辐射强度);k 为待测组分的吸收系数;c 为待测组分的浓度;l 为光通过待测组分的路径长度。

由式(2-56)可知,当 I_0、l 一定,对某种气体 k 又是一确定的常数时,则红外线通过待测组分后透光强度 I 与待测组分浓度 c 之间成单值函数关系,并且呈指数规律变化。

将式(2-56)按幂级数展开,当 $kcl \leqslant 1$ 时,该式可近似为

$$I = I_0(1 - kcl) \tag{2-57}$$

此时,I 与 c 之间呈线性关系。为了满足上述近似条件,当被测气体确定后 k 即确定,这时只能使 cl 的值较小。因此当被测气体的浓度 c 较大时,应选用较短测量(分析)气室;当 c 较小时(如微量分析),应选用较长的测量(分析)气室。

2.8.3　氧化锆氧量成分测量

氧化锆氧量分析仪是一种新型的测氧仪表。由于其探头可直接插入烟道内进行检测,并具有结构简单、精度高、对氧含量变化反应快、测量范围宽等特点,所以在冶金、化工、炼油、电力等工业部门被广泛用来分析各种工业锅炉、轧钢加热炉、窑炉中烟道气中的氧含量。

氧化锆(ZrO_2)是一种在高温时对氧离子具有良好传导特性的固体电介质。它是根据浓差电池原理进行工作的。

如图 2.32 所示为氧化锆浓差电池原理图。在氧化锆管内外固定了多孔性的铂膜电极,使其一侧与空气接触(空气中氧含量约为 20.95%),另一侧与烟道气接触(烟气中氧含量低于 10%),由于两侧氧含量的百分浓度不同,就构成了电化学中的所谓氧浓差电池,即在两极间产生氧浓差电动势,该电动势阻碍了氧离子的进一步迁移,直至达到动平衡。

根据电化学理论,在氧化锆两侧的铂电极间产生的氧浓差电动势为

$$E = \frac{RT}{nF} \ln \frac{p_A}{p_B} = \frac{RT}{nF} \ln \frac{\varphi_A}{\varphi_B} \tag{2-58}$$

式中,E 为氧浓差电动势(mV);R 为理想气体常数,$R = 8.314 J/(mol \cdot K)$;$n$ 为参加反应的电子数(对氧而言 $n = 4$);F 为法拉第常数,$F = 96.487 \times 10^3 C/mol$;$\varphi_A$、$p_A$ 为参比气体(空气)中氧的体积分数和氧分压(Pa);φ_B、p_B 为被分析气体(烟气)中氧的体积分数和氧分压(Pa);T 为被测气体的绝对温度(K)。

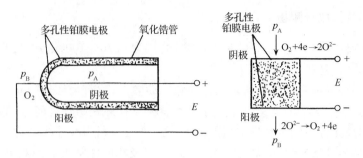

图 2.32　浓差电池原理

可见,当参比侧(即空气)氧的体积分数 $\varphi_A(p_A)$ 已知($\varphi_A = 20.95\%$)时,则在温度 T 保持不变(在氧化锆氧量分析仪中均有恒温系统)的条件下,所测氧浓差电动势 E 与被测氧的体积分数 φ_B(或 p_B)成单值函数关系,这就是氧化锆氧量分析仪的测量原理。

2.8.4　气相色谱成分测量

气相色谱分析是近代提出的重要分析手段之一,它对被分析的多组分混合物采取先分离、后检测的方法进行定性、定量分析,具有取样量少、效能高、分析速度快、定量结果准确等特点,因此广泛应用于石油、化工、冶金、环境科学等各个领域。

气相色谱仪流程如图 2.33 所示,载气由高压气瓶供给,经减压阀、流速计提供恒定的载气流量,载气流经汽化室将被分析组分样品带入色谱柱进行分离。色谱柱是一根金属或玻璃管子,管内装有多孔性颗粒,它具有较大的表面积,作为固定相,在其表面上涂以固定液,起到分离各组分的作用,从而构成气-液色谱。待分析气样在载气带动下流进色谱柱,与固定液多次接触、交换,最终将待分析混合气中的各组分按时间顺序分别流经检测器而排入大气,检测器将分离出的组分转换为电信号,由记录仪记录峰形(色谱峰),每个峰形的面积大小即反映相应组分的含量多少。

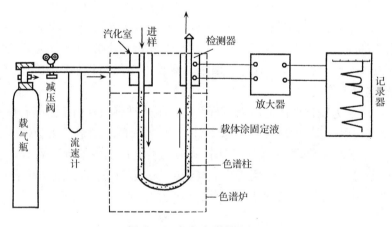

图 2.33　气相色谱仪流程

由于流动相可有气相和液相,固定相可有固相和液相,因此,色谱分析仪有气-固色谱、气-液色谱、液-固色谱、液-液色谱共四种。

气-液色谱中的固定相是涂在惰性固体颗粒(称为担体)表面的一层高沸点的有机化合

物的液膜,这种高沸点的有机化合物称为固定液。担体对被分析物质的吸附能力相当弱,对分离不起作用,只是支承固定液而已。气-液色谱中只有固定液才能分离混合物中的各个组分。其分离作用主要是被分析物质的各组分在固定液中有不同的溶解能力所造成的。当被分析样品流经色谱柱时,各组分不断被固定液溶解、挥发、再溶解、再挥发……由于各组分在固定液中溶解度有差异,溶解度大的组分较难挥发,停留在柱中的时间就长些,而溶解度小的组分,向前移动得快些,停留在柱中的时间短些,不溶解的组分当然随载气首先馏出色谱柱。这样,经过一段时间后样品中各个组分就被分离。

如图 2.34 所示为这种分离过程示意图。设样品中只有 A 和 B 两种组分,并设组分 B 的溶解度比组分 A 大。t_1 时刻样品刚被载气 D 带入色谱柱,这时它们混合在一起,由于组分 B 容易溶解,它在气相中向前移动的速度比组分 A 慢。在 t_2 时已看出 A 超前,B 滞后,随着时间增长,两者的距离逐渐拉大,t_3 时得以完全分离。两组分在不同时间 t_4 和 t_5 时,先后流出色谱柱,而进入检测器,最后由记录仪记录出两组分相应的色谱峰。

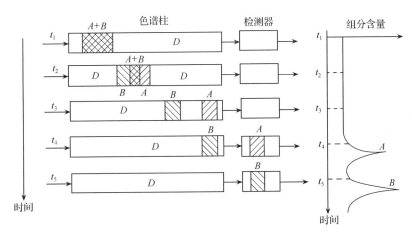

图 2.34 组分 A、B 在色谱柱中分离过程示意图

2.8.5 工业电导仪

工业电导仪是以测量溶液浓度的电化学性质为基础,通过测量溶液的电导而间接求得溶液的浓度。它既可用来分析一般的电解质溶液,如酸、碱、盐等溶液的浓度,又可用来分析气体的浓度。

分析酸、碱溶液的浓度时,常称为浓度计。用以测量水及蒸气中含盐的浓度时,常称为盐量计。分析气体浓度时,要使气体溶于溶液中,或者为某电导液吸收,再通过测量溶液或电导液的电导,可间接得知被分析气体的浓度。

电解质溶液中存在着正负离子,插入一对电极,并通以电流时,发现电解质溶液同样可以导电。其导电机理是溶液中离子在外电场作用下,分别向两个电极移动,形成电流通道。所以电解质溶液又称为液体导体,并且与金属导体一样遵守欧姆定律。溶液电阻 R 可以表示如下:

$$R = \rho \frac{l}{A} \tag{2-59}$$

式中,l 为导体的长度,即电极间的距离(m);ρ 为溶液的电阻率($\Omega \cdot m$);A 为导体的横截面积,即电极的面积(m^2)。

显然,电解质溶液导电能力的强弱与离子数有关,即主要取决于溶液的浓度,表现为其电阻值不同。由于金属导体的电阻温度系数是正的,而液体的电阻温度系数是负的,为了运算上的方便和区别起见,在液体中常常应用电导和电导率来表示其导电特性。因此,溶液的电导G(S 或 Ω^{-1})定义为

$$G = \frac{1}{R} = \frac{1}{\rho} \cdot \frac{A}{l} = k\frac{A}{l} \tag{2-60}$$

式中,$k = \frac{1}{\rho}$ 为电导率,它是电阻率的倒数(S·cm^{-1} 或 Ω^{-1}·cm^{-1})。

电导率的物理意义表示两个相距 1cm、截面积 1cm^2 的平行电极间电解质溶液的电导,它仅仅表明 1cm^3 电解质溶液的导电能力。若用电导表示,则为

$$k = G\frac{l}{A} \tag{2-61}$$

电导率的大小既取决于溶液的性质,又取决于溶液的浓度。即对同一种溶液,浓度不同时,其导电性能也不同。为了比较电解质的导电能力,引入摩尔电导率的概念。摩尔电导率Λ_m 是指将含 1mol 电解质溶液置于相距为 1cm 的电导池的两个平行电极之间所具有的电导率,则 Λ_m(S·cm^2·mol^{-1})为

$$\Lambda_m = kV_m \tag{2-62}$$

式中,V_m 为含 1mol 溶质的溶液体积(cm^3)。

浓度不同,所含 1mol 电解质的体积也不同。若电解质浓度为 c_m(mol/L),则电解质溶液的摩尔电导率与浓度之间的关系为

$$\Lambda_m = k\frac{1000}{c_m} \quad 或 \quad k = \frac{\Lambda_m c_m}{1000} \tag{2-63}$$

将式(2-63)代入式(2-60),得

$$G = \frac{\Lambda_m c_m}{1000} \cdot \frac{A}{l} = \frac{K}{1000}\Lambda_m c_m \tag{2-64}$$

式中,$K = \frac{A}{l}$,称为电极常数,它与电极几何尺寸和距离有关,对某电极来说它是一个常数。

由式(2-64)可知,当电解质溶液的摩尔电导率为常数时,两电极间电导G 仅与溶液浓度 c_m 有关。所以,若能测得两极间的电导,则可以求得其对应的溶液浓度值。

2.8.6 工业酸度计

许多工业生产中都涉及水溶液酸碱度的测定。酸碱度对氧化、还原、结晶、吸附和沉淀等过程都有重要的影响,应该加以测量和控制。酸度计就是测量溶液酸碱度的仪表(也称 pH 计)。

酸、碱、盐水溶液的酸碱度统一用氢离子浓度表示。由于氢离子浓度的绝对值很小,为了方便,常用 pH 来表示。

由于直接测量氢离子的浓度是有困难的,故通常采用由氢离子浓度引起电极电位变化的方法来实现 pH 的测量。根据 pH 电极理论可知,电解电位与离子浓度的对数呈线性关系。这样,被测介质 pH 的测量问题就转化成了电池电动势的测量问题。

pH 电极包括一个测量电极(玻璃电极)和一个参比电极(甘汞电极),二者组成原电池。

参比电极的电动势是稳定和准确的,与被测介质中的氢离子浓度无关;玻璃电极是 pH 测量电极,它可产生正比于被测介质 pH 的毫伏电势。可见,原电池电动势的大小仅取决于介质的 pH。因此,通过对电池电动势的测量,即可计算氢离子浓度,也就实现了 pH 的检测,如图 2.35 所示。如果把参比电极与测量电极封装在一起,就形成了复合电极,近年来,由于复合电极具有结构简单、维护量小、使用寿命长的特点,在各种工业领域中的应用十分广泛。

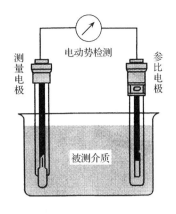

图 2.35 pH 检测示意图

2.8.7 浊度的检测

液体的浊度是液体中许多反应、变化过程进行程度的指示,也是很多行业的中间和最终产品质量检测的主要指标。人们对液体浊度的测量已有很长的历史,从最初的目测比浊、目测透视深度发展到用光电方法进行检测。

目前,采用光电方法检测浊度基本上分为透射法和散射法两种。透射法是用一束光通过一定的待测液体,并测量因待测液中的悬浮颗粒对入射光的吸收和散射所引起的透射光强度的衰减量来确定被测液体的浊度;散射法则是利用测量穿过待测液的入射光束被待测液中的悬浮颗粒散射所产生的散射光的强度来实现的。其中,工业上常用的浊度计多基于散射原理制成的。

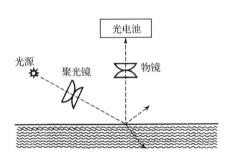

图 2.36 散射式浊度计的工作原理示意图

如图 2.36 所示,光源发出的光经聚光镜以后,以一定的角度射向被测液体,入射光被分成三部分:液体表面的反射光、进入液体内部的折射光和因颗粒产生的散射光。经过设计,只有因颗粒产生的向上的散射光才能进入物镜,其他光线将被侧壁吸收。向上的反射光经物镜的聚光后,照射到光电池上,再经光电池转换成电压输出。

随着被测液体中颗粒的增加,散射光增强,光电池输出增加。当被测液体中不含固体颗粒时,光电池的输出为零。因此,只要测量出光电池的输出电压就可以测出液体的浊度。为了提高测量精度,浊度计还设有亮度补偿和恒温装置。

2.9 过程控制中的软测量技术

2.9.1 软测量技术

为了实现良好的质量控制,必须对产品质量或与产品质量密切相关的重要过程变量进行控制,由于在线分析仪表或传感器的价格昂贵、维护复杂,加上分析仪表滞后大,造成控制质量下降。此外,如精馏塔的产品成分、塔板效率、干点、闪点、反应转化率、生物发酵过程的菌体浓度等部分产品质量指标或与产品质量密切相关的重要过程变量目前尚无法测量。为了解决这类过程变量的测量,提出了软测量(soft-sensing)的概念。

软测量的基本思路是基于一些过程变量与过程中其他变量之间的关联性,采用计算机技术,根据一些容易测量的过程变量(称为辅助变量),推算出一些难于测量或暂时还无法测量的过程变量(称为主导变量)。推算是根据辅助变量与主导变量之间的数学模型进行的。

软测量技术由辅助变量选择、数据的采集和处理、软测量数学模型建立和在线校正等部分组成。

1. 辅助变量选择

软测量技术根据辅助变量与主导变量之间的数学模型进行推算,因此,辅助变量的选择是关系到软测量技术精确度的重要内容。其选择原则如下:

1) 关联性——辅助变量应与主导变量有关联,最好能够直接影响主导变量。
2) 特异性——辅助变量应具有特异性,用于区别其他过程变量。
3) 工程适用性——应容易在工程应用中获得,能够反映生产过程的变化。
4) 精确性——辅助变量本身具有一定的测量精确度,并且模型应具有足够的精确度。
5) 鲁棒性——对模型误差不敏感。

为了使模型方程具有唯一解,辅助变量数至少等于主导变量数,通常应与工艺技术人员一起确定。同时,还应根据辅助变量与主导变量的相关分析进行取舍,不宜过多,其原因是当某一辅助变量与主导变量关联性不强时,反而会影响模型精确度。

2. 数据的采集和处理

需要采集的数据是软测量主导变量对应时间的辅助变量数据。数据的覆盖面应尽量宽些,以便使软测量建立的模型有更大的适用范围。采集的过程数据应具有代表性(representative),工业生产过程变量符合正态分布,因此,对采集的数据应进行处理。由于软测量是计算机技术在检测技术中的应用,因此,过程数据可方便地用计算机进行采集。

数据处理的内容包括对数据的归一化处理、不良数据的剔除等。数据的归一化处理包括对数据的标度换算、数据转换和权函数设置;不良数据的剔除包括分析采集数据、数据的检验和不良数据的剔除。数据处理通常离线完成。

3. 软测量数学模型建立

软测量数学模型是软测量技术的核心。建立软测量数学模型的方法有:机理建模、经验建模、机理和经验混合建模等。机理建模可充分利用已知的过程知识,有较大的适用范围,但有些过程较复杂,难于用机理方法建立模型。经验建模根据实际测量的过程数据,用数学方法对数据进行回归或建立神经网络拟合。由于只需要实测过程数据,因此,对工艺过程的影响小,但建立的数学模型适用范围不宽,精度较差。机理和经验结合的建模方法可兼取两者的优点,例如,以机理建模为主线,根据实际采集的数据确定部分模型参数;根据机理分析,结合实测数据建立数学模型的结构,然后估计模型参数;从机理出发,通过计算和仿真获得数据,并根据这些数据建立数学模型。

4. 模型在线校正

数学模型在线校正的过程是模型结构和参数的优化过程。校正的主要原因是:由于模型是根据一定操作条件下的数据建立的,操作条件变化会造成模型的误差;建立模型时,一些过程变量因未发生变化,因此也就没有考虑在模型中,而这些变量一旦发生了变化,将会引起模型结构或参数的改变;过程本身的时变性(如催化剂的变化)也将使模型参数改变。

在线校正分短期校正和长期校正两种。根据统计过程控制的有关规则一般可对模型进行短期校正;长期校正通常是在短期校正的误差长期存在时才实施,一般采用重新建模的方法。

2.9.2 软测量方法

从20世纪80年代开始,软测量技术已经在许多工业装置中获得了成功应用。概括起来,软测量方法通常可分为机理建模、回归分析、状态估计、模式识别、人工神经网络、模糊数学、过程层析成像、相关分析和现代非线性信息处理技术等九种。相对而言,前六种软测量技术的研究较为深入,在过程控制和检测中有更多成功的应用。

1. 基于工艺机理分析的软测量

基于工艺机理分析的软测量主要是应用化学反应动力学、物料平衡、能量守恒等原理,通过对过程对象的机理分析,找出不可测主导变量与可测辅助变量之间的关系,建立机理模型,从而实现对某一参数的软测量。

对于工艺机理较为清楚的工业过程,该方法能够构造出性能较好的软仪表。但是对于机理了解不充分、尚不完全清楚的复杂工业过程,就难以建立合适的机理模型。此时,该方法就需要与其他参数估计方法相结合起来才能构造出软仪表。这种测量方法是工程中最容易接受的,其特点是简单明了,工程背景清晰,便于实际应用,但其效果依赖于对工艺机理的了解程度。

2. 基于回归分析的软测量

经典的回归分析是一种建模的基本方法,应用范围相当广泛。以最小二乘原理为基础的一元和多元线性回归技术目前已相当成熟,经常用于线性模型的拟合。对于辅助变量较少的情况,一般采用多元线性回归中的逐步回归技术可获得较好的软测量模型。对于辅助变量较多的情况,通常要借助机理分析,首先获得模型各变量组合的大致框架,然后再采用逐步回归方法获得软测量模型。总的来说,基于回归分析法的软测量,特点是简单实用,但需要大量的样本(数据),且对测量误差较为敏感。

3. 基于状态估计的软测量

基于状态估计的软测量方法需要建立系统对象的状态空间模型。如果系统的状态变量作为主导变量,且关于辅助变量是完全可观的,那么软测量问题就转化为典型的状态观测和状态估计问题。采用Kalman滤波器和Luenberger观测器是解决问题的有效方法。目前,这两种方法均已从线性系统推广到非线性系统,前者适用于白色或静态有色噪声的过程,而后者则适用于观测值无噪声且所有过程输入均已知的情况。

基于状态估计的软仪表由于可以反映出主导变量和辅助变量之间的动态关系,有利于处理各变量间动态特性的差异和系统滞后等情况。但由于复杂的工艺过程,常常难以建立系统的状态空间模型,这在一定程度上限制了该方法的应用。同时在许多工业生产过程中,常常会出现持续缓慢变化的不可测扰动,在这种情况下此种软仪表可能会导致显著的误差。

4. 基于模式识别的软测量

该种软测量方法是采用模式识别对工业过程的操作数据进行处理,从中提取系统的特征,构成以模式描述分类为基础的模式识别模型。

不同于传统的数学模型,基于模式识别方法建立的软测量模型是一种以系统的输入、输出数据为基础,通过对系统特征提取而构成的模式描述式模型。该方法的优势在于它适用于缺乏系统先验知识的场合,可利用日常操作数据来实现软测量建模。在实际应用中,该种软测量方法常常和人工神经网络以及模糊技术结合在一起应用。

5. 基于模糊数学的软测量

模糊数学模仿人脑逻辑思维特点,是处理复杂系统的一种有效手段之一,在过程测量中也得到了大量的应用。基于模糊数学的软测量方法所建立的相应模型是一种知识性模型,该种软测量方法特别适合于复杂工艺过程中被测对象呈现亦此亦彼的不确定性,难以用常规数学定量描述的场合。实际应用中常将模糊技术和其他人工智能技术相结合,例如,模糊数学和人工神经网络相结合构成模糊神经网络,将模糊数学和模式识别相结合构成模糊模式识别,这样可取长补短以提高软仪表的效能。

6. 基于过程层析成像的软测量

基于过程层析成像的软测量与其他软测量方法不同的是,它是一种以医学层析成像技术为基础的可在线获取过程参数二维或三维的实时分布信息的先进检测技术,采用该技术可获取相关变量的时空分布信息。

国内外对过程层析成像的研究始于 20 世纪 80 年代中后期,目前在解决两相流/多相流系统参数测量上已取得了不少进展,例如,两相管流的流型判别、分相流量的测量以及流化床反应器的空隙率的检测等,这是现代检测技术领域中一个重要的研究方向。由于技术发展水平的制约,该种软测量方法目前离工业实用还有一定距离,在过程控制中的直接应用还不多。

7. 基于相关分析的软测量

基于相关分析的软测量方法是以随机过程中的相关分析理论为基础,利用两个或多个可测随机信号之间的相关特性来实现某一参数的在线测量。

该种软测量方法大多采用的是相关分析方法,即利用各辅助变量(随机信号)间的互相关函数特性来进行软测量。目前,这种方法主要应用于难测流体流速或流量的在线测量和故障诊断等(如流体输送管道泄漏的检测和定位)。

8. 基于现代非线性信息处理技术的软测量

基于现代非线性处理技术的软测量是利用易测过程信息(辅助变量,它通常是一种随机信号),采用先进的信息处理技术,通过对所获信息的分析处理提取信号特征量,从而实现某一参数的在线检测或过程状态的识别。

这种软测量技术的基本思路也是通过信号处理来解决软测量问题,具体的信息处理方法大多是各种先进的非线性信息处理技术,如小波分析、混沌和分形技术等,因此能适用于常规的信号处理手段难以适应的复杂工业系统。

2.9.3　基于人工神经网络的软测量

除了上述 8 种软测量方法外,基于人工神经网络的软测量方法是近年来研究最多、发展最快和应用范围最广泛的一种软测量技术。由于人工神经网络具有自学习、联想记忆、自适应和非线性逼近等功能,因此这种软测量方法可在不具备对象先验知识的条件下,根据对象的输入/输出数据直接建模,将辅助变量作为人工神经网络的输入,而主导变量则作为网络的输出,通过网络的学习来解决不可测变量的测量问题。这种方法还具有模型在线校正能力,并能适用于高度非线性和严重不确定性系统。需要指出的是,人工神经网络的种种优点,使得这种软测量方法备受关注,但该软测量技术不是万能的。在实际应用中,网络学习训练样本的数量和质量、学习算法、网络的拓扑结构和类型等的选择对所构成的软仪表性能都有重大影响。

采用人工神经网络建模的方法可以在不了解过程稳态和动态先验知识的情况下进行,同时,模型还可以通过学习及时校正。因此,人工神经网络建模方法正成为软测量和推断控制建模的主要方法。人工神经网络有多种模型与方法,下面简单介绍用于软测量建模的反向传播 BP 算法(back propagation algorithm)。关于神经网络的进一步知识可参阅本书6.4 节。

采用反向传播算法的人工神经网络称为反向传播网,它由输入层、隐层和输出层组成。隐层可以是一层或多层。已经证明,采用一个隐层组成的三层 BP 网络可以表示任意的非线性函数关系。

输入信号 $p_j(j=1,2,\cdots,r)$ 从输入节点 A_j 进入 BP 网络,并进行一定的加权 $V_{j,s}$ 和偏置 b_j,后经转移函数后作为隐层 B_s 的输入,当有多个隐层时,前一层的输出加权后作为后一层的输入。最后,隐层的输出同样经加权、偏置和转移函数 $W_{s,p}$ 后作为输出层 C_p 的输入,各输出层将隐层的输入相加后作为该输出节点的输出,如图 2.37 所示。

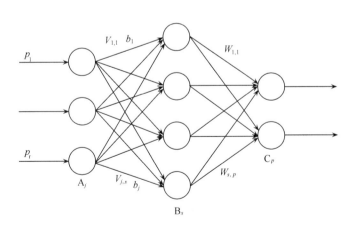

图 2.37　三层 BP 神经网络

典型的转移函数采用 Sigmoid 函数。由于反传网络的期望输出与实际输出之间存在误差,根据误差从输出向输入逐层调整加权值,因此,该算法称为反向传播算法。权函数的调整是在函数梯度的负方向进行。标准的反向传播算法是梯度下降法(gradient descent algorithm)。

BP 算法收敛速度慢,容易收敛到局部极小,而不是全局最优,算法需要预先设置有关算法的因子,如训练次数、转移函数等。为此提出了一些改进算法,如串级 BP 算法等。BP 算法的这些缺陷也阻碍了它在实时在线、快速、要求高精度等场合的应用。

例 2.3 乙烯精馏塔塔底乙烯浓度的软测量。

乙烯精馏塔塔底浓度 x_B 与精馏塔提馏段灵敏板温度 T 有明显关联,为此,采用软测量技术对塔底浓度进行测量。基于最小二乘法的软测量回归模型为

$$x_B = -0.63309 - 0.143143T - 0.010693T^2 - 0.000266T^3$$

式中,T 为灵敏板温度,样本范围是 $-23 \sim -11$℃。

同时,建立了 BP 神经网络的软测量模型,这是一个单输入(提馏段灵敏板温度 T)单输出(塔底乙烯浓度 x_B)的 BP 网,隐层用 7 个神经元节点,经 13627 次迭代训练后,建立的模型输出与实际输出的误差平方和达到设定的最小值。其相对误差(4.23%)较回归模型的误差(9.06%)小,外延时数据的泛化能力也较回归模型强,其误差在 5.66%,远小于回归模型的外延误差 12.87%。

习题与思考题

2.1 以某型号实际仪表为例说明检测仪表的组成及各部分的作用。

2.2 试简述检测仪表电压型和电流型两类输出信号各有什么特点。

2.3 试简述过程检测仪表信号连线有哪几种类型,各有什么主要特点? 并分别以某种型号仪表为例进行说明。

2.4 什么是真值、绝对误差、相对误差、引用误差和精度等级? 若用测量范围为 0~200℃温度计测温,在正常工作情况下进行数次测量,其误差分别为 -0.2℃、0℃、0.1℃、0.3℃,试确定该仪表的精度等级。

2.5 某控制系统根据工艺设计要求,需要选择一个量程为 0~100m³/h 的流量计,流量检测误差小于 ±0.6m³/h,试问选择何种精度等级的流量计才能满足要求?

2.6 试通过数学推导说明算术平均滤波与一阶惯性滤波之间的内在关系。

2.7 试简述场所危险程度和仪表防爆等级的划分及其基本含义。

2.8 试简述防爆安全栅的作用及其工作原理。

2.9 试列表说明在工业生产过程中,常用的温度测量方法有哪些? 各有什么主要特点?

2.10 热电偶测温原理是什么? 热电偶回路产生热电势的必要条件是什么?

2.11 利用热电偶温度计测温时为什么要用补偿导线对冷端进行温度补偿?

2.12 测量低温时为什么一般采用热电阻温度计,而不采用热电偶温度计?

2.13 现要求采用 AD590 元件实现热电偶的冷端温度补偿。请进行具体的设计,并说明其工作原理。

2.14 请采用 DS18B20 设计一个五个监测点的分布式测温系统。如果采用 Intel 公司 MCS-51 系列单片机读取测得的温度值,请设计相应的硬件电路和软件流程。

2.15 试简述测温元件的选型及其安装原则。

2.16 用分度号为 K 的镍铬-镍硅热电偶测量温度,在无冷端温度补偿的情况下,显示仪表指示值为 600℃,此时冷端温度为 30℃。试问实际温度为多少? 如果热端温度不变,设法使冷端温度保持在 20℃,此时显示仪表指示值应为多少?

2.17 现采用 AD590 来检测某环境中空气温度,采用 AD574 进行 A/D 数据采集,按图 2.38 所示方式接线,请分析其合理性。

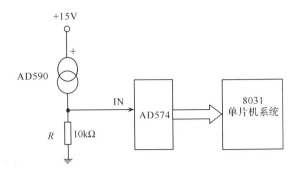

图 2.38 习题 2.17 图

2.18 什么是压力？工程技术中的压力如何分类？压力的法定计量单位是什么？

2.19 试列表说明常用的压力检测方法及其主要特点。

2.20 有一台 DDZ-Ⅲ 型两线制差压变送器，已知其量程为 20～100kPa，当输入信号为 40kPa 和 70kPa 时，变送器的输出信号分别是多少？

2.21 若被测压力变化范围为 0.5～1.4MPa，要求测量误差不大于压力示值的 ±5%，可供选用的压力表规格：量程为 0～1.6 MPa、0～2.5 MPa、0～4.0 MPa，精度等级为 1.0、1.5、2.5 级三种。试选择合适量程和精度的压力表。

2.22 试简述压力检测仪表选择和安装的基本原则。

2.23 试简述体积流量、质量流量的含义及流量的基本单位。

2.24 试列表比较分析各种流量检测的基本原理及其主要特点。

2.25 用差压变送器与节流装置配套测量管道介质流量。若差压变送器量程是 0～104 MPa，对应输出信号是 4～20mA(DC)，相应流量为 0～320m³/h。试求差压变送器输出信号为 13.6mA 时，对应的差压值及流量各是多少？

2.26 试列表比较分析各种物位检测的基本原理及其主要特点。

2.27 设有两种密度分别为 ρ_1 和 ρ_2 的互不相溶的液体，在容器中它们的分界面会经常变化。试问有哪些方法可以用来连续测量其分界面？并说明测量理由及其需要注意的问题。

2.28 试简述热导式气体成分测量的工作原理及其检测条件。

2.29 简述红外式气体成分测量的基本原理以及其适用的场合有哪些。

2.30 简述氧化锆氧量分析仪的基本工作原理。

2.31 简述气相色谱仪中色谱柱的分离原理。

2.32 请列表比较工业电导仪、工业酸度计和浊度的检测原理。

2.33 什么叫软测量技术？它与常规仪表的检测有什么本质区别？

2.34 试列举出有哪几种软测量方法，其特点分别是什么？

第3章 过程执行器

教学要求

本章将介绍过程执行器的基本知识,重点介绍调节阀和变频器。学完本章后,应能达到如下要求:

- 了解执行器的基本原理,掌握电动和气动执行器的使用;
- 了解各类执行器的显著特点;
- 掌握调节阀的流量特性及其选择方法;
- 了解变频器的基本工作原理;
- 掌握变频器在过程控制中关于调速与节能方面的应用。

第2章已经介绍了图1.2中的测量变送环节,本章将接着介绍其中的执行器环节。

执行器接受控制器输出的控制信号,并转换成位移(直线位移或角位移)或速度,以控制流入或流出被控过程的物料或能量,从而实现对过程参数的控制。

过程控制中,使用最多的执行器是调节阀。随着变频技术的发展,部分场合已开始采用变频器实现交流电动机的转速调节,从而取代调节阀,采用变频器还具有明显的节能效果。所以本章在重点介绍调节阀后,还将介绍变频器的基础知识。

执行器,特别是调节阀,安装在生产现场,直接与介质接触,通常在高温、高压、高黏度、强腐蚀、易结晶、易燃易爆、剧毒等场合下工作,其结构、材料和性能直接影响过程控制系统的安全性、可靠性和系统的控制质量。

关于步进电动机、电磁阀等其他执行设备,由于功能较简单,且在过程控制中使用较少,本书不再涉及,读者可自行参阅相关文献。

3.1 调 节 阀

调节阀由执行机构和调节机构(即阀体)两部分组成。根据使用的能源不同,调节阀可分为三大类,即以压缩空气为能源的气动调节阀、以电为能源的电动调节阀和以高压液体为能源的液动调节阀。其中最常用的是气动和电动调节阀。目前,国内外所选用的调节阀中,液动的很少。因此,本节只介绍气动和电动调节阀。

上述三种调节阀所用的阀体都相同,只是执行机构不同。气动执行机构具有结构简单、动作可靠、稳定、输出力矩大、防火防爆等优点,特别适用于具有爆炸危险的石油、化工生产过程。而电动执行机构具有动作迅速、信号传递快、便于远距离传输且易于自动控制系统接口等特点。

气动和电动执行机构的特点比较见表3.1。

表 3.1 气动和电动执行机构的特点比较

内容 \ 类别	气动执行机构	电动执行机构
输入信号	20~100kPa	4~20mA(DC)
结构	简单	复杂
体积	中	小
信号管线配置	较复杂	简单
推力	中	小
动作滞后	大	小
维修	简单	复杂
适用场合	适用于防火防爆场合	隔爆型适用于防火防爆场合
价格	便宜	贵

从结构上分,调节阀有多种形式,根据各自不同的特点,适用于不同的使用场合,具体见表 3.2。

表 3.2　调节阀的结构形式

类型	特点	主要使用场合
直通单座阀	阀体内只有一个阀芯和一个阀座,结构简单、泄漏量小、易于保证关闭,不平衡力大	适用于小口径($D_g \leqslant 25mm$)、泄漏量要求严格、低压差管道的场合
直通双座阀	阀体内有两个阀芯和阀座,不平衡力小、泄漏量较大	适用于阀两端压差较大、泄漏量要求不高的场合
角形阀	流路简单、阻力较小	现场管道要求直角连接,适用于高压差、介质黏度大、含有少量悬浮物和颗粒状固体流量的控制
三通阀	有三个出入口与工艺管道连接,可组成分流与合流两种型式	配比控制或旁路控制
隔膜阀	结构简单、流阻小、流通能力大、耐腐蚀性强	强酸、强碱、强腐蚀性、高黏度、含悬浮颗粒状介质
蝶阀	结构简单、重量轻、价格便宜、流阻极小、泄漏量大	大口径、大流量、低压差,含少量纤维或悬浮颗粒状介质
球阀	阀芯与阀体都呈球形体	流体的黏度高、污秽。其中 O 型阀一般作双位控制,V 型阀作连续控制用
凸轮挠曲阀	密闭性好、重量轻、体积小、安装方便	介质黏度高、含悬浮颗粒状
笼式阀	可调范围大、振动小、不平衡力小、结构简单、套筒互换性好、汽蚀小、噪声小	压差大、要求噪声小的场合。不适于高温、高黏度及含固体颗粒介质

3.1.1　电动执行机构

电动执行器将由控制器送来的 4~20mA 信号转换为相应的输出轴角位移或直线位移,分直行程和角行程执行器两类。其电气原理完全相同,仅减速器不一样。电动执行器的执行机构由放大单元和执行单元两部分组成,如图 3.1 所示。

可见,电动执行机构本质上是一个位置伺服系统。通常把电动执行器的执行机构看作一个比例环节。一般配有手动操作器进行手动操作和电动操作的切换,在现场可以转动执

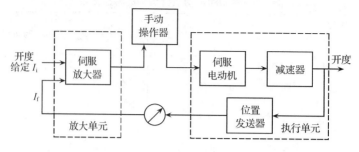

图 3.1　电动执行机构

行器的手柄,进行就地手动操作。

3.1.2　气动执行机构

　　气动执行器的执行机构由膜片、推杆和平衡弹簧等部分组成,它是执行器的推动装置,推动调节机构动作。它接收电-气阀门定位器输出的气压信号,经膜片转换成推力,克服弹簧力后,使推杆(阀杆)产生位移,同时可带动阀芯动作,如图 3.2 所示。

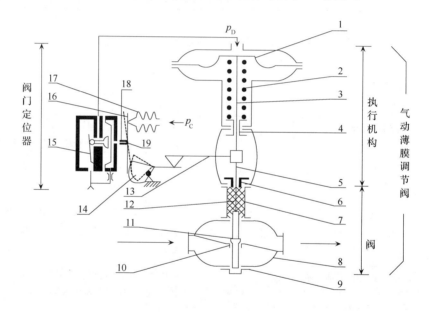

图 3.2　气动执行机构

1. 波纹膜片;2. 压缩弹簧;3. 推杆;4. 调节件;5. 阀杆;6. 压板;7. 上阀盖;8. 阀体;9. 下阀盖;
10. 阀座;11. 阀芯;12. 填料;13. 反馈连杆;14. 反馈凸轮;15. 气动放大器;
16. 托板;17. 波纹管;18. 喷嘴;19. 挡板

　　与电动信号相比,气动信号响应较缓慢,一般可以把气动执行器的执行机构看成一个一阶惯性环节。其时间常数取决于膜片大小、管线长度和直径。

　　气动执行机构主要有薄膜式和活塞式两种结构形式。薄膜式执行机构具有结构简单、价格便宜、维修方便等优点,应用最为广泛。它可以用作一般调节阀的推动装置,组成气动薄膜式执行器,习惯上称为气动薄膜调节阀。气动活塞式执行机构的特点是推力大,主要适用于大口径、高压降的调节阀,如蝶阀的推动装置。

除薄膜式和活塞式执行机构外,还有长行程执行机构,它的行程长、转矩大,适用于输出转角(0~90°)和力矩的场合,如用于蝶阀或风门的推动装置。

电-气阀门定位器是气动执行器的主要附件,如图 3.2 所示,它接收控制器输出的 4~20mA 信号,输出与之成比例的 20~100kPa 气动信号,推动气动执行机构动作。电-气阀门定位器利用负反馈原理来改善调节阀的定位精度和灵敏度,从而使调节阀能够按控制器送来的控制信号实现准确定位。主要具有如下功能:

(1) 实现准确定位

由于采用负反馈原理,可以克服阀杆的摩擦和消除调节阀不平衡力的扰动影响,增加调节阀的稳定性。

(2) 改善调节阀的动态特性

可有效克服气压信号的传递滞后,改变原来调节阀的一阶滞后特性,使之成为比例环节。

(3) 改变调节阀的流量特性

通过改变阀门定位器中反馈凸轮的几何形状,从而改变了反馈量,即修改了调节阀的流量特性,如可使调节阀的直线流量特性和对数流量特性互换使用。

(4) 实现分程控制

当采用一个控制器的输出信号分别控制两只气动执行器工作时,可用两个阀门定位器,使它们分别在信号的某一区段完成全行程动作,从而实现分程控制。具体应用参见 8.7 节。

阀门定位器的上述特点能使控制系统的动态品质大为提高。

3.1.3 调节阀的流通能力

调节阀是一个局部阻力可变的节流元件,通过改变阀芯的行程可以改变调节阀的阻力系数,达到控制流量的目的。流过调节阀的流量不仅与阀的开度(流通截面)有关,而且还与阀门前后的压差有关。

为了衡量不同调节阀在某些特定条件下单位时间内流过流体的体积,引入了流通能力 C 的概念。由流体力学可知,不可压缩流体流过节流元件时的局部阻力损失 H 为

$$H = \xi v^2/2g \tag{3-1}$$

式中,v 为流体的平均速度;ξ 为节流元件(此处为调节阀)的阻力系数;g 为重力加速度。

H 与 v 又可表示为

$$H = \frac{p_1 - p_2}{\rho g} \tag{3-2}$$

$$v = \frac{q_v}{A} \tag{3-3}$$

式中,$(p_1 - p_2)$ 为调节阀前后的压差;ρ 为流体密度;q_v 为流体的体积流量;A 为调节阀接管处的截面积。

由式(3-1)~式(3-3)可得

$$q_v = \frac{A}{\sqrt{\xi}} \sqrt{\frac{2}{\rho}(p_1 - p_2)} \tag{3-4}$$

在工业应用中,通常采用如下单位,即 A 为 cm^2、ρ 为 kg/m^3、$\Delta p = p_1 - p_2$ 为 kPa,q_v 为 m^3/h,可得

$$q_v = \frac{A}{\sqrt{\xi}} \frac{3600}{10^4} \sqrt{2 \times 10^3 \frac{\Delta p}{\rho}} = 16.1 \frac{A}{\sqrt{\xi}} \sqrt{\frac{\Delta p}{\rho}} \qquad (3\text{-}5)$$

式(3-5)表明,当压差 Δp、密度 ρ 不变时,ξ 减小,则 q_v 增大;反之,ξ 增大,则 q_v 减小。调节阀就是通过改变阀芯行程来改变阻力系数,从而达到调节流量的目的。

所谓调节阀的流通能力 C,是指调节阀两端压力差为 $100kPa$、流体密度为 $1000kg/m^3$、调节阀全开时,每小时流过阀门的流体体积。根据上述定义可知

$$q_v = 5.09 \frac{A}{\sqrt{\xi}} \sqrt{\frac{10\Delta p}{\rho}} = C \sqrt{\frac{10\Delta p}{\rho}} \qquad (3\text{-}6)$$

所以

$$C = 5.09 \frac{A}{\sqrt{\xi}} \qquad (3\text{-}7)$$

设 D_g 为调节阀的公称直径,调节阀的管截面积 $A = \frac{\pi}{4} D_g^2$,则

$$C = 4.0 \frac{D_g^2}{\sqrt{\xi}} \qquad (3\text{-}8)$$

流通能力的大小与流体的种类、性质、工况及阀芯、阀座的结构尺寸等许多因素有关。在一定条件下,ξ 是一个常数,因而根据流通能力 C 的值就可以确定 D_g,即可确定阀的几何尺寸。因此,流通能力 C 是反映调节阀口径大小的一个重要参数。

例 3.1 调节阀的流通能力。

某台调节阀的流通能力 $C = 200$。当阀前后压差为 $1.2MPa$,流体密度为 $0.81g/cm^3$ 时,问所能通过的最大流量为多少? 如果压差变为 $0.2MPa$ 时,所能通过的最大流量为多少?

解 由公式(3-6)可得

$$q_{v1} = C \sqrt{\frac{10\Delta p}{\rho}} = 200 \times \sqrt{\frac{10 \times 1200}{0.81 \times 10^3}} = 769.8 (m^3/h)$$

当压差变为 $0.2MPa$ 时

$$q_{v2} = 200 \times \sqrt{\frac{10 \times 200}{0.81 \times 10^3}} = 314.3 (m^3/h)$$

可见,对于同一口径的调节阀,提高调节阀两端的压差可使阀所能通过的最大流量增加。也就是说,在工艺要求的最大流量已经确定的情况下,增加阀两端的压差可减小所选阀的尺寸(口径),以节省投资。

3.1.4 调节阀的流量特性

调节阀的流量特性是指介质流过阀门的相对流量与相对开度之间的关系,即

$$\frac{q_v}{q_{vmax}} = f\left(\frac{l}{L}\right) \qquad (3\text{-}9)$$

式中,q_v/q_{vmax} 为相对流量,即调节阀某一开度流量与全开流量之比;l/L 为相对开度,即调节阀某一开度行程与全行程之比。

从过程控制的角度来看,调节阀的特性对整个过程控制系统的品质有很大影响。系统工作不正常,往往与调节阀的特性选择不合适有关,或者是阀芯在使用中因受腐蚀或磨损使

特性变坏引起的。

1. 理想流量特性

调节阀前后压差不变时所获得的流量特性叫理想流量特性,它完全取决于阀芯的形状。理想流量特性有直线、对数、抛物线和快开 4 种。

(1) 直线流量特性

该特性是指调节阀的相对流量与阀芯的相对开度成直线关系,即调节阀相对开度变化所引起的相对流量变化是常数。即

$$\frac{\mathrm{d}\left(\dfrac{q_{\mathrm{v}}}{q_{\mathrm{vmax}}}\right)}{\mathrm{d}\left(\dfrac{l}{L}\right)} = K_{\mathrm{v}} \tag{3-10}$$

式中,K_{v} 为调节阀的放大系数。

积分得

$$\frac{q_{\mathrm{v}}}{q_{\mathrm{vmax}}} = K_{\mathrm{v}}\frac{l}{L} + c \tag{3-11}$$

式中,c 为积分常数。

当 $l=0$ 时,$q_{\mathrm{v}} = q_{\mathrm{vmin}}$,整理后可得

$$\frac{q_{\mathrm{v}}}{q_{\mathrm{vmax}}} = \frac{1}{R} + \left(1 - \frac{1}{R}\right)\frac{l}{L} \tag{3-12}$$

式中,R 为调节阀的可调范围,并且

$$R = q_{\mathrm{vmax}}/q_{\mathrm{vmin}} \tag{3-13}$$

可见,$q_{\mathrm{v}}/q_{\mathrm{vmax}}$ 与 l/L 成直线关系。K_{v} 是常数,即阀芯相对开度变化所引起的流量变化是相等的。但是,它的流量相对变化量(流量变化量与原有流量之比)是不同的,在小开度时,相同的开度变化所引起的流量相对变化量大;而在大开度时,其流量相对变化量小。所以,直线流量特性调节阀在小开度时,容易引起流量在原有基础上的大幅度变化,甚至产生振荡,即控制作用较强;而在大开度时,控制作用弱,响应缓慢。

需要指出的是,式(3-13)中 q_{vmin} 不等于阀的泄漏量,而是比泄漏大的可以控制的最小流量。

(2) 对数(等百分比)流量特性

所谓对数(等百分比)流量特性是指开度的相对变化量与流量的相对变化量是相同的。其数学表达式为

$$\frac{\mathrm{d}(q_{\mathrm{v}}/q_{\mathrm{vmax}})}{\mathrm{d}(l/L)} = K\left(\frac{q_{\mathrm{v}}}{q_{\mathrm{vmax}}}\right) = K_{\mathrm{v}} \tag{3-14}$$

可见,调节阀的放大系数 K_{v} 是变化的。代入上述边界条件,经整理可得

$$\frac{q_{\mathrm{v}}}{q_{\mathrm{vmax}}} = R^{\left(\frac{l}{L}-1\right)} \tag{3-15}$$

可知,$q_{\mathrm{v}}/q_{\mathrm{vmax}}$ 与 l/L 成对数关系。从过程控制看,利用对数(等百分比)流量特性是有利的,调节阀在小开度时 K_{v} 小,控制缓和平稳,调节阀在大开度时 K_{v} 大,控制及时有效。

(3) 抛物线流量特性

该特性是指相对流量与阀杆的相对开度成抛物线关系,其数学表达式为

$$\frac{\mathrm{d}(q_v/q_{v\max})}{\mathrm{d}(l/L)} = K\left(\frac{q_v}{q_{v\max}}\right)^2 \qquad (3\text{-}16)$$

根据边界条件可得

$$\frac{q_v}{q_{v\max}} = \frac{1}{R}\left[1 + (\sqrt{R}-1)\frac{l}{L}\right]^2 \qquad (3\text{-}17)$$

抛物线流量特性介于直线与对数流量特性之间,通常可用对数流量特性来代替。

(4) 快开流量特性

这种流量特性在小开度时流量就比较大,随着开度的增大流量很快就达到最大,故称为快开特性。其数学表达式为

$$\frac{\mathrm{d}(q_v/q_{v\max})}{\mathrm{d}(l/L)} = K\left(\frac{q_v}{q_{v\max}}\right)^{-1} \qquad (3\text{-}18)$$

根据边界条件可得

$$\frac{q_v}{q_{v\max}} = \frac{1}{R}\left[1 + (R^2-1)\frac{l}{L}\right]^{1/2} \qquad (3\text{-}19)$$

快开流量特性调节阀主要适用于位式控制。各种理想流量特性曲线如图 3.3 所示。

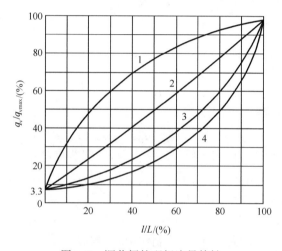

图 3.3 调节阀的理想流量特性

1. 快开流量特性;2. 直线流量特性;3. 抛物线流量特性;4. 对数(等百分比)流量特性

例 3.2 调节阀的放大系数。

设调节阀的可调范围 $R=30$,理想流量特性分别为直线流量特性和等百分比流量特性,试求出在理想情况下,相对行程分别为 $l/L=0.2$ 和 0.8 时两种阀的相对放大系数 $\mathrm{d}\left(\dfrac{q_v}{q_{v\max}}\right)\Big/\mathrm{d}\left(\dfrac{l}{L}\right) = K_v$。

解 对于直线流量特性阀

$$K_v = \mathrm{d}\left(\frac{q_v}{q_{v\max}}\right)\Big/\mathrm{d}\left(\frac{l}{L}\right) = 1 - \frac{1}{R} = 1 - \frac{1}{30} = 0.967$$

即相对行程为 0.2 和 0.8 时,K_v 均等于 0.967。

对于等百分比流量特性阀,相对行程 $\dfrac{l}{L}=0.2$ 时

$$K_v = R^{\left(\frac{l}{L}-1\right)}\ln R = 0.2$$

而相对行程 $\frac{l}{L}=0.8$ 时，$K_v=1.72$。

例 3.3 调节阀的理想流量特性。

已知某调节阀的最大流量 $q_{vmax}=100\text{m}^3/\text{h}$，可调范围 $R=30$。试分别计算直线流量特性和等百分比流量特性在理想情况下阀的相对行程为 $l/L=0.1$、0.2、0.8、0.9 时的流量值 q_v，并比较这两种不同理想流量特性的调节阀在小开度与大开度时的流量变化情况。

解 根据直线流量特性的相对流量与相对行程之间的关系

$$\frac{q_v}{q_{vmax}} = \frac{1}{R} + \left(1-\frac{1}{R}\right)\frac{l}{L}$$

分别在公式中代入数据得

$q_{0.1}=13 \text{ m}^3/\text{h}$；　$q_{0.2}=22.67 \text{ m}^3/\text{h}$；　$q_{0.8}=80.67 \text{ m}^3/\text{h}$；　$q_{0.9}=90.33 \text{ m}^3/\text{h}$

同样，根据等百分比流量特性的相对流量与相对行程之间的关系

$$\frac{q_v}{q_{vmax}} = R^{\left(\frac{l}{L}-1\right)}$$

分别代入上述数据得

$q_{0.1}=4.68 \text{ m}^3/\text{h}$；　$q_{0.2}=6.58 \text{ m}^3/\text{h}$；　$q_{0.8}=50.65 \text{ m}^3/\text{h}$；　$q_{0.9}=71.17 \text{ m}^3/\text{h}$

由上述数据可得，对于直线流量特性的调节阀，相对行程由 10% 变化到 20% 时，流量变化的相对值为

$$[(22.67-13)/13]\times100\% = 74.4\%$$

相对行程由 80% 变化到 90% 时，流量变化的相对值为

$$[(90.33-80.67)/80.67]\times100\% = 12\%$$

可见，直线流量特性的调节阀在小开度时（10% 处），行程变化了 10%，流量增加 74.4%；在大开度时（80% 处），行程同样变化了 10%，流量只在原有基础上增加 12%，控制作用很弱，控制不够及时有力，这是直线流量特性调节阀的一个缺陷。

对于等百分比流量特性的调节阀，相对行程由 10% 变为 20% 时，流量变化的相对值为

$$[(6.58-4.68)/4.68]\times100\% = 40\%$$

相对行程由 80% 变到 90% 时，流量变化的相对值为

$$[(71.17-50.65)/50.65]\times100\% = 40\%$$

所以对于等百分比特性调节阀，不管是小开度或大开度时，行程同样变化了 10%，流量在原来基础上变化的相对百分数是相等的，故取名为等百分比流量特性。具有这种特性的调节阀，在同样的行程变化值下，小开度时，流量变化小，控制比较平稳缓和；大开度时，流量变化大，控制灵敏有效，这是它的一个优点。

2. 工作流量特性

实际应用时，调节阀安装在管道系统上，其两端的压差是变化的，此时调节阀的相对流量与相对开度之间的关系称为工作流量特性。

（1）调节阀与管道设备串联工作

如图 3.4 所示。随着阀门开度增大，流量增加，管道设备上的压力降 Δp_k 随流量的平方增大，调节阀前后的压差 Δp_v 逐渐减小，导致调节阀的流量特性发生变化。为了衡量调节阀实际工作流量特性相对于理想流量特性的变化程度，可用阻力比 S 来表示。

$$S = \frac{\Delta p_{\text{vmin}}}{\Delta p} \tag{3-20}$$

式中,Δp_{vmin} 为调节阀全开时阀门前后的压差;Δp 为系统总压差。

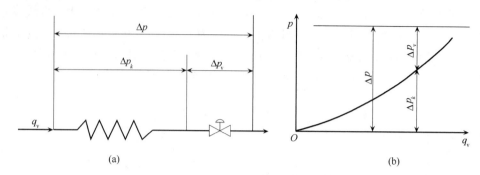

图 3.4　串联管道压力分布
(a)调节阀与管道设备串联　(b)压力分布

当 $S < 1$ 时,由于串联管道设备阻力的影响,流量特性发生两个变化。如图 3.5 所示,一个是调节阀全开时流量减小,即调节阀可调范围变小;另一个是流量特性曲线为向上拱,理想直线特性变成快开特性,而理想等百分比特性变成直线特性。S 值越小,畸变越严重。因此,在实际使用中一般要求 S 值不能低于 0.3。

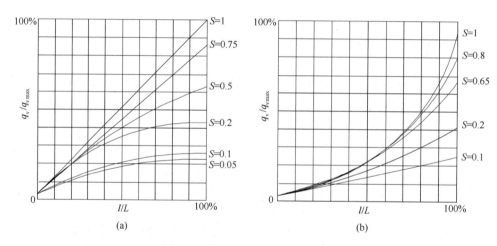

图 3.5　串联管道调节阀工作特性
(a)直线　(b)等百分比

在工程设计中,应先根据过程控制系统的要求,确定工作流量特性,再根据流量特性的畸变程度确定理想流量特性。

（2）调节阀与管道设备并联工作

调节阀除了与管道设备串联工作外,在现场使用中,为了便于手动操作或维护,调节阀还与管道设备并联工作,即在调节阀两端并有旁路阀。

图 3.6 中,x 为阀门全开时流过阀门的流量与管里最大流量之比,这个比值越小,说明调节阀的分流作用越小,对与之并联设备的流量影响小。由图可见,在旁路阀全关时,工作特性和理想流量特性是一致的。当旁路阀逐步开启后,旁路流量逐渐增加,结果虽然调节阀本身的流量特性没有变化,但可调比却大大降低。同时,在实际使用中总存在串联管道阻力

的影响,这将使调节阀所能控制的流量变得很小,甚至几乎起不到调节作用。

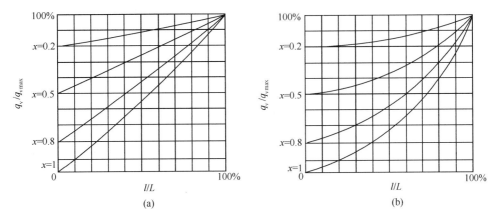

图 3.6　并联管道调节阀工作特性

(a)直线　(b)等百分比

可见,用打开旁路的控制方案往往不是良好的控制方案。根据现场使用经验,旁路流量只能为总流量的百分之十几,x 值不能低于 0.8。

例 3.4　调节阀的工作流量特性。

对于一台可调范围 $R=30$ 的调节阀,已知其最大流量系数为 $C_{max}=100$,流体密度为 $1.0g/cm^3$,阀由全关到全开时,由于串联管道的影响,使阀两端的压差由 100kPa 降为 60kPa,如果不考虑阀的泄漏量影响,试计算系统的阻力比 S,并说明串联管道对可调范围的影响。

解　由于阻力比 S 等于调节阀全开时阀上压差与系统总压差之比,如果不考虑阀的泄漏量影响,阀全关时阀两端的压差就可视为系统总压差,即本系统总压差为 100kPa,阀全开时两端压差为 60kPa,所以阻力比为

$$S = \frac{60}{100} = 0.6$$

由于该阀的 $C_{max}=100$,$R=30$,在理想状况下,阀两端压差维持为 100kPa,流体密度为 $1.0g/cm^3$,则最大流量 $q_{vmax}=100m^3/h$,最小流量

$$q_{vmin} = \frac{q_{vmax}}{R} = \frac{100}{30} = 3.33(m^3/h)$$

串联管道时,由于压差由 100kPa 降为 60kPa,故这时通过阀的最大流量将不再是 $100m^3/h$,而应是

$$q'_{vmax} = 100 \times \sqrt{\frac{10\Delta p}{\rho}} = 100 \times \sqrt{\frac{10 \times 60}{1 \times 10^3}} = 77.46(m^3/h)$$

此时的可调范围为

$$R' = \frac{q'_{vmax}}{q_{vmax}} = \frac{77.46}{3.33} = 23.26$$

可见,串联管道时,会使调节阀的流量特性发生畸变,其可调范围会有所降低。如果 S 值很低,会使可调范围大大降低,以至影响调节阀的特性,使之不能发挥应有的控制作用。

当然,从节能的观点来看,S 值大,说明耗在阀上的压降大,能量损失大,这又是不利的一面。

3.1.5 调节阀的选择

1. 选择调节阀公称直径 D_g 和阀座直径 d_g

D_g 和 d_g 是根据计算出来的流通能力 C 来选择的。由式(3-7)，C 取决于 A，即取决于公称直径 D_g 和阻力系数 ξ。ξ 和调节阀的结构与口径有关，所以计算出 C 值就可以确定 D_g 和 d_g。

在具体选择 D_g 和 d_g 时，应根据 q_{vmax}、ρ、Δp，按 C 的计算公式，求出 C_{max} 值，然后根据 C_{max} 值，在所选用产品型号的标准系列中，选择大于 C_{max} 计算值，并接近它的 C 值所对应的 D_g 和 d_g。应对调节阀工作时的开度进行验算，一般最大流量情况下的调节阀开度应在 90% 左右，最小开度一般也不小于 10%，否则会使控制性能变坏，甚至失灵。

调节阀的尺寸是按负荷的大小、系统提供的压差、配管情况、流体的性质等设计的。如果由于生产负荷的增加，使原设计的调节阀尺寸显得太小时，会使调节阀经常工作在大开度，控制效果不好，当出现调节阀全开仍满足不了生产负荷的要求时，就会失去控制作用。此时若企图开启旁路阀来满足对负荷的要求，就会使调节阀特性发生畸变，可调范围大大降低；相反，当生产中由于负荷减少，使原设计的调节阀尺寸显得太大时，会使调节阀经常工作在小开度，控制显得过于灵敏(对于直线流量特性的调节阀尤为严重)，调节阀有时会振动，产生噪声，严重时会发出尖叫声。此时为了增加管路阻力，有时会适当关小与调节阀串联的工艺阀门，但这样做会使调节阀的特性发生严重畸变，甚至会接近快开特性，调节阀的实际可调范围降低，严重时会使阀失去控制作用。

所以，当生产中负荷有较大改变时，在可能的条件下，应相应地更换调节阀，或采用其他控制方案，例如，采用分程控制系统，由大、小两个调节阀并联，就可以在较大范围内适应负荷变动的要求。关于分程控制请参见 8.7 节。

2. 选择调节阀的气开、气关形式

所谓气开式，是指当气体的压力信号增加时，阀门开大；气关式则相反，即压力信号增加时，阀门关小。气动调节阀气开、气关形式的选择，主要是从工艺生产的安全来考虑的。当气源由于意外情况，一旦中断时，调节阀处于全开或是全关状态，在生产上要能保证设备和人身的安全。

例 3.5 调节阀气开、气关形式选择。

图 3.7 表示一个压力容器，采用改变气体排出量以维持容器内压力恒定。试问调节阀应选择气开式还是气关式？为什么？

解 应选择气关式。因为在气源压力中断时，调节阀可自动打开，以使容器内压力不至于过高而出事故。

例 3.6 调节阀气开、气关形式选择。

图 3.8 为一锅炉汽包液位控制系统。试问在下列两种情况下，给水阀应选气开式，还是气关式？

1) 要保证锅炉不致烧干。

2) 要保证蒸汽中不能带液，以免损坏后续设备。

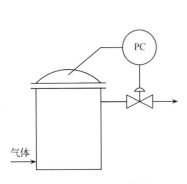

图 3.7 压力容器控制

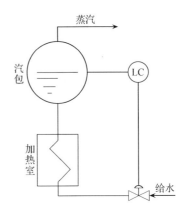

图 3.8 锅炉汽包液位控制系统

解 1)气关式。

2)气开式。

其原因读者可仿照例 3.5 自行分析。可见,即使是同一个调节阀,出于工艺或安全的不同角度考虑,其气开、气关形式的选择也可能是不一样的。

3. 流量特性的选择

调节阀流特性的选择一般分两步进行。首先根据过程控制系统的要求,确定工作流量特性,然后根据流量特性曲线的畸变程度,确定理想流量特性。

目前,国内外生产的调节阀主要有等百分比、直线和抛物线等特性,选择的方法有数学分析法和经验法两种。目前常用经验法,一般可从以下几方面考虑。

(1)从过程控制系统的控制质量分析

若过程特性为线性,可选用线性流量特性的调节阀;若过程特性为非线性时,应选用对数流量特性的调节阀。

(2)根据配管情况分析

当 $S=1\sim0.6$ 时,理想流量特性与工作流量特性几乎相同;当 $S=0.3\sim0.6$ 时,调节阀工作流量特性无论是线性或对数的,均应选择对数的理想流量特性;当 $S<0.3$ 时,一般已不宜用于自动控制。

(3)从负荷变化情况分析

对数特性调节阀的放大系数是变化的,因此能适应负荷变化大的场合,同时亦能适用于调节阀经常工作在小开度的情况,即选用对数调节阀具有较广的适应性。

过程控制常用调节阀流量特性的选择,可参照表 3.3。

表 3.3 根据不同被控对象选择调节阀的流量特性

对象简图	扰动	选择特性	附加条件	备注
流量控制对象(流量 F) P_1 P_2 P_1、P_2 为阀前、后压力	设定值	直线	变送器带开方器	
	P_1、P_2	等百分比		
	设定值	抛物线	变送器不带开方器	
	P_1、P_2	等百分比		

对象简图	扰动	选择特性	附加条件	备注
温度控制对象(T_2) T_1、T_2 为被加热流体进出口温度 T_3、T_4 为加热流体进出口温度 F_1 被加热体流量 P_1 调节阀上压差	P_1、T_3、T_4	等百分比		T_0 为对象时间常数的平均值 T_m 为测量环节时间常数 T_v 为调节阀时间常数
	T_1	直线		
	设定值	直线		
	F_1	直线	$T_0 \geq T_m(T_v)$	
		等百分比	$T_0 = T_m(T_v)$	
		双曲线	$T_0 < T_m(T_v)$	
压力控制对象(P_2) P_2 为被调节压力 P_1、P_3 为进出口端压力 C_v 为调节阀流量系数 C_0 为节流阀流量系数	P_1	双曲线	$C_0 < \frac{1}{2} C_{vmax}$	液体介质
		等百分比	$C_0 > \frac{1}{2} C_{vmax}$	
	设定值	等百分比	$C_0 < \frac{1}{2} C_{vmax}$	
		直线	$C_0 > \frac{1}{2} C_{vmax}$	
	P_3	等百分比	$C_0 < \frac{1}{2} C_{vmax}$	
		直线	$C_0 > \frac{1}{2} C_{vmax}$	
	C_0	等百分比		
	P_1、C_0 设定值	等百分比	当对象容积很大时也可以采用直线。容积很小时 P_1、C_0 扰动应采用双曲线	气体介质
	P_3	抛物线		
液位控制对象(h)* I类$h=H$ II类$h=H$	设定值	抛物线	$T_0 = T_v$	
		直线	$T_0 \geq T_v$	
	C_0	等百分比	$T_0 = T_v$	
		直线	$T_0 \geq T_v$	
	设定值	双曲线	$T_0 = T_v$	
		等百分比	$T_0 \geq T_v$	
	F_1	等百分比	$T_0 = T_v$	
		直线	$T_0 \geq T_v$	
III类 $H>5h$　IV类 $H>5h$	设定值	任意特性		II
		任意特性		IV
	C_0	直线		II
	F_1	直线		IV

　＊ 液位调节对象分为四种类型，I、III 为入口调节，II、IV 为出口调节。I、II 两类中，流量的流出口置于测量液位的"零"位置上，即 $H=h$；III、IV 两类流量的流出口置于测量液位的"零"位置下，而且 $H \geq 5h$。液体的流出主要依靠泵来抽出的情况也属于 III、IV 类型。图中 h 是测量范围，H 是实际液位高度，F_1 是流量，C_0 是出口阻力阀的流通能力。

3.2 变 频 器

变频器的功能是将频率、电压都固定的交流电变换成频率、电压都连续可调的三相交流电源。

随着交流电动机控制理论、电力电子技术、大规模集成电路和微型计算机技术的迅速发展,交流电动机变频调速技术已日趋完善。变频技术用于交流鼠笼式异步电动机的调速,其性能已经胜过以往一般的交流调速方式。

变频调速器可以作为自动控制系统中的执行单元,也可以作为控制单元(自身带有 PID 控制器等)。作为执行单元时,变频器接收来自控制器的信号,根据控制信号改变输出电源的频率;作为控制单元时,变频器本身兼有控制器的功能,单独完成控制调节作用,通过改变电动机电源的频率来调整电动机转速,进而达到改变能量或流量的目的。

3.2.1 变频器原理

典型的交-直-交通用变频器原理如图 3.9 所示。

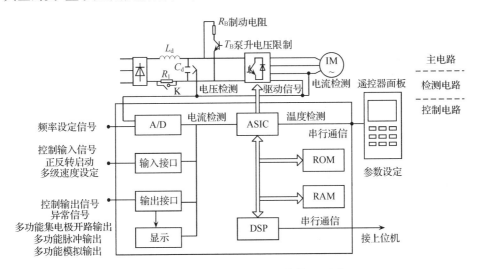

图 3.9　通用变频器的基本结构原理图

整流回路将输入的交流电源整流成直流;逆变回路则根据控制单元发来的指令将直流电源调制成某种频率的交流电源输出给电动机。一般输出频率可在 0~50Hz 之间连续变化。电源频率降低,电源电压也随之降低,使得电动机的瞬时功率下降,以保证磁通不变。控制单元以 CPU 为核心,对有关运行数据进行检测、比较和运算,发出具体的指令,控制电源输出回路调整输出电源频率。

目前,变频控制方法有标量控制、矢量控制(vector control)和直接转矩控制(direct torque control)。常用的电力电子元件主要有普通晶闸管 SCR、可关断晶闸管 GTO、大功率晶体管 GTR、绝缘栅晶体管 IGBT、大功率 MOS 管 power MOSFET 和门控晶闸管 MCT 等。

IGBT 是电力 MOSFET 和 GTR 的有机结合,具有 MOSFET 驱动功率小、开关频率高和 GTR 工作电流大、饱和导通电阻小的特点,应用相当广泛。

3.2.2 变频器在过程控制中的应用

三相交流鼠笼式异步电动机是工业生产中不可缺少的执行设备,在传统的过程控制系统中引入变频调速器改变了原来的控制模式,使系统运行更加平稳、可靠,并能提高系统控制精度。

由于笼型电动机占电动机总数的比例很大,故其调速方法和控制技术无疑将成为电动机控制的关键技术,而变频器与笼型电动机的结合则是交流电动机调速系统的最佳选择,该系统具有显著的节能效果、较高的控制精度、较宽的调速范围、便于使用和维护以及易于实现自动控制等性能。

变频器最典型的应用是各种机械以节能为目的,采用变频器进行调速控制。这种应用领域广阔,其中以风机、泵类机械的转速控制为中心,应用表明,节约能量达 40% 以上。

风机、泵类负载的转速在某一范围内变化时,流量、总扬程、轴功率有如下关系:

$$\frac{Q}{Q_e} = \frac{N}{N_e} \tag{3-21}$$

$$\frac{H}{H_e} = \left(\frac{N}{N_e}\right)^2 \tag{3-22}$$

$$\frac{P}{P_e} = \left(\frac{N}{N_e}\right)^3 \tag{3-23}$$

式中,N_e 为基准(额定)转速;N 为运行转速;Q_e 为 N_e 时的流量;H_e 为 N_e 的扬程;P_e 为 N_e 时的轴功率;Q 为 N 时的流量;H 为 N 时的扬程;P 为 N 时的轴功率。

可见,风机、泵类负载的显著特点就是其负载转矩与转速的平方成正比,轴功率与转速的立方成正比。因此,将从前的电机以定速运转,用挡板阀门调节风量或流量的方法,改用根据所需要的风量或流量调节转速就可获得显著的节能效果。

如图 3.10 所示,当流量从 1.0 变为 0.5 时,对于阀门控制,关小阀门可使阻抗曲线从

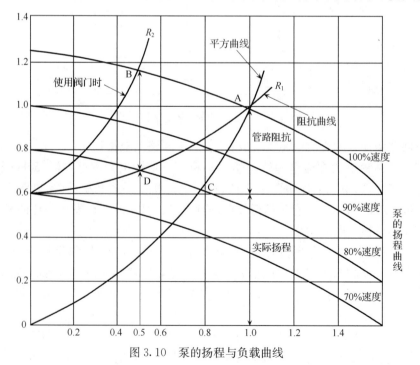

图 3.10 泵的扬程与负载曲线

R_1 变为 R_2，工作点由 A 转移到 B。而对于转速控制，是同一阻抗曲线 R_1 上从 A 点转移到 D 点，由于转速仅为原来的 80%，其节能效果是显而易见的。

泵的运转点由管路阻抗曲线与泵的扬程曲线的交点决定。由于实际扬程的存在，如图 3.10 所示，80% 转速时的运转点不是 C 点，而是 D 点。由于存在一个与高低差有关的实际扬程，在调节转速进行节能运转时，式(3-23)不一定完全成立。此外，还要注意转速不能过低，否则会降低扬程，达不到应用要求。

例 3.7 二氧化硫(SO_2)主风机出口压力变频控制。

硫酸生产工艺中，要求 SO_2 主风机的出口压力基本维持为一常数，为此可通过调整鼓风量从而使得生产能够处于最佳的运行状态。

以前通过调节主风机的进风蝶阀来改变 SO_2 流量，采用变频控制后，具有如下效果：

1) 将蝶阀全部打开，通过调节速度，就可以改变流量。

2) 具有显著的节能效果。

3) 无须软启动器，简化了硬件电路。

需要指出的是，比较鼓风机在挡板控制和转速控制方式下所消耗的功率，可以发现在高风量区($90\%\sim100\%$风量)，从前的挡板控制，特别是入口挡板控制与变频器的转速控制相差无几；但越是低风量，变频控制消耗的功率减小得越显著。

例 3.8 浓缩池浓度变频控制。

冶金行业选矿工艺中，矿浆最后必须经过浓缩和过滤两道工序才能生产出含水量合格的精矿粉。送入浓缩池的矿浆在耙架作用下逐渐沉淀并经卸料口由渣浆泵输送到过滤机进行过滤作业。

生产过程中，工艺要求实时控制送入过滤机的矿浆浓度。以前采用手动调整渣浆泵的出口阀以控制泵的排出量，但采用泵出口加调节阀的控制方式不利于节能的要求。

根据浓缩过程的生产工艺，自动控制设计在卸料口矿浆管路上安装浓度计，根据浓度的变化对泵的转速进行变频调节以控制泵的排出量，即当浓度升高时，增加变频器频率，提高泵的转速以加大矿浆抽出量，使浓缩池内浓度降低；反之，则降低频率，保证浓度相对稳定。如图 3.11 所示。

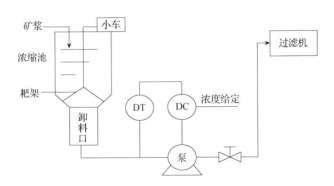

图 3.11　浓缩过程及其浓度控制系统示意图

与传统的控制系统相比，变频调速器取代了控制执行单元，在自动化领域的应用前景十分广阔。可以说，在泵类及风机负载中，变频控制取代阀门控制已成必然。

需要注意的是，在使用变频器时，应注意变频器产生的高次谐波和噪声，在变频器电源侧连接 AC 电抗器或在 DC 电路中安装 DC 电抗器或同时进行,可抑制谐波电流。同时采取必要的屏蔽、接地和滤波等措施来抑制噪声。

习题与思考题

3.1 试简述气动和电动执行机构的特点。

3.2 调节阀的结构形式有哪些?

3.3 阀门定位器有何作用?

3.4 调节阀的理想流量特性有哪些? 实际工作时特性有何变化?

3.5 已知阀的最大流量 $q_{vmax}=50m^3/h$,可调范围 $R=30$。

1) 计算其最小流量 q_{vmin},并说明 q_{vmin} 是否就是阀的泄漏量。

2) 若阀的特性为直线流量特性,求在理想情况下阀的相对行程 l/L 为 0.3 及 0.9 时的流量值 q_v。

3) 若阀的特性为等百分比流量特性,求在理想情况下阀的相对行程 l/L 为 0.3 及 0.9 时的流量值 q_v。

3.6 某台调节阀的流量系数 $C=100$。当阀前后压差为 200kPa,其两种流体密度分别为 $1.2g/cm^3$ 和 $1.8g/cm^3$ 时,问所能通过的最大流量各是多少?

3.7 在实际生产中,如果由于负荷的变动,使原设计的调节阀尺寸不能适应,会有什么后果? 为什么?

3.8 图 3.12 为一加热炉原料油出口温度控制系统,试确定系统中调节阀的气开、气关型式,并说明理由。

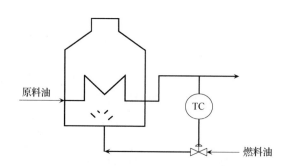

图 3.12　加热炉原料油出口温度控制系统

3.9 图 3.13 所示为一冷却器,用以冷却经压缩后的裂解气,采用的冷剂为来自脱甲烷塔的釜液。正常情况下,要求冷剂流量维持恒定,以保证脱甲烷塔的平稳操作。但是裂解气冷却后的出口温度 θ 不得低于 15℃,否则裂解气中所含的水分就会生成水合物而堵塞管道。根据上述要求,试设计一控制系统,并画出控制系统的原理图和方框图,确定调节阀的气开、气关型式,简单说明系统的控制过程。

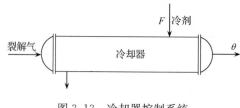

图 3.13　冷却器控制系统

3.10 试简述变频器的基本工作原理和内部结构。

3.11 试述变频器在取代风机及泵类负载开度控制时的节能原理。

第4章 被控过程

教学要求

本章将介绍被控过程的基本知识,重点介绍被控过程的特性、数学模型分类和数学模型的构建方法。学完本章后,应能达到如下要求:

- 掌握被控过程的自衡和非自衡特性,以及相互间的区别;
- 掌握单容过程和多容过程的典型传递函数;
- 掌握过程特性对控制品质的影响;
- 掌握过程数学模型的分类及其主要特点;
- 了解被控过程的机理建模方法;
- 掌握被控过程的时域响应建模方法;
- 了解被控过程的频域建模方法;
- 了解被控过程的最小二乘建模方法。

在第2章和第3章,已分别介绍了图1.2中的测量变送环节和执行器环节。本章将介绍图1.2中的被控过程,重点介绍被控过程的特性、数学模型分类和数学模型的构建方法。

4.1 被控过程特性

过程的数学模型,从其内在规律考虑,往往相当复杂,中间穿插有非线性、分布参数和时变等情况。然而,当过程在平衡状态附近小范围变化时可以将其线性化,同时可以集总化;对应于一个特定的时刻,因为过程的时变一般很缓慢,可以认为是定常的。这样,输入输出关系往往可以用传递函数形式来描述。

4.1.1 自衡过程与非自衡过程

当扰动发生后,被控量存在两种变化:一种是被控量不断变化最后达到新的平衡;另一种是被控量不再平衡下来。前面的过程具有自衡能力,称为自衡过程;后面的过程无自衡能力,称为非自衡过程。

例4.1 自衡过程与非自衡过程。

如图4.1(a)所示的液位储罐系统,处于平衡状态。在进水流量阶跃增加后,将超过出水量,该过程原来的平衡状态将被打破,液位上升;但随着液位不断的升高,出水阀前的静压增加,出水量也将增加;这样,液位的上升速度将逐步变慢,最终建立新的平衡,液位达到新的稳态值。像这样无须外加任何控制作用,过程能够自发地趋于新的平衡状态的性质称为自衡性。

在过程控制中,这类过程是经常遇到的。在阶跃作用下,被控变量 $y(t)$ 不振荡,逐步趋向新的稳态值 $y(\infty)$,相应的自衡非振荡过程响应曲线如图4.1(b)所示。

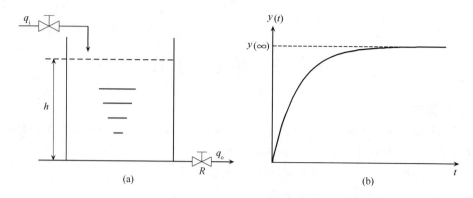

图 4.1 自衡过程与响应曲线

(a) 液位自衡过程　(b) 自衡过程的阶跃响应曲线

如果出水用泵排送,如图 4.2(a)所示,水的静压变化相对于泵的压力可以忽略,因此储罐水位要么一直上升,要么一直下降,最终导致溢出或者被抽干,无法重新达到新的平衡状态,这种特性称为无自衡能力。该类过程在阶跃信号作用下,输出 $y(t)$ 会一直上升或下降,典型响应曲线如图 4.2(b)所示。一般情况下,非自衡过程的控制要困难一些,因为它们缺乏自平衡的能力。

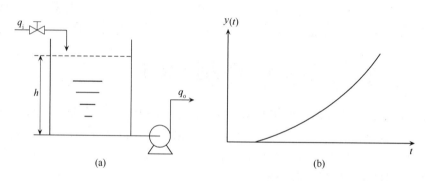

图 4.2 非自衡过程与响应曲线

(a) 液压非自衡过程　(b) 非自衡过程的响应曲线

4.1.2 单容和多容过程

被控过程都具有一定储存物料或能量的能力,其储存能力的大小,称为容量。所谓单容过程,就是指只有一个储蓄容量的过程对象。

在工业生产中,被控过程往往由多个容积和阻力构成,这种过程称为多容过程。

对于自衡对象,单容或多容过程的传递函数表达式具有如下几种典型形式:

(1) 一阶惯性环节

$$W(s) = \frac{K}{Ts+1} \tag{4-1}$$

(2) 二阶惯性环节

$$W(s) = \frac{K}{(T_1 s + 1)(T_2 s + 1)} \tag{4-2}$$

（3）一阶惯性加纯滞后环节

$$W(s) = \frac{K}{(Ts+1)} \mathrm{e}^{-\tau s} \tag{4-3}$$

（4）二阶惯性加纯滞后环节

$$W(s) = \frac{K}{(T_1 s+1)(T_2 s+1)} \mathrm{e}^{-\tau s} \tag{4-4}$$

在工业控制过程中,一阶惯性加纯滞后环节的情况比较多。许多高阶系统都可以简化为这种类型进行分析与综合。

对于非自衡对象,单容或多容过程的传递函数表达式具有如下典型形式:

（1）一阶环节

$$W(s) = \frac{1}{Ts} \tag{4-5}$$

（2）二阶环节

$$W(s) = \frac{1}{T_1 s(T_2 s+1)} \tag{4-6}$$

（3）一阶加纯滞后环节

$$W(s) = \frac{1}{T_1 s} \mathrm{e}^{-\tau s} \tag{4-7}$$

（4）二阶加纯滞后环节

$$W(s) = \frac{1}{T_1 s(T_2 s+1)} \mathrm{e}^{-\tau s} \tag{4-8}$$

4.1.3 振荡和非振荡过程

在阶跃输入信号作用下,系统输出有多种形式,如图1.8所示。其中多数是衰减振荡,最后趋于新的稳态值。考虑纯滞后的二阶振荡环节传递函数一般可写为

$$G_{\mathrm{p}}(s) = \frac{K\mathrm{e}^{-\tau s}}{T^2 s^2 + 2\xi Ts + 1} \qquad (0 < \xi < 1) \tag{4-9}$$

如果在阶跃输入信号作用下,系统输出 $y(t)$ 单调增加,或者发散,就称为非振荡过程。

4.1.4 具有反向特性的过程

在阶跃输入信号作用下,系统输出 $y(t)$ 先降后升,响应曲线在开始的一段时间内变化方向与以后的变化方向相反,故称该过程具有反向特性。

例4.2 锅炉汽包液位的反向特性分析。

如果锅炉供给的冷水成阶跃增加,汽包内沸腾水的总体积乃至液位会呈现如图4.3所示变化,这是两种相反影响的结果。

1）冷水的增加会引起汽包内水的沸腾突然减弱,水中气泡迅速减少,水位下降。设由此导致的液位响应为一阶惯性特性:

$$G_1(s) = -\frac{K_1}{T_1 s + 1}$$

如图4.3(b)中曲线1。

2）在燃料供热恒定的情况下,假定蒸汽量也基本恒定,则液位随进水量的增加而增加,并呈现积分特性。对应的传递函数为

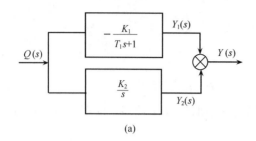
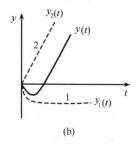

(a)　　　　　　　　　　　　　(b)

图 4.3　具有反向特性的响应分析

$$G_2(s) = \frac{K_2}{s}$$

如图 4.3(b)中曲线 2。

3) 上述两种作用综合在一起,得到的总特性为

$$G(s) = \frac{K_2}{s} - \frac{K_1}{T_1 s + 1} = \frac{(K_2 T_1 - K_1)s + K_2}{s(T_1 s + 1)}$$

当 $K_2 T_1 < K_1$ 时,在响应初期 $\dfrac{-K_1}{T_1 s + 1}$ 占主导地位,过程将出现反向特性。若本条件不成立,则过程不会出现反向特性。

当 $K_2 T_1 < K_1$ 时,过程出现一个正的零点,其值为 $s = \dfrac{-K_2}{K_2 T_1 - K_1} > 0$。

也就是说,对于具有反向响应特性的过程,其传递函数总具有一个正的零点,属于非最小相位系统。所以,反向特性响应又称为非最小相位的响应,较难控制,需要特殊处理。

工业过程除上述几种类型以外,有些过程还具有严重的非线性,如中和反应器和某些生化反应器;在化学反应器中还可能存在不稳定过程,它们的存在给控制带来了棘手的问题,要控制好这些过程,必须掌握对象动态特性。

4.2　过程特性对控制品质的影响

前面已经指出,在过程控制中,一阶惯性加纯滞后的过程是比较多见的。下面主要针对这类过程,讨论过程参数 K、T、τ 对控制品质的影响。

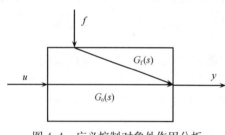

图 4.4　广义控制对象外作用分析

对于广义对象来讲,外作用可分为两类:一类是控制作用 $u(t)$,另一类是扰动作用 $f(t)$,两条通道的过程参数不一定相同,而且它们的影响也不完全一样,需要分别加以分析。如图 4.4 所示,设控制通道、扰动通道的传递函数分别为

$$G_o(s) = \frac{K_o e^{-\tau_o s}}{T_o s + 1}, \qquad G_f(s) = \frac{K_f e^{-\tau_f s}}{T_f s + 1}$$

(4-10)

4.2.1　增益(放大系数)K 的影响

增益 K 在数值上等于控制对象处于稳定状态时,输出的变化量 ΔY 与输入的变化量 ΔU 之比,即

$$K = \frac{\Delta Y}{\Delta U} \qquad (4-11)$$

由于增益 K 反映的是对象处于稳态下输出和输入之间的关系,所以放大系数是描述对象静态特性的参数。

在其他因素(T、τ)相同的条件下,控制通道的增益 K_o 越大,则控制作用 $u(t)$ 的效应越强;反之,K_o 越小,则 $u(t)$ 的影响越弱。要达到同样的控制效果,控制作用 $u(t)$ 需按 K_o 作相应的调整。假设控制器增益为 K_c,则在 K_o 大的时候,K_c 应取得小一些,否则难以保证闭环系统有足够的稳定裕度;在 K_o 小的时候,K_c 必须取大一些,否则克服稳态误差的能力太弱,消除偏差的进程太慢。

扰动通道增益 K_f 的情况要复杂一些。特别在 K_f 采用有量纲形式表示时,不同扰动的 K_f 值大小,并不能直接反映各扰动的稳态影响的强弱。例如,大的 K_f 值乘上很小的扰动作用 f 值,其效应并不强。因此,也可以用 $(K_f f)$ 这一乘积作为比较的尺度,这里的 f 应取正常情况下的波动值。$(K_f f)$ 的量纲与 $u(t)$ 和 $y(t)$ 都相同,代表了在系统没有闭合时所引起的偏差。在对系统进行分析时,应该着重考虑 $(K_f f)$ 乘积大的扰动,必要时应设法消除这种扰动。例如,当蒸汽加热器的蒸汽压力波动很大时,须设置压力或流量控制回路,或者引入按扰动进行控制的前馈作用,以保证控制系统达到预期的品质指标。

K_o 和 K_f 都反映稳态关系。在不同的工作点,不同负荷下,K_o 是否恒定也是需要考虑的问题。只有在 K_o 基本恒定时,系统才有可能在这些工作点上都获得令人满意的控制效果。只要通过 $y(t)$ 和 $u(t)$ 的稳态关系曲线,导出两者间的关系式,就可以很清楚地看出 K_o 恒定与否。

4.2.2 时间常数 T 的影响

时间常数 T 是指当对象受到阶跃输入作用后,被控变量保持初始速度变化,达到新的稳态值所需的时间;或当对象受到阶跃输入作用后,被控变量达到新的稳态值的 63.2% 所需时间。时间常数 T 一般是因为物料或能量的传递需要通过一定的阻力而引起的,反映被控变量的变化快慢,因此,它是对象的一个重要动态参数。

在控制通道方面,下面主要讨论只有一个时间常数 T_o 和具有多个时间常数 T_{o1},T_{o2},$\cdots$($T_{o1} > T_{o2} > \cdots$)的两类情况。

如果只有一个时间常数 T_o,则在 K_o 和 τ_o/T_o 保持恒定的条件下,T_o 的变化主要影响控制过程的快慢,T_o 越大,则过渡过程越缓慢。而在 K_o 和 τ_o 保持不变的条件下,T_o 的变化将同时影响系统的稳定性,T_o 越大,系统越易稳定,过渡过程越平稳。一般来讲,T_o 太大则变化过慢,T_o 太小则变化过于急剧。

如果有两个或更多时间常数,则最大的时间常数决定过程的快慢,而 T_{o2}/T_{o1} 则影响系统易控的程度。T_{o2} 与 T_{o1} 拉得越开,即 T_{o2}/T_{o1} 的比值越小,则越接近一阶环节,系统越易稳定。设法减小 T_{o2} 往往是提高系统控制品质的一条可行途径,这在系统设计与检测元件选型时很值得考虑。

在扰动通道方面,不妨用 T_f/T_o 作为尺度来进行分析。在控制器为 $G_c(s)$ 的闭环情况下传递函数为

$$\frac{Y(s)}{F(s)} = \frac{G_f(s)}{1 + G_c(s)G_o(s)} = \frac{G_o(s)}{1 + G_c(s)G_o(s)} \cdot \frac{G_f(s)}{G_o(s)} \qquad (4-12)$$

$$\frac{Y(s)}{U(s)} = \frac{G_\text{o}(s)}{1 + G_\text{c}(s)G_\text{o}(s)} \tag{4-13}$$

因此，扰动通道与控制通道在闭环传递函数上的差别是扰动通道乘上了 $G_\text{f}(s)/G_\text{o}(s)$ 项。一般来说，如果 $G_\text{f}(s)$ 和 $G_\text{o}(s)$ 都没有不稳定的极点，则 T_f 的数值并不影响闭环系统的稳定性。但从动态上分析，如果 $T_\text{f} > T_\text{o}$，则 $G_\text{f}(s)/G_\text{o}(s)$ 等效于一个滤波器，能使过渡过程的波形趋于平缓；如果 $T_\text{f} < T_\text{o}$，则 $G_\text{f}(s)/G_\text{o}(s)$ 成为一个微分器，将使波形更为陡峭。因此，T_f/T_o 的比值越大，过渡过程的品质越好。

4.2.3 时滞 τ 的影响

时滞 τ 是指纯滞后时间，也就是指输出变量的变化落后于输入变量变化的时间。纯滞后的产生一般是由于介质的输送或热的传递需要一段时间引起的。滞后时间 τ 也是反映对象动态特性的重要参数。

对控制通道来说，取 τ_o/T_o 比取 τ_o 作为平衡时滞影响的尺度进行分析更为合适。

τ_o 的存在不利于控制。测量方面有了时滞，使控制器无法及时发现被控变量的变化情况；控制对象有了时滞，使控制作用不能及时产生效应。用经典控制理论的根轨迹法或频率法来分析，都同样可得出 τ_o 不利于控制的结论。

τ_o/T_o 是一个无量纲的值，它反映了时滞的相对影响。这就是说，在 T_o 大的时候，τ_o 的值稍大一些也关系不大，过渡过程尽管慢一些，但很容易稳定；反之，在 T_o 小的时候，即使 τ_o 的绝对数值不大，其影响却可能很大，系统容易振荡。一般认为 $\tau_\text{o}/T_\text{o} \leqslant 0.3$ 的对象较易控制，而 $\tau_\text{o}/T_\text{o} > (0.5 \sim 0.6)$ 的对象较难处理，往往需要采用特殊控制策略。

在设计和确定控制方案时，设法减小 τ_o 值是必要的，例如，减小信号传输距离和提高信号传输速度等都属常用的方法。

扰动通道的时滞 τ_f 并不起同样的作用。$\text{e}^{-\tau_\text{f} s}$ 属于 $G_\text{f}(s)$ 的分子项，τ_f 并不影响闭环极点分布，所以它不影响系统的稳定性。由式(4-10)可以看出，τ_f 大些或小些仅使过渡过程迟一些或早一些开始，也可以说是把过渡过程在时间轴上平移一段距离。从物理概念上看，τ_f 的存在等于使扰动滞后了 τ_f 的时间再进入系统，而扰动在什么时间出现，本来是无法预知的。因此，对反馈控制来说，τ_f 并不影响控制系统的品质。但对于前馈控制，τ_f 值将影响到前馈控制规律。关于前馈控制，详见 8.1 节。

4.3 被控过程数学模型

被控过程的数学模型描述了过程的各种输入量（包括控制量和扰动量）与相应输出量（被控量）之间的关系，即对象受到输入作用后，被控变量是如何变化的、变化量为多少等。

用来描述对象的数学方程、曲线、表格等都称为其数学模型。被控变量作为对象的输出，有时也称为输出变量，而干扰作用和控制作用作为对象的输入，有时也称为输入变量。干扰作用和控制作用都是引起被控变量变化的因素。对象的输入变量至输出变量的信号联系称为通道，控制作用至被控变量的信号联系称控制通道；干扰作用至被控变量的信号联系称干扰通道，对象总的输出为控制通道输出与干扰通道输出之和，如图 4.5 所示。

在控制系统的分析和设计中，对象的数学模型十分重要，并且按时间可分为稳态数学模型和动态数学模型。前者描述的是对象在稳态时的输入量与输出量之间的关系，后者描述的是对象在输入量改变以后输出量的变化情况,前者是后者在对象达到平衡时的特例。

描述对象特性的数学模型按功能主要有参量模型和非参量模型两种形式。参量模型一般采用数学方程式来表示,例如,描述对象输入、输出关系的微分方程式,偏微分方程式,状态方程,差分方程,传递函数等。非参量模型一般采用曲线或表格的形式来表示,例如,在一定输入信号作用下的输出曲线或数据(阶跃响应曲线法、脉冲响应曲线法、矩形脉冲响

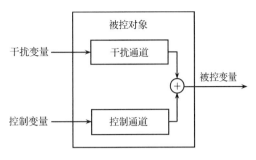

图 4.5　输入变量与输出变量的关系

应曲线法、频率特性曲线法等),这些都可以通过试验直接得到,其特点是形象清晰,比较容易看出定性特征。但是,由于缺乏数学方程的解析性质,要直接利用它们来进行系统的分析和设计往往比较困难,必要时可以对它们进行一定的数学处理来得到参量模型的形式。

4.3.1　建立过程数学模型的目的

建立被控过程数学模型的主要目的可以归纳为如下几点:

1) 设计控制方案——全面、深入地了解被控对象特性是设计控制系统的基础。例如,控制系统中被控变量及检测点的选择、控制(操纵)变量的确定、控制器结构形式的选定等都与被控对象的特性有关。

2) 调试控制系统和确定控制器参数——充分了解被控对象特性是安全调试和投运控制的保证。此外,选择控制规律及确定控制器参数也离不开对被控对象特性的了解。

3) 制订工业过程的优化控制方案——优化控制往往可以在基本不增加投资与设备的情况下,获取可观的经济效益。这离不开对被控对象特性的了解,而且主要是依靠对象的稳态数学模型进行优化。

4) 确定新型控制策略及控制算法——在用计算机构成一些新型控制系统时,往往离不开被控对象的数学模型。例如,预测控制、推理控制、前馈动态补偿控制等都是在已知对象数学模型的基础上才能进行的。

5) 建立计算机仿真过程培训系统——利用数学模型和系统仿真技术,使操作人员可以在计算机上对各种控制策略进行定量的比较与评定。还可为操作人员提供仿真操作的平台,从而为高速、安全、低成本地培训工程技术人员和操作员提供捷径,并有可能制定大型设备的启动和停车操作方案。

6) 设计工业过程的故障检测与诊断系统——利用数学模型可以及时发现工业过程中控制系统的故障及其原因,并提供正确的解决途径。

4.3.2　过程数学模型的求取方法

一般来说,过程数学模型的求取方法有如下三种:

1) 机理建模——机理建模是根据对象或生产过程的内部机理,写出各种有关的平衡方程,如物料平衡方程、能量平衡方程、动量平衡方程、相平衡方程以及某些物性方程、设备特性方程、化学反应定律等,从而得到对象(或过程)的数学模型。这类模型通常称为机理模型。应用这种方法建立数学模型的最大优点是具有非常明确的物理意义,模型具有很大的

适应性,便于对模型参数进行调整。但由于某些被控对象较为复杂,对其物理、化学过程的机理还不是完全了解,而且线性定常的并不多,再加上分布参数(即参数是时间与位置的函数)影响,所以对于某些对象(或过程)很难得到机理模型。

2)试验建模——在机理模型难以建立的情况下,可采用试验建模的方法得到对象的数学模型。试验建模就是针对所要研究的对象,人为地施加一个输入作用,然后用仪表记录表征对象特性的物理量随着时间变化的规律,得到一系列试验数据或曲线。这些数据或曲线就可以用来表示对象特性。有时,为了进一步分析对象特性,也可以对这些数据或曲线进一步处理,使其转化为描述对象特性的解析表达式。

这种应用对象输入输出的实测数据来决定其模型结构和参数的方法,通常称为系统辨识。其主要特点是把被研究的对象视为一个黑箱子,不管其内部机理如何,完全从外部特性上来测试和描述对象的动态特性。因此对于一些内部机理复杂的对象,试验建模比机理建模要简单、省力。

3)混合建模——将机理建模与试验建模结合起来,称为混合建模。混合建模是一种比较实用的方法,它先由机理分析的方法提出数学模式的结构形式,然后对其中某些未知的或不确定的参数利用试验的方法给予确定。这种在已知模型结构的基础上,通过实测数据来确定数学表达式中某些参数的方法,称为参数估计。

最后,再简单提及一些系统建模方面的最新进展。系统辨识是 20 世纪 60 年代发展起来的一门学科,从此关于系统辨识的教材和专著陆续出版,它涉及的理论基础相当广泛。过去对单变量线性系统的辨识,提出了一系列成功的理论和方法。而对于多变量线性系统的辨识,近年来也受到了普遍重视。对于线性离散时间系统的研究,更多的是在探求各种在线辨识算法的适应性、递推算法的收敛性和一致性。最近,有学者对非平稳随机干扰下参数估计量的研究提出了新的见解。现代控制理论在应用中遇到了确定对象数学模型的各种困难,能否构成一个基本恰当的数学模型已成为现代控制理论应用中的重要问题。大系统递阶控制和分散控制的应用,使复杂系统建模及辨识问题受到了各方面的关注,提出了整体辨识、多级辨识和辨识的可分离性等一些新理论和新方法。对于大规模复杂系统的模型辨识问题、时变及非线性模型的可辨识性分析,仍是当今研究的重要课题。总之,系统辨识的方法很多,但尚缺乏公认的统一标准,实际工程中一般根据具体情况选择使用。

4.3.3 过程被控变量的选择

过程被控变量的选择是十分重要的,它是决定控制系统有无价值的关键。任何一个控制器(系统),总是希望能够在稳定生产操作、增加产品产量、提高产品质量以及改善劳动条件等方面发挥作用。如果被控变量选择不当,配备再好的自动化仪表、使用再先进的控制规律也是无用的。应该从工艺生产过程对控制系统的要求出发,合理选择被控变量。

生产过程中,控制大体上可以分为三类:物料平衡控制和能量平衡控制,产品质量或成分控制,限制条件的控制。对于某个给定的工艺过程,应选择哪些工艺参数作为被控变量,以及这些被控变量的取值范围如何,这些问题涉及整体控制的结构策略和整体操作最优化问题。

假定在工艺过程整体优化基础上已经确定了需要恒定(或按某种规律变化)的过程变量,那么被控变量的选择往往是显而易见的。例如,生产上要求控制的工艺操作参数是温度、压力、流量、液位等,很明显被控变量就是这些参数。但也有一些情况,需要对被控变量的选择认真加以考虑。

1）表示某些质量指标的参数有好几个，应如何选择才能使所选的被控变量在工艺上和控制上都是合理的，而且是独立可控的。

2）某些质量指标，因为没有合适的测量仪表直接反映质量指标，从而采用选择与直接质量指标之间有单值对应关系而又反应快的间接指标作为被控变量的办法。

3）虽有直接参数可测，但信号微弱或测量滞后太大，还不如选用具有单值线性对应关系的间接信号为好。

为此，根据上面的分析总结出被控变量选择的原则如下：

1）尽量选用直接指标作为被控变量，因为它最直接最可靠。

2）当无法获得直接指标的信号，或其测量和变送信号滞后很大时，可选择与直接指标有单值对应关系的间接指标作为被控变量。

3）选择那些不可能超越设备能力或操作约束的输出变量作为被控变量，这样可使被控变量保持在操作约束范围之内。

4）使所选变量和操纵变量之间的传递函数比较简单，并具有较好的动态和静态特性。

5）选择比较容易测量并且快速可靠的变量，测量仪表的时间常数应该足够小，以满足系统控制的需要。

6）有时控制目标不可测量，可采用推理控制，由易于测量而又可靠，且与控制目标有一定关系的辅助输出变量 V_a 推算出不可测输出变量 V_u 作为被控变量，V_u 和 V_a 之间的数学关系式为

$$V_u = f(V_a) \tag{4-14}$$

此式可根据经验、试验或理论方法来确定。

4.3.4　过程输入变量的选择

通常，一个工程可能有若干个可任意控制的输入变量，选择哪些输入变量作为操纵变量是一个关键问题，因为它会影响所采用的控制作用的效果。通过上述讨论，操纵变量的选择可遵循如下一些基本原则：

1）从静态增益方面考虑，应选对所选定的被控变量影响比较大的那些输入变量作为操纵变量，这就意味着操纵变量到被控变量之间的控制通道增益要选得比较大。

2）从动态响应方面考虑，应选择输入变量对被控变量作用效应比较快的那些作为操纵变量，这样控制的动态响应就比较快。

3）应选择变化范围比较大的输入变量，这样可使被控变量较容易控制。

4）应使 τ_o/T_o 尽可能地小。

4.3.5　数学模型的无因次化

推导数学模型时，变量都是有因次的（即有量纲）。但在自动控制系统的分析和研究中，往往无须注重变量的绝对变化量，而主要是考虑它们与某一基准值（一般是变量的平衡状态值）相比较的相对变化量。也就是说用相对百分数来表示，这样微分方程就可化成无因次形式，成为无因次化数学模型。

若一个有因次的微分方程式为

$$T \frac{\mathrm{d}y(t)}{\mathrm{d}t} + y(t) = K_1 x(t) \tag{4-15}$$

设变量 y 的稳态值为 y_0，变量 x 的稳态值为 x_0，则式(4-15)可改写为

$$T \frac{\mathrm{d}\frac{y}{y_0}}{\mathrm{d}t} y_0 + \frac{y}{y_0} y_0 = K_1 \frac{x}{x_0} x_0 \tag{4-16}$$

令 $\theta = y/y_0$，$\psi = x/x_0$，$K = \frac{K_1 x_0}{y_0}$，式(4-16)可改写为

$$T \frac{\mathrm{d}\theta(t)}{\mathrm{d}t} + \theta(t) = K\psi(t) \tag{4-17}$$

如果式(4-17)所表征的对象具有纯滞后环节，则对象特征可以用下式表示：

$$T \frac{\mathrm{d}\theta(t)}{\mathrm{d}t} + \theta(t) = K\psi(t - \tau) \tag{4-18}$$

在上面两个微分方程所描述的数学模型中，除 T、t、τ 具有时间因次外，其余变量及放大系数都是无因次量。

无论是储罐对象、传热对象、混合罐对象还是压力对象等，它们的数学模型都可以化成式(4-17)或式(4-18)所示的标准无因次形式。无因次化的数学模型对各种物理系统是通用的，它以时间常数 T、放大系数 K 和滞后时间 τ 这些常系数表征物理系统的具体特征。

4.4 过 程 建 模

4.4.1 机理建模

控制过程机理建模采用的一般步骤如下：

(1) 根据建模对象和模型使用目的作出合理假设

任何一个数学模型都是有假设条件的，不可能完全精确地用数学公式把客观实际描述出来；即使可能的话，结果也往往无法实际应用。在满足模型应用要求的前提下，结合对建模对象的了解，把次要因素忽略掉。对同一个建模对象，由于模型的使用场合不同，对模型的要求不同，假设条件可以不同，最终所得的模型也不完全相同。例如，对某加热炉系统建模，若假设加热炉中每点温度相同则可得到用微分方程描述的集中参数模型；若假设加热炉中每点温度非均匀，则得到用微分方程描述的分布参数模型。

(2) 根据过程内在机理建立数学模型

机理建模的主要依据是物料、能量和动量平衡关系式及化学反应动力学，一般形式如下：

$$\begin{matrix} \text{系统内物料(或能量)} \\ \text{储存量的变化率} \end{matrix} = \begin{matrix} \text{单位时间内进入系统} \\ \text{的物料量(或能量)} \end{matrix} - \begin{matrix} \text{单位时间内流出系统} \\ \text{的物料量(或能量)} \end{matrix}$$
$$+ \text{单位时间内系统产生的物料量(或能量)}$$

储存量的变化率是变量对时间的导数，当系统处于稳态时，变化率为零。

(3) 模型工程简化

从应用上讲，动态模型在满足控制工程要求、充分反映过程动态特性的情况下，尽可能简化，这是十分必要的。常用的简化方法有忽略某些动态衡算式、分布参数系统集总化和模型降阶处理等。

在建立控制过程动态数学模型时,输出变量、状态变量和输入变量可用三种不同形式表示,即用绝对值、增量和无量纲形式。在控制理论中,增量形式得到广泛的应用,它不仅便于把原来非线性的系统线性化,而且通过坐标的移动,把稳态工作点定为原点,使输出输入关系更加简单清晰,便于运算;在控制理论中广泛应用的传递函数,就是在初始条件为零的情况下定义的。

对于线性系统,增量方程式的列写很方便。只要将原始方程中的变量用它的增量代替即可。对于原来非线性的系统,则需先进行线性化,在系统输入和输出的范围内,把非线性关系近似为线性关系。最常用的方法是切线法,它是在静态特性上用经过工作点的切线代替原来的曲线。线性化时要注意应用条件,要求系统的静态特性曲线在工作点附近邻域没有间断点、折断点和非单值区。

例 4.3 液体储罐的建模。

如图 4.1(a)所示液体储罐,设进水口和出水口的体积流量分别是 q_i 和 q_o,控制输出变量为液位 h,储罐的横截面积为 A。试建立该液体储罐的动态数学模型。

解 储罐液位的变化满足如下物料平衡方程式:

储罐内储液量的变化率＝单位时间内液体流入量－单位时间内液体流出量

$$A \cdot \frac{\mathrm{d}h}{\mathrm{d}t} = q_i - q_o \tag{4-19}$$

其中

$$q_o = k\sqrt{h} \tag{4-20}$$

代入 q_o,得

$$A \cdot \frac{\mathrm{d}h}{\mathrm{d}t} = q_i - k\sqrt{h} \tag{4-21}$$

这就是储罐液位的动态数学模型,它是一个非线性微分方程,当液位由 0 到满罐变化时,都满足此方程。复杂非线性微分方程的分析较困难,如果液位始终在其稳态值附近很小的范围内变化,则可将式(4-21)进行线性化处理。

在平衡工况下

$$q_{i0} = q_{o0} = 0 \tag{4-22}$$

若以增量形式(Δ)表示各变量偏离起始稳态值的程度,即

$$\Delta h = h - h_0, \quad \Delta q_i = q_i - q_{i0}, \quad \Delta q_o = q_o - q_{o0} \tag{4-23}$$

则有

$$A \cdot \frac{\mathrm{d}\Delta h}{\mathrm{d}t} = \Delta q_i - \Delta q_o \tag{4-24}$$

如果非线性特性存在于液位与流出量之间,则线性化方法就是将非线性项进行泰勒级数展开,并取其线性部分

$$q_o = k\sqrt{h} = q_{o0} + \frac{\mathrm{d}q_o}{\mathrm{d}t}\Big|_{h=h_0}(h - h_0) = q_{o0} + \frac{k}{2\sqrt{h_0}}\Delta h \tag{4-25}$$

$$\Delta q_o = q_o - q_{o0} = \frac{k}{2\sqrt{h_0}}\Delta h \tag{4-26}$$

$$\frac{Q_o(s)}{H(s)} = \frac{k}{2\sqrt{h_0}} = \frac{1}{R} \tag{4-27}$$

称 R 为液阻,代入式(4-24)中,得

$$A \cdot \frac{\mathrm{d}\Delta h}{\mathrm{d}t} = \Delta q_i - \frac{\Delta h}{R} \tag{4-28}$$

整理并省略增量符号,得到最终的微分方程和传递函数为

$$RA \cdot \frac{\mathrm{d}h}{\mathrm{d}t} + h = Rq_i, \qquad \frac{H(s)}{Q_i(s)} = \frac{R}{RAs + 1} \tag{4-29}$$

例 4.4 物料输送带建模。

在工业现场经常会碰到一些输送物料的中间过程,如图 4.6 所示盐混合槽工作过程。盐粒投入料斗,经过挡板 2 控制盐量 $q_i(t)$,再通过皮带输送机 3 送入混合槽 4。设皮带输送机的输送速度为 v,输送距离为 L,则盐量 $q_i(t)$ 需要经过输送时间 $\tau = L/v$ 后才能到达混合槽。也就是说,在小于 τ 的时间内,虽然挡板 2 已经改变了盐的投放量,但混合槽并未得到任何信息,它的投入盐量 $q_f(t)$ 仍是原来的量。

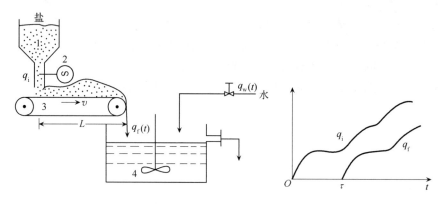

图 4.6 物料输送带的纯滞后过程

显然,这里 $q_f(t)$ 和 $q_i(t)$ 具有相同的变化规律,但 $q_f(t)$ 在时间上滞后 $q_i(t)$ 一个 τ 的时间。该纯滞后的关系可用下式表示:

$$q_f(t) = q_i(t - \tau) \tag{4-30}$$

如果不考虑纯滞后时,混合槽的特性与例 4.3 类似,可用一阶线性微分方程描述如下:

$$T\frac{\mathrm{d}y(t)}{\mathrm{d}t} + y(t) = Kx(t) \tag{4-31}$$

进一步考虑纯滞后后,混合槽的特性可用如下方程描述:

$$T\frac{\mathrm{d}y(t)}{\mathrm{d}t} + y(t) = Kx(t - \tau) \tag{4-32}$$

对式(4-30)进行拉普拉斯变换为

$$Q_f(s) = \mathrm{e}^{-\tau s}Q_i(s) \tag{4-33}$$

所以,具有纯滞后的混合槽对象传递函数为

$$G(s) = \frac{K}{Ts + 1}\mathrm{e}^{-\tau s} \tag{4-34}$$

事实上,在工业生产过程中,对于皮带输送机和长的输送管路等都可以认为是一个纯滞后的环节,在传递函数中体现为 $\mathrm{e}^{-\tau s}$。

4.4.2 时域法建模

时域法建模是试验建模中的一种,可分阶跃响应曲线法和矩形脉冲响应曲线法,下面主

要对阶跃响应曲线法进行简单介绍。该方法是在被控对象上人为地加入非周期信号后,测定被控对象的响应曲线,然后再根据曲线的特征参数,求出被控对象的传递函数。为了得到可靠的测试结果,应注意以下事项:

1) 合理选择阶跃扰动信号的幅度,既不能太大,以免影响正常生产,也不能过小,以防止被控过程的不真实性。通常取阶跃信号值为正常输入信号的 5%～15%,以不影响生产为准。

2) 试验应在相同的测试条件下重复几次,需获得两次以上的比较接近的响应曲线,从而减少干扰的影响。

3) 试验应在阶跃信号作正、反方向变化时分别测出其响应曲线,以检验被控过程的非线性程度。

4) 在试验前,即在输入阶跃信号前,被控过程必须处于稳定的工作状态。在一次试验完成后,必须使被控过程稳定一段时间再施加测试信号做第二次试验。

5) 试验结束后,应对获得的测试数据进行处理,剔除其中明显不合理数据。

现假设已经测得控制过程的阶跃响应如图 4.7 所示 S 形的单调曲线,然后分三种情况对其进行拟合,并求出相应的特征参数值。

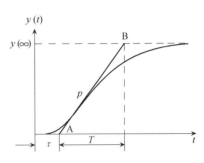

图 4.7　用作图法确定参数 T 和 τ

1. 用切线法确定一阶惯性加纯滞后环节的特征参数

对于式(4-3)来讲,其特征参数有三个:K、T、τ。其中 K 为过程的静态放大系数(也称增益),T 为惯性常数,τ 为纯滞后常数。

设阶跃输入幅值为 Δu,阶跃响应的初始值和稳态值分别为 $y(0)$ 和 $y(\infty)$,则 K 值可用下式求取:

$$K = \frac{y(\infty) - y(0)}{\Delta u} \tag{4-35}$$

为了求得 T 和 τ 之值,现如图 4.7 所示在拐点 p 处作切线,它与时间轴交于 A 点,与响应稳态值渐近线交于 B 点。这时,图中所标出的 T 和 τ 即为式(4-3)中的 T 和 τ 之值。

显然,这种切线作图法拟合度较差。首先,与式(4-3)所对应的阶跃响应是一条向后平移了 τ 时刻的指数曲线,它不可能准确地拟合一条 S 形曲线。其次,在作图过程中,切线的画法也有较大的随意性,这直接关系到 T 和 τ 的取值。然而,作图法十分简单,直观明了,而且实践表明它可以成功地应用于 PID 调节器的参数整定,故应用得也较广泛。

2. 用两点法确定一阶惯性加纯滞后环节的特征参数

针对切线法不够准确的缺点,现利用阶跃响应曲线上的两点来计算出 T 和 τ 之值,而 K 值的计算仍按式(4-35)完成。

为了便于处理,首先将 $y(t)$ 转换成无量纲形式 $y^*(t)$,即

$$y^*(t) = \frac{y(t)}{y(\infty)} \tag{4-36}$$

这样,与式(4-3)相对应的阶跃响应无量纲形式为

$$y^*(t) = \begin{cases} 0 & (t < \tau) \\ 1 - e^{-\frac{t-\tau}{T}} & (t \geqslant \tau) \end{cases} \tag{4-37}$$

为了求出式(4-37)中两个参数 T 和 τ,需要建立两个方程联立求解。为此,需选择两个时刻 t_1 和 t_2,并且 $t_2 > t_1 \geqslant \tau$。现从测试结果中读出 $y^*(t_1)$ 和 $y^*(t_2)$,列出方程如下:

$$\begin{cases} y^*(t_1) = 1 - e^{-\frac{t_1-\tau}{T}} \\ y^*(t_2) = 1 - e^{-\frac{t_2-\tau}{T}} \end{cases} \tag{4-38}$$

由上述方程组可以解出 T 和 τ 之值

$$T = \frac{t_2 - t_1}{\ln[1 - y^*(t_1)] - \ln[1 - y^*(t_2)]} \tag{4-39}$$

$$\tau = \frac{t_2 \ln[1 - y^*(t_1)] - t_1 \ln[1 - y^*(t_2)]}{\ln[1 - y^*(t_1)] - \ln[1 - y^*(t_2)]} \tag{4-40}$$

为了计算方便,现取 $y^*(t_1) = 0.39$,$y^*(t_2) = 0.63$,则可得

$$T = 2(t_2 - t_1) \tag{4-41}$$

$$\tau = 2t_1 - t_2 \tag{4-42}$$

由此计算出的 T 和 τ 正确与否,还可以另取两个时刻进行校验如下:

当 $t_3 = 0.8T + \tau$ 时,

$$y^*(t_3) = 0.55 \tag{4-43}$$

当 $t_4 = 2T + \tau$ 时,

$$y^*(t_4) = 0.87 \tag{4-44}$$

为了克服两点选择过程中带来的误差,一般要对所得到的结果进行仿真验证,并与实验曲线相比较。

3. 用两点法确定二阶惯性加纯滞后环节的特征参数

对于如图 4.7 所示 S 形曲线,也可以用式(4-4)去拟合。由于它包含有两个一阶惯性环节,因此可以期望拟合得更好。

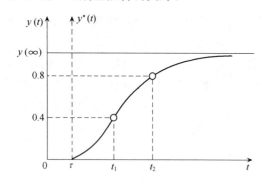

图 4.8 用作图法确定参数 T_1 和 T_2

式(4-4)中增益 K 的计算仍按式(4-35)完成。纯滞后时间常数 τ 可以根据阶跃响应曲线从起点开始,到开始出现变化的时刻为止的这段时间来确定,如图 4.8 所示。然后去除纯滞后部分,并化为无量纲形式的阶跃响应 $y^*(t)$。

这样,$y^*(t)$ 对应的传递函数形式为

$$W(s) = \frac{1}{(T_1 s + 1)(T_2 s + 1)} \qquad (T_1 \geqslant T_2) \tag{4-45}$$

与式(4-45)对应的阶跃响应为

$$y^*(t) = 1 - \frac{T_1}{T_1 - T_2} e^{-\frac{t}{T_1}} - \frac{T_2}{T_2 - T_1} e^{-\frac{t}{T_2}} \tag{4-46}$$

或

$$1 - y^*(t) = \frac{T_1}{T_1 - T_2} e^{-\frac{t}{T_1}} - \frac{T_2}{T_1 - T_2} e^{-\frac{t}{T_2}} \tag{4-47}$$

根据式(4-47)，在如图 4.8 所示阶跃响应曲线上取两个数据点 $[t_1, y^*(t_1)]$ 和 $[t_2, y^*(t_2)]$，代入两个方程联立求解，确定出参数 T_1 和 T_2。

为了计算简单起见，不妨取 $y^*(t_1) = 0.4$、$y^*(t_2) = 0.8$，然后从曲线上定出 t_1 和 t_2，如图 4.8 所示，就可得到如下联立方程：

$$\begin{cases} \dfrac{T_1}{T_1 - T_2} e^{-\frac{t_1}{T_1}} - \dfrac{T_2}{T_1 - T_2} e^{-\frac{t_1}{T_2}} = 0.6 \\[3mm] \dfrac{T_1}{T_1 - T_2} e^{-\frac{t_2}{T_1}} - \dfrac{T_2}{T_1 - T_2} e^{-\frac{t_2}{T_2}} = 0.2 \end{cases} \tag{4-48}$$

求得式(4-48)的近似解为

$$T_1 + T_2 \approx \frac{1}{2.16}(t_1 + t_2) \tag{4-49}$$

$$\frac{T_1 T_2}{(T_1 + T_2)^2} \approx 1.74 \frac{t_1}{t_2} - 0.55 \tag{4-50}$$

可见，从图 4.8 中查得 t_1 和 t_2 后，代入上面两式中就能求得参数 T_1 和 T_2。

例 4.5 确定一阶惯性加纯滞后环节的特征参数。

为了测定某物料干燥器的对象特性，在 t_0 时刻突然将蒸汽量从 $25\text{m}^3/\text{h}$ 增加到 $28\text{m}^3/\text{h}$，物料出口温度记录仪得到的阶跃响应曲线如图 4.9 所示。

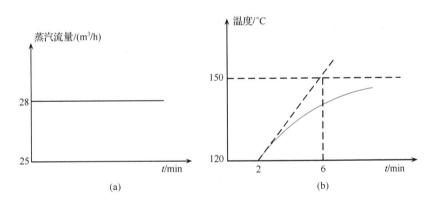

图 4.9　干燥器蒸汽流量阶跃响应曲线

试写出描述物料干燥器特性的微分方程(温度变化量作为输出变量，加热蒸汽量的变化量作为输入变量；温度测量仪表的测量范围 $0 \sim 200℃$；流量测量仪表的测量范围 $0 \sim 40\text{m}^3/\text{h}$)。

解　由如图 4.9 所示的阶跃响应曲线可知

系统的静态放大系数

$$K = \frac{(150 - 120)/200}{(28 - 25)/40} = 2$$

惯性时间常数

$$T = 4$$

纯滞后时间

$$\tau = 2$$

阶跃响应曲线法是一种应用比较广泛的方法。但是对于有些不允许长时间偏离正常操作条件的被控过程,可以采用矩形法。另外,当阶跃信号幅值受生产条件限制而影响过程的模型精度时,就要改用矩形脉冲信号作为过程的输入信号,其响应曲线即为矩形脉冲响应曲线。有关这部分的详细介绍可以参阅有关文献。

4.4.3　频域法建模

在上面时域法建模的基础上,继续介绍通过频率域方法进行建模。这时,被控对象的动态特性采用频域方法来描述,它与传递函数及微分方程一样,也表征了系统的运动规律

$$G(\mathrm{j}\omega) = \frac{y(\mathrm{j}\omega)}{u(\mathrm{j}\omega)} = \mid G(\mathrm{j}\omega) \mid \angle G(\mathrm{j}\omega) \tag{4-51}$$

上述表达式可以通过频率特性测试的方法来得到,在所研究对象的输入端加入某个频率的正弦波信号,同时记录输入和输出的稳定波形,在所选定的各个频率点重复上述测试,便可测得该被控对象的频率特性。

利用正弦波的输入信号测定对象频率特性的优点在于,能直接从记录曲线上求得频率特性,且由于是正弦的输入输出信号,容易在实验过程中发现干扰的存在和影响。稳态正弦激励试验是利用线性系统频率保持特性,即在单一频率强迫振动时系统的输出也是单一频率,且把系统的噪声干扰及非线性因素引起输出畸变的谐波分量都看作干扰。因此测量装置应能滤出与激励频率一致的有用信号,并显示其响应幅值和相对于激励信号的相移,以便画出在该测量点处系统响应的奈氏图。

在频率特性测试中,幅频特性较易测得,而相移信息的精确测量比较困难。这是由于通用的精确相位计要求被测波形失真小,而在实际测试中,测试对象的输出常伴有大量的噪声,有时甚至把有用信号都淹没了。这就要求采取有效的滤波手段,在噪声背景下提取有用信号。如国产的 BT-6 型频率特性测试仪就是按相关原理设计的,能起到较好的滤波效果。其基本原理是:输入的激励信号经波形变换后可得到幅值恒定的正余弦参考信号,然后把参考信号与被测信号进行相关处理(即相乘和平均),所得常值(直流)部分保存了被测信号同频分量(基波)的幅值和相移信息。其测试原理如图 4.10 所示,图中 A 为被测对象响应 $G(\mathrm{j}\omega)$ 的同相分量;B 为被测对象响应 $G(\mathrm{j}\omega)$ 的正交分量;R 为输出的基波幅值;θ 为对象输入与输出的相位差;$\lg R$ 为输出基波幅值的对数值。

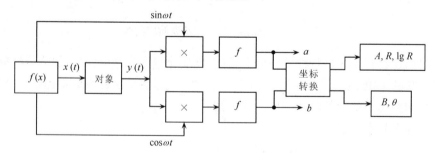

图 4.10　频率特性的相关测试原理图

其相关测试原理的数学表达式如下:

$$x(t) = R_1 \sin\omega t , \qquad y(t) = R_2 \sin(\omega t + \theta) \tag{4-52}$$

式中,R_1、R_2 分别为对象输入、输出信号的幅值;θ 为对象输入与输出的相位差。

考虑到系统存在干扰的情况

$$y(t) = R_2 \sin(\omega t + \theta) = \frac{a_0}{2} + \sum_{k=1}^{\infty} (a_k \sin k\omega t + b_k \cos k\omega t) + n(t) \tag{4-53}$$

式中，$n(t)$ 为随机噪声。

现将该输出信号 $y(t)$ 分别与 $\sin \omega t$ 及 $\cos \omega t$ 进行相关运算，有

$$\frac{2}{NT} \int_0^{NT} y(t) \sin \omega t \, dt = \frac{2}{NT} \int_0^{NT} \frac{a_0}{2} \sin \omega t \, dt + \frac{2}{NT} \int_0^{NT} \sum_{k=1}^{\infty} a_k \sin k\omega t \sin \omega t \, dt$$

$$+ \frac{2}{NT} \int_0^{NT} \sum_{k=1}^{\infty} b_k \cos k\omega t \sin \omega t \, dt + \frac{2}{NT} \int_0^{NT} n(t) \sin \omega t \, dt$$

$$= a_1 + \frac{2}{NT} \int_0^{NT} n(t) \sin \omega t \, dt \approx a_1 \tag{4-54}$$

式中，假定

$$\frac{2}{NT} \int_0^{NT} n(t) \sin \omega t \, dt = 0$$

同理可得

$$\frac{2}{NT} \int_0^{NT} y(t) \cos \omega t \, dt = b_1 + \frac{2}{NT} \int_0^{NT} n(t) \cos \omega t \, dt \approx b_1 \tag{4-55}$$

式中，a_1 为系统输出一次谐波的同相分量；b_1 为系统输出一次谐波的正交分量；T 为周期；N 为正整数。

设被测对象响应 $G(j\omega)$ 的同相分量为 A，正交分量为 B，则

$$A = \frac{a_1}{R_1}, \qquad B = \frac{b_1}{R_1} \tag{4-56}$$

由于一般工业控制对象的惯性都比较大，因此测定对象的频率特性，需要持续很长的时间。而测试时，将有较长的时间使生产过程偏离正常运行状态，这在实际现场往往是不允许的，故采用频率特性的方法在线求取对象的动态数学模型将受到一定限制。当然，该方法的优点是简单、测试方便且具有一定的精度。

4.4.4 最小二乘法建模

以上介绍的建模方法都是求出过程或系统的连续模型，如微分方程或传递函数等，它描述了过程的输入、输出信号随时间或频率连续变化的情况。随着计算机控制技术的发展，有时要求建立过程或系统的离散时间模型，这是由于计算机控制系统本身就是一个离散时间系统，即它的输入、输出信号本身就是两组离散系列，这时用离散时间模型来描述过程或系统更为合适与直接。

对于连续系统来说，可以用连续时间模型来描述，如传递函数 $W(s) = \dfrac{Y(s)}{U(s)}$；也可以用离散时间模型来描述，如脉冲传递函数 $W(z) = \dfrac{Y(z)}{U(z)}$ 或差分方程。如果对过程的输入信号 $u(t)$、输出信号 $y(t)$ 进行采样（采样周期为 T），则可得到一组输入序列，一组输出序列，即 $u(k)$ 与 $y(k)$。现用差分方程来表示为

$$y(k) + a_1 y(k-1) + \cdots + a_n y(k-n)$$

$$= b_0 u(k) + b_1 u(k-1) + \cdots + b_n u(k-n) \tag{4-57}$$

式中，k 为采样次数；$u(k)$ 为过程输入序列；$y(k)$ 为过程输出序列；$a_0, a_1, \cdots, a_n$ 及 $b_0, b_1, \cdots,$

b_n 为常系数；n 为模型阶次。

如果用 $W(z)$ 表示，则再对这两组序列进行"z"变换，其比值就是脉冲传递函数

$$W(z) = \frac{Y(z)}{U(z)} = \frac{b_0 + b_1 z^{-1} + \cdots + b_n z^{-n}}{1 + a_1 z^{-1} + \cdots + a_n z^{-n}} \tag{4-58}$$

所以，对于一个实际过程或系统来讲，既可以建立连续模型，也可以建立离散模型。从使用模型来看，有时需要连续模型，有时需要离散模型。下面介绍的最小二乘法就是一种简单而实用的过程离散时间模型的建模方法，它就是根据过程的输入、输出实验数据来推算出结构模型中的参数值。

可见，过程建模或系统建模（辨识）的任务如下：一是确定模型的结构（如阶次）；二是确定模型结构中的参数值（也称参数估计，如纯滞后时间和各种系数等）。

最小二乘法的基本出发点是在获得过程或系统的输入、输出数据后，希望求得最佳的参数值，以使系统方程在最小方差意义上与输入、输出数据相拟合，采用实际观测值代替模型的输出。所以，对于一个单输入、单输出的线性 n 阶定常过程或系统，当模型的输出就是过程或系统的受噪声污染的输出，而其输入不受噪声污染时，可用如下差分方程表示：

$$y(k) + a_1 y(k-1) + a_2 y(k-2) + \cdots + a_n y(k-n)$$
$$= b_1 u(k-1) + b_2 y(k-2) + \cdots + b_n u(k-n) + e(k) \tag{4-59}$$

参数估计就是在已知输入序列 $u(k)$ 和输出序列 $y(k)$ 的情况下，求取上述方程式中的参数 $a_1, \cdots, a_n$ 与 $b_1, \cdots, b_n$ 的具体数值。

若对过程的输入和输出观察了 $(N+n)$ 次，则可得到输入、输出序列为

$$\{u(k), \ y(k), \ k = 1, 2, \cdots, N+n\} \tag{4-60}$$

为了估计上述 $(2n)$ 个未知数，需要构造出如式（4-59）那样的 N 个观察方程如下：

$$y(n+1) = -a_1 y(n) - \cdots - a_n y(1) + b_1 u(n) + \cdots + b_n u(1) + e(n+1)$$
$$y(n+2) = -a_1 y(n+1) - \cdots - a_n y(2) + b_1 u(n+1) + \cdots + b_n u(2)$$
$$+ e(n+2)$$
$$\vdots$$
$$y(n+N) = -a_1 y(n+N-1) - \cdots - a_n y(N) + b_1 u(n+N-1) + \cdots$$
$$+ b_n u(N) + e(n+N) \tag{4-61}$$

式中，$N \geqslant 2n+1$。

将此观测方程组用矩阵形式表示如下：

$$\boldsymbol{Y}(N) = \boldsymbol{X}(N) \boldsymbol{\theta}(N) + e(N) \tag{4-62}$$

或

$$\boldsymbol{Y} = \boldsymbol{X}\boldsymbol{\theta} + e \tag{4-63}$$

式中，$\boldsymbol{Y}(N)$ 为输出向量；$\boldsymbol{X}(N)$ 为输入向量；$\boldsymbol{\theta}(N)$ 为所要求解的参数向量；$e(N)$ 为模型残差向量。

$$\boldsymbol{Y}(N) = \begin{bmatrix} y(n+1) \\ y(n+2) \\ \vdots \\ y(n+N) \end{bmatrix}$$

$$X(N) = \begin{bmatrix} u^{\mathrm{T}}(n+1) \\ u^{\mathrm{T}}(n+2) \\ \vdots \\ u^{\mathrm{T}}(n+N) \end{bmatrix}$$

$$= \begin{bmatrix} -y(n) & -y(n-1) & \cdots & -y(1) & u(n) & u(n-1) & \cdots & u(1) \\ -y(n+1) & -y(n) & \cdots & -y(2) & u(n+1) & u(n) & \cdots & u(2) \\ \vdots & \vdots & & \vdots & \vdots & \vdots & & \vdots \\ -y(n+N-1) & -y(n+N-2) & \cdots & -y(N) & u(n+N-1) & u(n+N-2) & \cdots & u(N) \end{bmatrix}$$

$$\boldsymbol{\theta}(N) = \begin{bmatrix} a_1 \\ \vdots \\ a_n \\ b_1 \\ \vdots \\ b_n \end{bmatrix}, \qquad \boldsymbol{e}(N) = \begin{bmatrix} e(n+1) \\ e(n+2) \\ \vdots \\ e(n+N) \end{bmatrix}$$

式(4-62)和式(4-63)就是$(n+N)$个数据的最小二乘估计公式。可见,最小二乘参数估计的基本原理就是从式(4-59)所示的一类模型中找出一个匹配模型,并且过程参数向量$\boldsymbol{\theta}$的估计值$\hat{\boldsymbol{\theta}}$能使模型误差尽可能地小,也就是要求估计出来的参数使得观察方程组(4-61)的残差(误差)平方和(损失函数)最小。

$$J = \sum_{k=n+1}^{n+N} e^2(k) = e^{\mathrm{T}} e = \mathrm{Min} \tag{4-64}$$

将式(4-63)代入式(4-64)可得

$$J = (\boldsymbol{Y} - \boldsymbol{X}\boldsymbol{\theta})^{\mathrm{T}}(\boldsymbol{Y} - \boldsymbol{X}\boldsymbol{\theta}) = \mathrm{Min} \tag{4-65}$$

为了求得模型中的未知数,必须求解如下方程组:

$$\left. \begin{aligned} \frac{\partial \boldsymbol{J}}{\partial a_i} = 0 \\ \frac{\partial \boldsymbol{J}}{\partial b_i} = 0 \end{aligned} \right\} \tag{4-66}$$

式中,$i=1,2,\cdots,n$。

如果对式(4-65)求导,并令$\left.\dfrac{\partial \boldsymbol{J}}{\partial \boldsymbol{\theta}}\right|_{\theta=\hat{\theta}}=0$,可得

$$\frac{\partial \boldsymbol{J}}{\partial \boldsymbol{\theta}} = \frac{\partial}{\partial \hat{\boldsymbol{\theta}}} \left[(\boldsymbol{Y} - \boldsymbol{X}\hat{\boldsymbol{\theta}})^{\mathrm{T}}(\boldsymbol{Y} - \boldsymbol{X}\hat{\boldsymbol{\theta}}) \right] = -2\boldsymbol{X}^{\mathrm{T}}(\boldsymbol{Y} - \boldsymbol{X}\hat{\boldsymbol{\theta}}) = 0$$

$$\boldsymbol{X}^{\mathrm{T}}\boldsymbol{X}\hat{\boldsymbol{\theta}} = \boldsymbol{X}^{\mathrm{T}}\boldsymbol{Y} \tag{4-67}$$

所以,最小二乘估计值$\hat{\boldsymbol{\theta}}$为

$$\hat{\boldsymbol{\theta}} = (\boldsymbol{X}^{\mathrm{T}}\boldsymbol{X})^{-1}\boldsymbol{X}^{\mathrm{T}}\boldsymbol{Y} \tag{4-68}$$

通常认为$(\boldsymbol{X}^{\mathrm{T}}\boldsymbol{X})$为非奇异矩阵,有逆矩阵存在,所以就可以利用式(4-68)求得估计值$\hat{\boldsymbol{\theta}}$。

以上介绍的最小二乘估计法是在测取一批数据后再进行计算的。如果新增加一组采样数据,则需将新数据附加到原数据上整个再重新计算一遍,因此工作量大,不适合在线辨识。为了解决这个问题,可以采用递推算法。当增加一组新的采样数据后,只要把原来的参数估计值$\boldsymbol{\theta}$加以修正,就能得到新的参数估计值,这样适用于在线辨识。

另外,上面介绍的最小二乘参数估计是假设模型阶次n已知,并且没有纯滞后($\tau=0$)的情况。事实上,模型的阶次很难预先准确知道,而实际工业生产过程的纯滞后时间也不一定

为零，所以对此也必须加以辨识。由于篇幅所限，有关这方面的估计可参阅有关文献。

习题与思考题

4.1　什么是对象的动态过程特性？为什么要研究对象的动态特性？

4.2　请列举实例说明什么是过程的自衡能力。

4.3　试分析放大系数 K、时间常数 T 和滞后时间 τ 对过程特性的影响。

4.4　为什么说时间常数 T 是被控变量达到新的稳定值 63.2% 所需的时间？试推导证明。

4.5　为什么要建立被控对象的数学模型？稳态数学模型和动态数学模型有什么不同？

4.6　建立过程数学模型的方法有哪些？在建模过程中要注意哪些问题？

4.7　试分析如图 4.11 所示 RC 电路的动态特性，写出以 u_i 的变化量为输入，u_o 的变化量为输出的微分方程及传递函数表达式（提示：$C = \dfrac{\int i\mathrm{d}t}{u_o}$）。

4.8　如图 4.12 所示液位过程的流入量为 q_1，流出量为 q_2、q_3，液位 H 为被控参数，A 为截面积，并设 R_1、R_2 和 R_3 均为线性液阻。试求：

1）列写出该过程的微分方程组。

2）画出过程的方框图。

3）求出过程的传递函数 $W_0(s) = \dfrac{H(s)}{Q_1(s)}$。

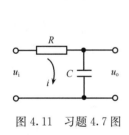

图 4.11　习题 4.7 图

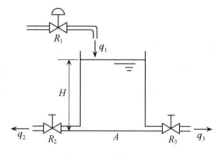

图 4.12　习题 4.8 图

4.9　如图 4.13 所示两个串联在一起的水液储罐。来水首先进入储罐 1，然后再通过储罐 2 流出。要求：

1）求出传递函数 $\dfrac{H_2(s)}{Q_i(s)}$。

2）画出串联液体储罐的方框图。

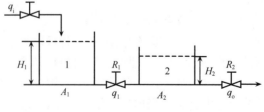

图 4.13　习题 4.9 图

4.10　已知一个对象具有一阶惯性加纯滞后的特性，其时间常数为 5，放大系数为 10，纯滞后时间为 2。试写出描述该对象的微分方程和传递函数表达式。

4.11　为了测量某重油预热炉的对象特性,在某瞬间(假定 $t_0=0$),突然将燃料气量从 2.5t/h 增加到 3.0t/h,重油出口温度记录仪得到的阶跃响应曲线如图 4.14 所示。设对象为一阶特性,试写出描述该重油预热炉特性的微分方程式(燃料变化量为输入量,温度变化量为输出量)及其传递函数的表达式。

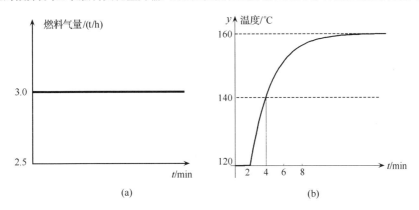

图 4.14　习题 4.11 图

(a) 燃料气量阶跃给定　(b) 出口温度及响应曲线

4.12　某液位过程,当流量从 0 突变到 $1m^3/h$ 后,液位的阶跃响应实验测得如下数值:

t/s	0	10	20	40	60	80	100	140	180	250	300	400	500	600
h/mm	0	0	0.2	0.8	2.0	3.6	5.4	8.8	11.8	14.4	16.6	18.4	19.2	19.6

试求:

1)画出液位过程的阶跃响应曲线。

2)确定液位过程中的 K、T、τ(设该过程用一阶惯性加纯滞后环节近似描述)。

4.13　试简述频域法测定过程数学模型的基本思路。

4.14　什么是最小二乘法估计? 试简述其基本原理。

第5章 常规过程控制策略

教学要求

本章将介绍过程控制中常用的控制策略,重点介绍 PLC 开关控制和 PID 控制。学完本章后,应能达到如下要求:

- 掌握 PLC 的基本工作原理和应用特点;
- 了解 PLC 控制工业过程的一般设计方法;
- 掌握 PID 控制的基本工作原理及其特点;
- 掌握各种改进型 PID 控制算法;
- 了解各种 PID 控制器参数整定方法;
- 了解选择控制器的控制规律;
- 掌握过程控制系统的投运与维护。

第2章、第3章和第4章已分别介绍了图 1.2 中的测量变送、执行器和被控过程三个基本环节,本章和第6章将介绍控制器环节。其中,本章将介绍常规过程控制策略,重点介绍 PLC 开关控制和 PID 控制。

5.1 开 关 控 制

虽然过程控制系统主要控制一些连续变化的参量,如温度、压力、流量、液位和成分等,但在实施控制时,涉及更多的变量往往是开关量,诸如启停、联锁、切换等,可编程序控制器(PLC)在进行开关量输入/输出控制时具有传统优势,随着信息技术的发展,PLC 在连续量输入/输出控制和通信功能方面也在不断发展。

5.1.1 可编程序逻辑控制器简介

早期处理顺序逻辑和开关信息量问题时一般采用继电器电路来实现。但当信号较多、逻辑复杂时,使用继电器数量很大,造成线路设计和调试都相当困难,可靠性也差。

20 世纪 70 年代开始采用可编程序逻辑控制器 PLC(programmable logic controller)代替继电器逻辑,随着计算机的发展和渗透,PLC 技术也在不断完善,具有功能齐全、性能可靠、使用方便的特点。PLC 的响应比继电器逻辑快,可靠性比继电器电路高得多,并且易于使用、编程和修改,成本也不高,因此很快成为工业控制中一个重要的组成部分。

1. PLC 结构与工作过程

如图 5.1 所示为一个小型 PLC 内部结构示意图。它由中央处理器(CPU)、存储器、输入/输出单元、编程器、电源和外部设备等组成,并且内部通过总线相连。

其中,输入/输出模块是 PLC 内部与现场之间的桥梁,它一方面将现场信号转换成标准的逻辑电平信号,另一方面将 PLC 内部逻辑信号电平转换成外部执行元件所要求的信号。

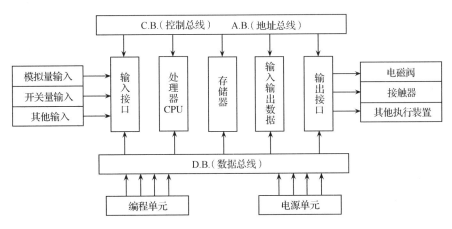

图 5.1　小型 PLC 结构示意图

根据信号特点又可以分为直流开关量输入/输出模块、交流开关量输入/输出模块和模拟量输入/输出模块等。

在大、中型 PLC 中,大多还配置有扩展接口和智能 I/O 模板。扩展接口主要用于连接扩展 PLC 单元,从而扩大 PLC 的规模。智能 I/O 模板就是它本身含有单独的 CPU,能够独立完成某种专用的功能,由于它和主 PLC 是并行工作的,从而大大提高了 PLC 的运行速度和效率。这类智能 I/O 模块有计数和位置编码器模块、温度控制模块、阀控模块、闭环控制模块等。

PLC 内部一般采用循环扫描工作方式,在大、中型 PLC 中还增加了中断工作方式。当用户应用软件设计、调试完成后,用编程器写入 PLC 的用户程序存储器中,并将现场的输入信号和被控制的执行元件相应地连接在输入模板的输入端和输出模板的输出端上,然后通过 PLC 的控制开关使其处于运行工作方式,接着 PLC 就以循环顺序扫描的工作方式进行工作。在输入信号和用户程序的控制下,产生相应的输出信号,完成预定的控制任务。PLC扫描过程如图 5.2 所示。

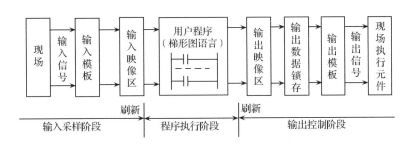

图 5.2　PLC 用户程序扫描过程

2. PLC 特点

同数字调节器、工业控制计算机(IPC)等控制器相比,PLC 具有如下显著特点:

1) 可靠性高。由于 PLC 针对恶劣的工业环境设计,在其硬件和软件方面均采取了许多有效措施来提高其可靠性。例如,在硬件方面采取了屏蔽、滤波、隔离、电源保护、模块化设计等措施;在软件方面采取了自诊断、故障检测、信息保护与恢复等手段。另外,PLC 没有了中间继电器那样的接触不良、触点烧毛、触点磨损、线圈烧坏等故障现象,从而可将其应用于工业现场环境。

2) 编程简单,使用方便。由于 PLC 沿用了梯形图编程简单的优点,从事继电器控制工作的技术人员都能在很短的时间内学会使用 PLC。

3) 灵活性好。由于 PLC 是利用软件来处理各种逻辑关系,当在现场装配和调试过程中需要改变控制逻辑时就不必改变外部线路,只要改写程序重新固化即可。另外,产品也易于系列化、通用化,稍作修改就可应用于不同的控制对象。所以,PLC 除用于单台设备的控制外,在大型工业控制过程、生产线或制造系统中也被大量采用。

4) 直接驱动负载能力强。由于 PLC 输出模块中大多采用了大功率晶体管和控制继电器的形式进行输出,所以,具有较强的驱动能力,一般都能直接驱动执行电器的线圈接通或断开强电线路。

5) 便于实现机电一体化。由于 PLC 结构紧凑、体积小、重量轻、功耗低、效率高,所以,很容易将其装入控制柜内,与机械设备有机地融合在一起,真正实现机电一体化。

6) 利用其通信网络功能可实现计算机网络控制。

总之,正是由于 PLC 具有上述诸多优点,自从一出现就引起了控制领域的极大关注。目前已广泛应用于钢铁、冶金、采矿、机械加工、汽车制造、石油、化工、轻工、食品、能源、交通、环保等各行各业。

近年来,PLC 采用高性能的处理器和实时多任务操作系统,在保证快速完成顺序逻辑运算的前提下,普遍增加了回路控制功能和代数运算功能,并提供了高速通信网络。部分 PLC 还支持快速现场总线通信,同时兼有图形显示、历史数据记录与趋势显示、状态报警显示、图形组态等功能。因此,当今的 PLC 已成为一个集逻辑控制、调节控制、网络通信和图形监视于一体的综合自动化系统。

3. PLC 技术指标

PLC 基本技术指标可分为硬件指标和软件指标两大类,具体包括使用环境、抗干扰性、I/O 数量、元件特性、程序容量、运行速度等许多项指标。一般来说,主要有以下几个方面:

1) CPU 类型——这是 PLC 的核心部件,决定着整个 PLC 系统的工作能力。CPU 的数量及字长是主要的技术指标。

2) 存储器容量——内存容量决定了用户程序的规模,从而对被控过程的复杂性有所限制。一般小型 PLC 的内存容量在 2KB 以下,中型 PLC 的内存容量在 2~8KB 之间,大型 PLC 的内存容量在 8KB 以上。

3) I/O 点数——这是指 PLC 外部输入/输出的端子数,它是 PLC 选型中的一项重要技术指标。一般小型 PLC 的 I/O 点数小于 128,中型 PLC 的 I/O 点数为 128~512,大型 PLC 的 I/O 点数大于 512。

4) 扫描速度——PLC 的扫描速度通常以执行 1000 条指令所需要的时间来估算,单位为 ms/k。由于用户程序千变万化,因此这个技术指标只是粗略的估计值。

5) 编程软件——对用户而言,PLC 编程软件的易学易用性、库函数的数量及功能的强弱都是相当重要的技术指标。

6) 扩展功能——专用功能模块越多,扩展后 PLC 的系统功能越完善,使用也更方便。常见的功能模块包括:I/O 扩展模块、模拟量模块、通信模块、中断模块、高速计数模块、机械运动控制模块、PID 控制模块、温度控制模块等。

5.1.2 PLC 在过程控制中的应用

1. PLC 控制系统设计步骤

1) 功能设计——充分了解被控对象的功能需求、工作流程、信息流程,进而确定控制系统的设计要求,确定系统所要完成的控制动作及顺序。

2) 结构设计——了解系统的输入/输出设备,确定所需 I/O 点数及 I/O 方式,再确定 PLC 内存容量的大小和内部继电器、定时器、计数器等内部器件的种类、数量,决定 I/O 点的分配,最终在考虑可靠性的基础上选定 PLC 的型号及其附属模块。PLC 的选型应本着经济实用的原则。

3) 梯形图设计——根据系统的功能设计要求,考虑所选 PLC 的实际情况,按照电气控制原理图绘制面向该 PLC 的梯形图。如果可能,最好进行一些简化处理,以方便编程。

4) 编程设计——根据所选定 PLC 的指令系统,写出相应的用户程序,并通过编程器、计算机等设备将程序写入 PLC。

5) 调试运行——依次在模拟、半实物、现场的环境进行程序调试以及与被控设备的联调直至控制系统完全符合设计要求。

PLC 控制系统是以程序的形式来体现其控制功能的,因此大量的工作也以软件设计为主,应循序渐进,逐步完成。

2. PLC 梯形图设计

为方便电气技术人员使用 PLC,其编程方法一般不采用微机语言,而是采用专门为工业控制应用所开发的一些面向控制的编程语言,如梯形图法、功能图法、逻辑图法等。其中,梯形图(ladder diagram)法沿用了继电器控制逻辑设计理念,是应用最为广泛的一种。

现以如图 5.3 所示某梯形图为例,说明在绘制梯形图时应遵循的原则如下:

1) 梯形图按从上到下、从左到右的顺序绘制。与每个线圈相连的全部支路为一逻辑行,每个逻辑行从左母线开始,终止于右母线(有时可略去右母线不画,则逻辑行终止于线圈或特殊指令)。

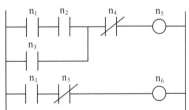

图 5.3 梯形图实例

2) 线圈不能直接连在左母线上,触点不能放在线圈右边。也就是说,触点应画在左边,线圈应画在右边。

3) 信号从左母线向右母线单向流动,触点上不允许有双向信号流过。

4) 触点画在水平支路上,不应画在垂直支路上;不含触点支路,不放在水平方向。

5) 应尽量避免同一输出线圈多次使用,以免引起误操作。

6) 一般来说,几条支路并联时,串联触点多的支路安排在上面;几个支路块串联时,并联触点多的支路块安排在左边,这样有利于编程。

PLC 的编程指令系统随品牌、系列、型号的不同而有所差异,但由于所面向的梯形图是基本一致的,因而指令实现的功能也大同小异。详细的编程指令可参考相应 PLC 系统的说明书。

下面介绍 PLC 在过程控制中的几个应用实例。

例 5.1 PLC 用于水泵控制。

如图 5.4 所示水泵控制系统中,接通启动开关,允许 A 泵、B 泵供水。如果 A 泵不能保持预置的某个最低压力值 P_L,则开动 B 泵以保持管路压力;如果水压过高,大于某个压力值 P_H,则关停 B 泵。在初次启动时,必须在 A 泵启动 10s 后,B 泵才能启动。关断启动开关后,A 泵、B 泵均关停。

根据上述功能需求,画出水泵控制的梯形逻辑关系如图 5.5 所示。

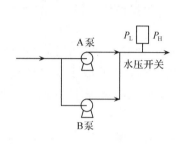

图 5.4　水泵控制示意图

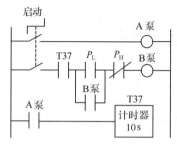

图 5.5　水泵控制梯形逻辑关系图

在水泵控制中输入量有三个:启动开关、水压下限开关(压力小于 P_L 时接通)和水压上限开关(压力大于 P_H 时接通)。三个输入触点分别为 I0.0、I0.1、I0.2,同时,需要用到时间基准为 100ms 的定时器 T37 计时 10s。A 泵的驱动线圈为 Q0.0,B 泵的驱动线圈为 Q0.1。

因此,以 Siemens(西门子)S7 PLC 为例给出水泵控制的梯形图及程序如图 5.6 所示。

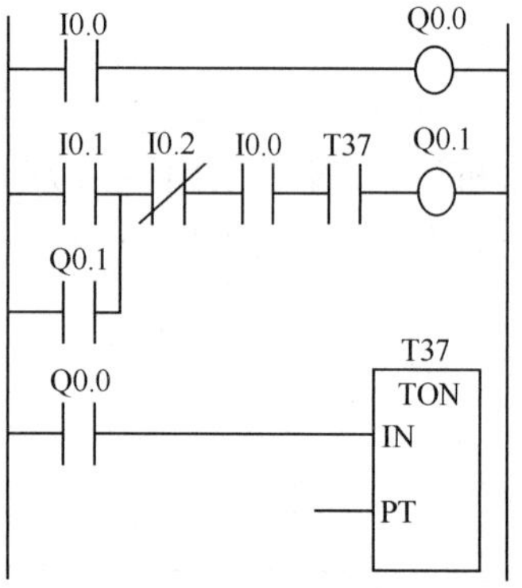

例 5.2 PLC 用于啤酒发酵过程的控制。

啤酒酿造需要四种原料:麦芽、大米、酒花、酵母。概括地说,整套啤酒生产工艺分为糖化、发酵和灌装三大过程。其中,糖化过程包括了粉碎、糖化、糊化、过滤、煮沸等工序,其

LD	I0.0
=	Q0.0
LD	I0.1
O	Q0.1
AN	I0.2
A	I0.0
A	T37
=	Q0.1
LD	Q0.0
TON	T37.100

图 5.6　水泵控制梯形图及程序

作用是把原料转换成啤酒发酵原液(麦汁);发酵过程包括了啤酒发酵、修饰、清酒、过滤等工序,发酵过程出来的产品就是啤酒,它们经杀菌、灌装后成为成品啤酒。

实际发酵罐温度一般采用 2~5 段的多段控制,通过改变进入冷却夹套的冷媒流量来调节罐内温度,可以采用如图 5.7 所示的连续调节阀控制,也可以采用开关阀控制;发酵罐内的压力通过罐顶 CO_2 的排除量来控制,一般采用双位控制。

假设被控对象如图 5.7 所示,PLC 系统需要完成 1 个冷却器和 8 只大小相同发酵罐的自动控制。糖化麦汁先经过冷却器把麦汁温度冷却到 8℃左右进入发酵罐发酵,每个发酵罐需要控制酒液的发酵温度和罐顶的压力。酒液温度通常采用自上而下的分段控制,分段数量视发酵罐大小和罐体结构而定。需要说明的是,本例仅包括了最基本的温度、压力控制,没有涉及发酵过程中诸如酵母添加、麦汁充氧、出酒等其他工序的控制内容。

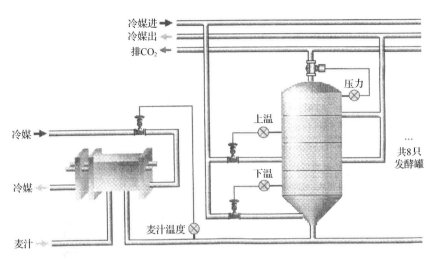

冷媒进
冷媒出
排CO₂

压力

上温

共8只
发酵罐

冷媒

下温

冷媒

麦汁温度

麦汁

图 5.7　啤酒发酵过程 PID

根据上述功能需求和控制规模,每个温度控制回路需要 1 只温度变送器和 1 只调节阀,分别占用 1 个 AI 通道和 1 个 AO 通道。每个压力控制回路需要 1 只压力变送器和 1 只电磁阀,占用 1 个 AI 通道和 1 路 DO 通道。现统计出现场仪表数量为,温度变送器 $1+2×8$ $=17$(只)、压力变送器 $1×8=8$(只)、调节阀 $1+2×8=17$(只)、电磁阀 $1×8=8$(只)。S7 PLC I/O 端口数量为:AI 通道 17(温度变送器)$+8$(压力变送器)$=25$、AO 通道 17(调节阀)、DO 通道 8(电磁阀)。事实上,模拟量输入模块可以直接接入热电阻信号,那样模拟量输入通道的配置将发生变化。

针对统计出的通道数量,现配置出 Siemens S7-300 PLC 的硬件见表 5.1(允许有不同的配置结果)。

表 5.1　啤酒发酵控制用 PLC 主要硬件配置

序　号	模块名称	说　明	数　量
1	CPU 模块	CPU314	1
2	AI 模块	SM331:8 通道	4
3	AO 模块	SM332:4 通道	5
4	DO 模块	SM322:16 通道、24DC	1
5	电源模块	PS307:5A	1
6	接口模块(机架连接)	IM360、IM361	各 1
7	前连接器	20 针	10
8	后备电池		1
9	导轨		2
10	操作站通信模块	CP5611:安装在 IPC 上	1

在软件设计过程中,有些功能是可以多次使用的,例如,各个发酵罐的控制思想是相同的,这些控制功能可以利用一个函数(即 FB 块)来完成,调用 FB 时只需要为它们赋予不同的数据(即背景数据块)。对于仅仅使用一次的功能部件,如采样、麦汁温度控制等,它们可以根据功能的划分设计成若干个相对独立的子程序形式(即 FC 块)。所有的 FB 和 FC 最

终由 OB1 和 OB35 组织,这样会使程序更加清晰,程序代码简练,并给调试带来便利。

根据前面提出的功能要求,该系统需要的所有程序块 OB、FB、FC 以及数据块 DB 列举在表 5.2 中,应用程序中互相之间的调用关系如图 5.8 所示。

表 5.2　OB、FB、FC 和 DB 一览表

类型	对象名称	符号变量名	语言	说　明
组织块	OB1	循环执行程序	STL	
	OB35	定时中断程序	STL	控制周期:0.5s
	OB122	模块故障中断	STL	I/O 访问故障处理程序
逻辑功能块	FB1	发酵罐控制	STL	用于每只发酵罐温度、压力控制的函数
	FC1	麦汁温度控制	STL	用于麦汁温度控制
	FC2	罐温控制 PID 计算	STL	发酵罐温度控制回路的 PID 计算
	FC3	麦汁温度控制 PID 计算	STL	麦汁温度控制回路的 PID 计算
	FC4	信号采样	STL	从输入模块端口采集信号
	FC5	信号输出	STL	把控制结果输出到端口
数据块	DB1	模拟量信号	DB	存储所有模拟量输入信号
	DB2	开关量信号	DB	存储所有开关量输出信号
	DB3	麦汁温度(共享数据块)	DB	存储麦汁温度控制回路的控制参数和中间变量
	DB4～DB11	罐 1#～8# 背景块	DB	存储 1#～8# 罐控制回路的控制参数和中间变量

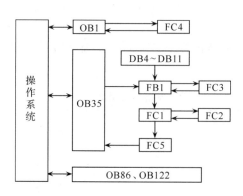

图 5.8　程序调用关系

5.2　PID 控制

PID(proportional-integral-derivative)控制是比例-积分-微分的简称。在生产过程自动控制的发展历程中,PID 控制是历史最久、生命力最强的基本控制方式。此后,随着科学技术的发展,特别是电子计算机的诞生和发展,涌现出许多先进的控制策略,然而直到现在,PID 控制仍然得到广泛的应用。概括起来,该算法具有如下优点:

1) 原理简单,使用方便。PID 控制是由 P、I、D 三个环节组合而成,其基本组成原理比较简单,很容易理解它,参数的物理意义也比较明确。

2) 适应性强。可以广泛应用于化工、热工、冶金、炼油、造纸、建材等各种生产场合。按

PID 控制进行工作的自动调节器早已商品化,在具体实现上经历了机械式、液动式、气动式、电子式等发展阶段,但始终没有脱离 PID 控制的范畴。即使目前最先进的过程控制系统,其基本控制算法也仍然是 PID 控制。

3) 鲁棒性强,即其控制品质对被控对象特性的变化不大敏感。

由于具有这些优点,在过程控制中,人们首先想到的总是 PID 控制。大型现代化生产装置的控制回路可能多达一二百路甚至更多,其中绝大多数都采用 PID 控制。例外的情况有两种:一种是被控对象易于控制而控制要求又不高时,可以采用更简单的开关控制方式;另一种是被控对象特别难控制而控制要求又特别高时,如果用 PID 控制难以达到生产要求,就要考虑采用更先进的控制策略,这部分内容可参阅第 6 章。

PID 调节器分为模拟式和数字式。前者采用运算放大器、阻容元器件等模拟电路构成,早期使用广泛,如 DDZ-III 型 PID 调节器。随着微处理器的发展,采用单片微型计算机的数字式 PID 调节器应用越来越广泛。

5.2.1 模拟式 PID 调节器

以模拟量连续控制为基础的理想 PID 控制算法表达式如下:

$$
\begin{aligned}
u(t) &= K_c\left[e(t) + \frac{1}{T_i}\int_0^t e(t)\,\mathrm{d}t + T_d\,\frac{\mathrm{d}e(t)}{\mathrm{d}t}\right] + u_0 \\
&= \frac{1}{\delta}\left[e(t) + \frac{1}{T_i}\int_0^t e(t)\,\mathrm{d}t + T_d\,\frac{\mathrm{d}e(t)}{\mathrm{d}t}\right] + u_0
\end{aligned}
\tag{5-1}
$$

式中,u_0 是控制作用的初始稳态值;K_c 是比例放大系数;T_i 是积分时间常数;T_d 是微分时间常数;$u(t)$ 是 t 时刻控制作用的输出;$e(t)$ 是 t 时刻控制器的输入,$e(t) = r(t) - y(t)$,$r(t)$ 和 $y(t)$ 分别是 t 时刻控制器的设定值和当前值;$\delta = \dfrac{1}{K_c}$ 称比例度或比例带。

理想 PID 控制器的传递函数为

$$
G_c(s) = \frac{U(s)}{E(s)} = K_c\left[1 + \frac{1}{T_i s} + T_d s\right]
\tag{5-2}
$$

通常,式(5-2)中第一项称为比例(P)控制作用,与偏差成比例;第二项称为积分(I)控制作用,与偏差积分成比例;第三项称为微分(D)控制作用,与偏差的微分成比例。

由于不能物理实现纯微分控制作用,因此,实际应用的模拟 PID 控制器传递函数为

$$
G_c(s) = \frac{U(s)}{E(s)} = K_c\left[1 + \frac{1}{T_i s} + \frac{T_d s + 1}{\frac{T_d}{K_d}s + 1}\right]
\tag{5-3}
$$

式中,K_d 称为微分增益。

由式(5-3)可见,模拟 PID 控制是比例、积分与实际微分的并联连接,实际模拟 PID 控制器的设计也可以是 PI 和 PD 串接组成,其传递函数为

$$
G_c(s) = \frac{U(s)}{E(s)} = K_c\left[1 + \frac{1}{T_i s}\right]\left[\frac{T_d s + 1}{\frac{T_d}{K_d}s + 1}\right]
\tag{5-4}
$$

如前所述,实际使用的模拟式 PID 控制器通过运算放大器电路、电阻和电容元件来实现,K_c、T_i 和 T_d 等参数通过电位器进行调节和整定。由于模拟式 PID 控制器现在使用得越

来越少,这里就不再涉及,有关具体电路可以参考其他文献。

5.2.2 数字式 PID 调节器

由于计算机控制技术的发展非常迅速,数字化 PID 控制算法得到了大量应用。采用如下转换公式即可由模拟控制算法近似得到数字化控制算法:

$$
\begin{cases}
\displaystyle\int_0^t e(t)\,\mathrm{d}t = T_s \sum_{i=0}^{k} e(i) \\[3mm]
\displaystyle\frac{\mathrm{d}e(t)}{\mathrm{d}t} = \frac{e(k) - e(k-1)}{T_s}
\end{cases}
\tag{5-5}
$$

式中,T_s 为采样周期。

根据式(5-1)所示模拟控制表达式,可以推得以下三种数字控制算法的形式。

1. 位置算法

该算法可以直接求得控制器的输出为

$$
\begin{aligned}
u(k) &= K_c\Big[e(k) + \frac{T_s}{T_i}\sum_{i=0}^{k} e(i) + T_d\frac{e(k) - e(k-1)}{T_s} \Big] + u_0 \\
&= K_c e(k) + K_i \sum_{i=0}^{k} e(i) + K_d\big[e(k) - e(k-1)\big] + u_0
\end{aligned}
\tag{5-6}
$$

式中,$K_i = \dfrac{K_c T_s}{T_i}$;$K_d = \dfrac{K_c T_d}{T_s}$。

2. 增量算法

该算法可以求得控制器输出的增量值为

$$
\begin{aligned}
\Delta u(k) &= u(k) - u(k-1) \\
&= K_c\big[e(k) - e(k-1)\big] + K_i e(k) + K_d\big[e(k) - 2e(k-1) + e(k-2)\big] \\
&= K_c \Delta e(k) + K_i e(k) + K_d\big[e(k) - 2e(k-1) + e(k-2)\big]
\end{aligned}
\tag{5-7}
$$

3. 速度算法

该算法可以求得增量输出与采样周期之比为

$$
v(k) = \frac{\Delta u(k)}{T_s}
$$

$$
v(k) = \frac{K_c}{T_s}\Delta e(k) + \frac{K_c}{T_i}e(k) + \frac{K_c T_d}{T_s^2}\big[e(k) - 2e(k-1) + e(k-2)\big]
\tag{5-8}
$$

式中,$\Delta e(k) = e(k) - e(k-1)$。

上述三种算法的选择与所使用执行器的形式和应用的方便性有关。从执行器形式来看,位置算法的输出一般经过数模(D/A)转换,变为模拟量,并经保持电路输出。增量算法的输出可通过步进电动机等具有零阶保持特性的累积机构,转化为模拟量。速度算法的输出须采用积分式执行机构。

从应用的利弊来看,采用增量算法和速度算法时,手动/自动切换都相当方便,因为它们可从手动时的 $u(k-1)$ 出发,直接计算出在投入自动运行时应采取的增量 $\Delta u(k)$ 或变化速度 $v(k)$。同时,这两类算法不会引起积分饱和现象,因为它们求出的是增量或速度,即使偏差长期存在,Δu 一次次输出,但 u 值是限幅的,不会超越规定的上限或下限,执行器也达到极限位置;一旦 $e(k)$ 换向,$\Delta u(k)$ 也可以立即换向,输出立即退出上下限。对于位置算法,需增加一些必要措施来解决手动/自动切换和防止积分饱和问题。三种数字算法中,数字式 PID 增量控制算法应用最广泛,它在计算机中实现的软件流程如图 5.9 所示。

在使用数字式 PID 控制算法的过程中,必须考虑采样周期 T_s 对系统的影响。T_s 是两次采样之间的时间间隔。根据香农采样定理:对一个具有有限频谱($-\omega_{max}<\omega<+\omega_{max}$)的连续信号进行采样,采样频率必须大于或等于信号所含最高频率的两倍($\omega\geq2\omega_{max}$),即 $T_s<\pi/\omega_{max}$。采样定理从理论上给出了采样周期的上限。从控制性能考虑,采样周期 T_s 应尽可能地短,这样接近于连续控制,不仅控制效果好,而且可借用模拟 PID 控制参数的整定方法。但采样周期越短,对计算机的运行速度和存储容量要求越高。从执行机构的特性要求来看,由于过程控制通常采用气动或电动调节阀,它们的响应速度较低。如果周期过短,执行机构来不及响应,仍达不到控制的目的,所以采样周期也不能过短。

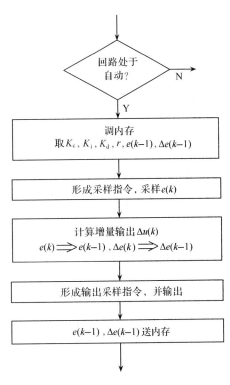

图 5.9 数字 PID 增量算法程序框图

采样周期的选取还应考虑被控对象的时间常数 T 和纯滞后时间 τ。当 $\tau=0$ 或 $\tau<0.5T$ 时,可选 T_s 介于 $0.1T$ 到 $0.2T$ 之间;当 $\tau>0.5T$ 时,可选 T_s 等于或接近 τ。表 5.3 可作为选择计算机过程控制系统采样周期的参考,最终还是要通过现场试验确定最合适的采样时间。

表 5.3 计算机过程控制系统采样周期

控制回路	采样周期/s	说　　　明
流量	1~2	
压力	3~5	
液位	3~5	
温度	15~20	或取纯滞后时间
成分	15~20	

5.2.3 改进的 PID 算法

1. 积分外反馈

积分控制作用主要用于消除余差,因为在控制过程中只要存在误差,积分控制作用的输出就会不断累积,直至偏差减小到等于零,或者使控制器的输出达到上限或下限为止。

与比例控制作用相类似,积分控制作用也有一定的应用范围。在该范围内,积分控制输出与偏差的时间积分成正比,当控制输出达到一定限值后就不再继续上升或下降,这就是积分饱和现象。

当控制系统长期存在偏差,PI控制作用的控制器输出会不断增加或减小,直到输出超过仪表范围的最大或最小值(如电动仪表的20mA和4mA,气动仪表的100kPa和20kPa)。这时,当偏差反向时,控制器输出不能及时反向,要在一定延时后,控制器输出从最大或最小的极限值回复到仪表范围,在这段时间内,控制器不能发挥调节作用,造成调节不及时。

造成积分饱和现象的内因是控制器包含积分控制作用,外因是控制器长期存在偏差,因此,在偏差长期存在的条件下,控制器输出会不断增加或减小,直到极限值。

根据产生积分饱和的原因,可以有多种防止的方法。由于偏差长期存在是外因,无法改变,因此防止积分饱和的设计策略是如何消除积分控制作用。

为此将PI控制器传递函数改写如下:

$$U(s) = K_c E(s) + \frac{1}{T_i s + 1} U_B(s) \tag{5-9}$$

$U_B(s)$为来自外部的输入信号,当$U_B(s)$跟随$U(s)$,即$U_B(s) = U(s)$时,式(5-9)是PI控制算式;当$U_B(s) = 0$时,控制器输出u与偏差e成比例关系,这时由于积分控制作用不存在,就不会出现积分饱和现象。这种防止积分饱和的方法称为积分外反馈,即积分信号是来自外部的信号。

2. 积分分离技术

积分作用主要用于消除余差,即让其在接近设定值变化的后期起作用。积分的缺点是会降低系统稳定性。为此,可将积分作用分离,其改进的方法如下。

当偏差绝对值不大于某一阈值ε时,引入积分作用;当偏差绝对值大于阈值时,去除积分作用。其PI控制器的增量式算法为

$$\Delta u(k) = \Delta u_p(k) + \Delta u_i(k)[\,|\,e(k) < \varepsilon\,|\,] \tag{5-10}$$

当$|e(k)| < \varepsilon$时,逻辑表达式的值为1,引入积分作用;反之,其值为0,只有比例作用。这种方法特别适用于系统启动时的大误差而导致的超调现象。

3. 削弱积分作用技术

1) 梯形积分——在数字式PID增量算法中,积分增量输出$\Delta u_i(k) = K_i e(k)$,即$\Delta u_i(k)$完全依据$e(k)$来确定,如果测量值发生跳变,$\Delta u_i(k)$也将有较大跳变,为此,将矩形积分改进为梯形积分。其算法为

$$\Delta u_i(k) = K_i \frac{e(k) + e(k-1)}{2} \tag{5-11}$$

经改进后的梯形积分算法可削弱噪声对积分增量输出的影响。

2) 遇限削弱积分法——当控制输出进入饱和区时采用削弱积分项的算法,停止积分项的增大。其增量算法是

$$\begin{aligned}
\Delta u_i(k) = K_i\{&[u(k-1) \leqslant u_{max}][e(k) > 0] \\
&+ [u(k-1) > u_{max}][e(k) < 0]\} e(k)
\end{aligned} \tag{5-12}$$

4. 微分先行技术

引入微分作用后,当设定值有跳变时,会引起微分项输出的跳变,为此,可只对测量信号 $y(k)$ 进行微分,即微分环节放在比较环节前。增量式微分先行控制算法改进为

$$\Delta u_{\mathrm{d}}(k) = K_{\mathrm{d}}\big[y(k) - 2y(k-1) + y(k-2)\big] \qquad (5\text{-}13)$$

微分先行技术特别适用于设定值频繁变化的控制场合。

5. 不完全微分技术

在数字 PID 算法中,可以证明,微分作用仅在第一次采样控制中起作用,且作用过强。与模拟微分控制算法相似,数字微分控制算法也可串联连接一个惯性环节 $\dfrac{1}{\dfrac{T_{\mathrm{d}}}{K_{\mathrm{d}}}s+1}$,组成实用型 PD 算法。一阶惯性环节一般串接在输入端。如图 5.10 所示为不完全微分先行的 PID 控制连接图。

采用不完全微分算法可使微分作用更为持续平缓。

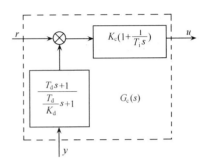

图 5.10 不完全微分先行 PID 框图

5.3 PID 参数的整定

数字 PID 控制算式参数整定就是选择式中 K_{c}、T_{i}、T_{d} 和 K_{d} 的值,使计算机控制系统输出响应 $y(t)$ 满足性能指标要求。下面讨论参数整定是针对假设的一阶惯性加纯滞后环节组成的广义控制对象,传递函数如下:

$$G(s) = \frac{K_{\mathrm{o}}}{T_{\mathrm{o}}s+1}\mathrm{e}^{-\tau_{\mathrm{o}}s} \qquad (5\text{-}14)$$

5.3.1 参数整定原则

1) 根据控制系统稳定运行准则,对于控制系统开环总增益 $(K_{\mathrm{c}}K_{\mathrm{o}})$ 来讲,当系统运行正常后,如果增大了 K_{o},则应将 K_{c} 相应地减少相同倍数;反之亦然。例如,变送器量程变小时,K_{c} 应减小相应倍数;当执行器口径增大时,K_{c} 相应地减小等。

2) $\tau_{\mathrm{o}}/T_{\mathrm{o}}$ 是广义对象的动态参数,该值越大,控制系统越不易稳定,这时,应减小 K_{c},以保证系统的稳定性。同时,$T_{\mathrm{i}}/\tau_{\mathrm{o}}$ 和 $T_{\mathrm{d}}/\tau_{\mathrm{o}}$ 应合适,通常取 $T_{\mathrm{i}}=2\tau_{\mathrm{o}}$,$T_{\mathrm{d}}=0.5\tau_{\mathrm{o}}$。

3) P,I,D 三者中,P 作用是最基本的控制作用。一般先按纯比例进行闭环测试,然后适当引入 T_{i} 和 T_{d}。也可根据广义对象的时滞 τ_{o},设置好 T_{i} 和 T_{d},然后调整比例增益 K_{c}。

4) 应尽量发挥积分作用消除余差。一般取 $T_{\mathrm{i}}=2\tau_{\mathrm{o}}$ 或 $T_{\mathrm{i}}=(0.5\sim1)T_{\mathrm{p}}$,$T_{\mathrm{p}}$ 是振荡周期。引入积分作用后,所引入的相位滞后不应超过 $40°$,幅值比增加不超过 20%。为此,K_{c} 应比纯 P 时减小约 10%。

5) 微分作用的引入是为了解决高阶对象的过渡滞后对控制品质的不利影响,对于纯滞后,微分作用无能为力。一般取 $T_{\mathrm{d}}=0.5\tau_{\mathrm{o}}$ 或 $T_{\mathrm{d}}=(0.25\sim0.5)T_{\mathrm{i}}$。多数情况下,引入微分后,$K_{\mathrm{c}}$ 应比纯 P 时增加约 10%。

6) 对含有高频噪声的过程,不宜引入微分,否则,高频分量将被放大得很厉害,对控制不利。

7) 稳定性是控制系统品质指标的前提条件。通常,可取衰减比作为稳定性指标。在整定完成后一定要确保过程控制系统的稳定性。

8) 衰减比的选择。对于随动控制系统,常取衰减比 $n=10:1$;定值控制系统常取 $n=4:1$。

上述原则适用于自衡非振荡过程的控制器参数整定,对于其他类型的过程,会有不同的整定原则。例如,定量泵排料的液位控制系统中,增大 K_c,反而使系统稳定。因此,具体过程应具体分析。

5.3.2 参数整定方法

1. 经验整定法

可根据表 5.4 所示被控过程特点确定控制器参数的范围。经验整定法可先设置一个比例度,确定出系统振荡周期 T_p,然后根据被控过程的特点,当采用 PI 控制时,设置 $T_i=(0.5\sim1)T_p$;对温度、成分等被控过程,可采用 PID 控制,设置 $T_d=(0.25\sim0.5)T_i$。最后,比例度从大到小进行搜索,直到过渡过程满足工艺控制要求。有时也可用单纯的 P 作用,比例度从大到小调整,然后适当引入积分和微分。

表 5.4 被控过程特点和控制器参数

项　目	流量、液体压力	气体压力	液　位	温度、蒸汽压力	成　分
时滞	无	无	无	变动	恒定
容量数	多容量	单容量	单容量	3~6	1~100
周期	1~10s	0	1~10s	min~h	min~h
噪声	有	无	有	无	往往存在
比例度	50%~200%	0~5%	5%~50%	10%~100%	100%~1000%
积分作用	重要	不必要	少用	用	重要
微分作用	不用	不必要	不用	重要	可用

2. 扩充临界比例带法

这是一种基于系统临界振荡参数的闭环整定法,实际上也是模拟控制器中采用的稳定边界法的推广,用来整定数字 PID 算式中的 T_s、K_c、T_i 和 T_d。具体如下:

1) 选择合适的采样周期,控制器作纯比例 K_c 作用,使系统闭环工作。

2) 逐渐增大比例增益 K_c,直到控制系统达到稳定边界出现等幅振荡,此时的比例增益为临界比例增益 K_{cr},振荡周期称为临界振荡周期 T_{cr}。

3) 选择控制度。控制度是以模拟控制器为基础,定量衡量计算机数字控制系统与模拟控制器对同一个对象的控制效果。控制效果的评价函数常采用 $\mathrm{Min}\int_0^\infty e^2(t)\mathrm{d}t$(误差平方和最小),那么

$$控制度 = \frac{\left[\text{Min}\int_0^\infty e^2(t)\,\mathrm{d}t\right]_{数字}}{\left[\text{Min}\int_0^\infty e^2(t)\,\mathrm{d}t\right]_{模拟}} \tag{5-15}$$

如前所述,采样周期 T_s 的长短会影响系统的控制品质,同样是最佳整定,计算机数字控制系统的控制品质要低于模拟系统的控制品质,即控制度总是大于 1,且控制度越大,相应的数字控制系统品质越差。当控制度为 1.05 时,就是指数字控制与相应的模拟控制效果相当;若控制度为 2.0,表明数字控制效果比模拟控制效果差一倍。从提高计算机控制系统品质出发,控制度可选得小一些,但就系统的稳定性看,控制度宜选大些。

4）根据选定的控制度,参照表 5.5 计算 T_s、K_c、T_i 和 T_d 的值。

表 5.5　扩充临界比例带法 PID 参数整定

控制度	调节规律	T_s/T_{cr}	K_c/K_{cr}	T_i/T_{cr}	T_d/T_{cr}
1.05	PI	0.03	0.55	0.88	—
	PID	0.14	0.63	0.49	0.14
1.20	PI	0.05	0.49	0.91	—
	PID	0.043	0.47	0.47	0.16
1.50	PI	0.14	0.42	0.99	—
	PID	0.09	0.34	0.43	0.20
2.00	PI	0.22	0.36	1.05	—
	PID	0.16	0.27	0.40	0.22
模拟控制器	PI	—	0.57	0.83	—
	PID	—	0.70	0.50	0.13

5）按求得的参数值,在计算机控制系统中设定运行,并观察控制效果。如果控制系统稳定性差（表现为振荡现象）,可适当加大控制度,直接获得满意的控制效果。

3．扩充响应曲线法

扩充响应曲线法是模拟控制器响应曲线法的扩充,是一种开环整定方法。预先测得广义对象的阶跃响应曲线,并与带纯滞后 τ_o 和时间常数 T_o 的一阶惯性环节相似,从曲线求得 τ_o 和 T_o,然后根据 τ_o、T_o 和 T_o/τ_o 的值,查表 5.6 便可求得数字 PID 控制算式中 T_s、K_c、T_i 和 T_d 的值。

表 5.6　扩充响应曲线法 PID 整定

控制度	调节规律	T_s/τ_o	$K_c/T_o/\tau_o$	T_i/τ_o	T_d/τ_o
1.05	PI	0.10	0.84	3.40	—
	PID	0.05	1.15	2.00	0.45
1.20	PI	0.20	0.73	3.60	—
	PID	0.16	1.00	1.90	0.55
1.50	PI	0.50	0.68	3.90	—
	PID	0.34	0.85	1.62	0.65
2.00	PI	0.80	0.57	4.20	—
	PID	0.60	0.60	1.50	0.82
模拟控制器	PI	—	0.90	3.30	—
	PID	—	1.20	2.00	0.40

5.4 PID 调节器控制规律的选择

5.4.1 根据过程特性选择调节器控制规律

单回路控制系统是由被控对象、控制器、执行器和测量变送装置四大基本部分组成的。被控对象、执行器和测量变送装置合并在一起称为广义对象。在广义对象特性已确定,不能任意改变的情况下,只能通过控制规律的选择来提高系统的稳定性与控制质量。

目前工业上常用的控制规律主要有:位式控制、比例控制、比例积分控制、比例微分控制和比例积分微分控制等。

1) 位式控制——这是一种简单的控制方式,一般适用于对控制质量要求不高的、被控对象是单容的、且容量较大、滞后较小、负荷变化不大也不太激烈、工艺允许被控变量波动范围较大的场合。

2) 比例控制——比例控制克服干扰能力强、控制及时、过渡时间短。在常用的控制规律中,是最基本的控制规律。但纯比例作用在过渡过程终了时存在余差。负荷变化越大,余差越大。比例作用适用于控制通道滞后较小、负荷变化不大、工艺允许被控变量存在余差的场合。

3) 比例积分控制——由于在比例作用的基础上引入了积分作用,而积分作用的输出与偏差的积分成正比,只要偏差存在,控制器的输出就会不断变化,直至消除偏差为止。所以,虽然加上积分作用会使系统的稳定性降低,但系统在过渡过程结束时无余差,这是积分作用的优点。为保证系统的稳定性,在增加积分作用的同时,加大比例度,使系统的稳定性基本保持不变,但系统的超调量、振荡周期都会相应增大,过渡时间也会相应增加。比例积分作用适用于控制通道滞后较小、负荷变化不大、工艺不允许被控变量存在余差的场合。

4) 比例微分控制——由于引入了微分作用,它能反映偏差变化的速度,具有超前控制作用,这在被控对象具有较大滞后场合下,将会有效地改善控制质量。但是对于滞后小、干扰作用频繁,以及测量信号中夹杂无法剔除的高频噪声的系统,应尽可能避免使用微分作用,因为它将会使系统产生振荡,严重时会使系统失控而发生事故。

5) 比例积分微分控制——比例积分微分控制综合了比例、积分、微分控制规律的优点。适用于容量滞后较大、负荷变化大、控制要求高的场合。

5.4.2 根据 τ_0/T_0 比值选择调节器控制规律

除上述根据过程特性选择控制规律外,还可根据 τ_0/T_0 比值来选择控制规律,即

1) 当 $\tau_0/T_0 < 0.2$ 时,选用比例或比例积分控制规律;

2) 当 $0.2 < \tau_0/T_0 < 1.0$ 时,选用比例积分或比例积分微分控制规律;

3) 当 $\tau_0/T_0 > 1.0$ 时,采用单回路控制系统往往已不能满足工艺要求,应根据具体情况采用其他控制方式,如串级控制或前馈控制等方式。

5.4.3 控制器正/反作用选择

控制器正/反作用的选择是关系到系统正常运行与安全操作的重要问题。自动控制系统稳定运行的必要条件之一是闭环回路形成负反馈。也就是说,被控变量值越高,则控制作

用应使之降低;相反,如果被控变量值偏低,控制作用使之增加。控制作用对被控变量的影响与干扰作用对被控变量的影响相反,才能使被控变量回到给定值。

在控制系统中,控制器、被控对象、测量元件及执行器都有各自的作用方向。它们如果组合不当,使总的作用方向构成正反馈,则控制系统将破坏生产过程的稳定。所以,在系统投运前必须注意各环节的作用方向,以保证整个控制系统形成负反馈。选择控制器"正"、"反"作用的目的是通过改变控制器的"正"、"反"作用,来保证整个控制系统形成负反馈。

所谓作用方向,就是指输入变化后,输出的变化方向。当输入增加时,输出也增加,则称该环节为"正作用"方向;反之,当环节的输入量增加时,输出减小,则称该环节为"反作用"方向。测量、变送环节的作用方向一般都是"正"方向。

选择控制器的正/反作用可以按以下步骤进行:

1) 判断被控对象的正/反作用方向——在一个安装好的控制系统中,被控对象的正/反作用方向由工艺机理确定。

2) 确定执行器的正/反作用方向——其正/反作用方向由工艺安全条件选定。其选择原则是:控制信号中断时,应保证设备和操作人员的安全。具体参见3.1节。

3) 确定广义对象的正/反作用方向——由于测量、变送环节为正作用方向,在确定广义对象的正/反作用方向时,这个环节可以不考虑。

若执行器、被控对象两个环节的作用方向相同,则广义对象为正作用特性;若执行器、被控对象两个环节的作用方向相反,则广义对象为反作用方向。

4) 确定控制器的正/反作用方向——若广义对象为正作用方向,则选择控制器为反作用方向;若广义对象为反作用方向,则选择控制器为正作用方向。

例5.3 控制器正反作用选择。

在第3章例3.5中,因为调节阀选择气关式,则压力控制器(PC)应为反作用。这是因为当检测到压力增加时,控制器应减小输出,则调节阀开大,使压力稳定。

同样,在第3章例3.6中,若调节阀选择气关式,则液位控制器(LC)应为正作用。这是因为当检测到液位增加时,控制器应加大输出,则调节阀关小,使液位稳定。相反,若调节阀选择气开式,则控制器应为反作用。

5.5 过程控制系统的投运与维护

到目前为止,已将单回路过程控制系统的四个基本环节讲述完毕。对于一个简单过程控制系统,完成上述四个环节设计后,系统即可进入投运、试运行和维护阶段。在投运过程控制系统之前必须进行下列检查工作:

1) 对组成控制系统的各组成部件,包括检测元件、变送器、控制器、显示仪表、调节阀等,进行校验检查并记录,保证仪表部件的精确度。

2) 对各连接管线进行检查,保证连接正确。例如,热电偶正负极与补偿导线极性、变送器、显示仪表的正确连接;三线制或四线制热电阻的正确接线等。

3) 如果采用隔离措施,应在清洗导压管后,灌注流量、液位和压力测量中的隔离液。

4) 应设置好控制器的正反作用、内外设定开关等。

5) 关闭调节阀的旁路阀,打开上下游的截止阀,并使调节阀能灵活开闭。

6) 进行联动试验,用模拟信号代替检测变送信号,检查调节阀能否正确动作,显示仪表是否正确显示等；改变比例度、积分和微分时间，观察控制器输出的变化是否正确。

应配合工艺过程的开车投运，在进行静态试车和动态试车的调试工程中，对控制系统和检测系统进行检查和调试。主要工作如下：

1）检测系统投运——温度、压力等检测系统的投运比较简单，可逐个开启仪表和检测变送器，检查仪表值是否正确。

2）控制系统投运——应从手动遥控开始，逐个将控制回路过渡到自动操作，应保证无扰动切换。

3）控制系统的参数整定——控制回路投运后，应根据工艺过程的特点，进行控制器参数的整定，直到满足工艺控制要求和控制品质的要求。

在工艺过程开车后应进一步检查各控制系统的运行情况，发现问题及时分析原因并予以解决。例如，检查调节阀口径是否正确，调节阀流量特性是否合适，变送器量程是否合适等。当改变控制系统中某一个组件时，应考虑它的改变对控制系统的影响，例如，调节阀口径改变或变送器量程改变后都应相应改变控制器的比例度等。

整个系统投运后，为保持长期稳定运行，应做好系统维护工作。主要包括内容如下：

1）定期和经常性的仪表维护——主要包括各仪表的定期检查和校验，要做好记录和归档工作。

2）发生故障时的维护——一旦发生故障，应及时、迅速、正确分析和处理；应减少故障造成的影响；事后要进行分析；应找到第一事故原因并提出改进和整改方案；要落实整改措施并做好归档工作。

控制系统的维护是一个系统工程，应从系统的观点分析出现的故障。例如，测量值不准确的原因可能是检测变送器故障，也可能是连接的导压管线问题，可能是显示仪表的故障，甚至可能是调节阀阀芯的脱落所造成的。因此，具体问题应具体分析，要不断积累经验，提高维护技能，缩短维护时间。

习题与思考题

5.1 试简述 PLC 的基本结构及其工作过程。

5.2 试简述 PLC 梯形图绘制的基本原则。

5.3 写出图 5.11 对应的 Siemens S7 系列 PLC 应用程序。

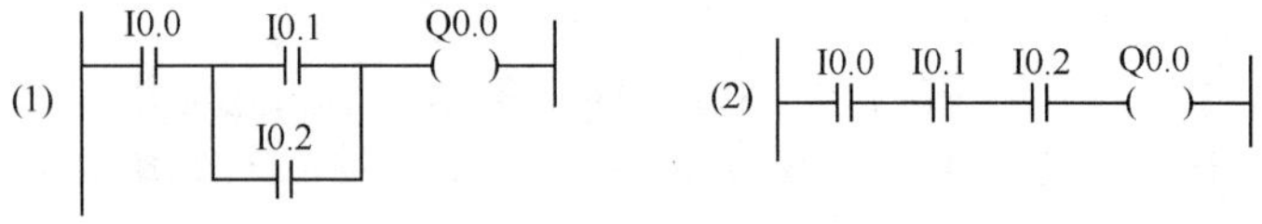

图 5.11 习题 5.3 图

5.4 现有一个 16 点 24V(DC)的开关量输入模块，如何用它来输入无源接点信号和 36V(AC)开关量输入信号？

5.5 某系统有 3 个通风机，要求利用 S7 系列 PLC 对其进行监视和报警。当有 2 个或 2 个以上风机运转时，信号灯持续发亮；当 1 个风机运转时，信号灯以 0.5Hz 的频率闪烁；当全部风机停止运转时，信号灯以 2.0Hz 的频率闪烁。请设计出该通风机监控系统梯形图，并写出相应的程序。

5.6 请在例 5.2 的基础上接着编写出 PLC 控制啤酒发酵过程的控制程序。

5.7 试简述 PID 调节规律的物理意义。

5.8 试分析 P、I、D、PI、PD、PID 控制规律各自有何特点。其中哪些是有差调节，哪些是无差调节？

5.9　说明积分饱和现象,并解释积分分离 PID 算法对克服积分饱和的作用。

5.10　如果想采用 Intel 公司 MCS-51 系列单片机实现数字式 PID 控制算法。请分析设计思路及要注意的问题。特别是将会涉及的运算和控制精度、小数处理及量程匹配等问题如何解决。

5.11　为什么要整定 PID 参数? 具体有哪些整定方法?

5.12　请自行设定一个有意义的一阶惯性加纯滞后的过程控制对象,采用 PID 进行控制,然后通过 Matlab 仿真研究整定的参数对系统性能的影响如何。

5.13　列表比较改进 PID 算法的控制规律及其特点。

5.14　对于一个自动控制系统,在比例控制的基础上分别增加:①适当的积分作用;②适当的微分作用。试问这两种情况对系统的稳定性、最大动态偏差和稳态误差分别有什么影响?

5.15　试简述选择 PID 调节器控制规律的基本原则。

5.16　试简述过程控制系统的投运和维护注意事项。

第6章 先进过程控制策略

教学要求

先进过程控制策略是基于计算机的各种控制算法。作为教学选修内容,本章概要介绍几种先进过程控制策略的基本概念和基本原理。学完本章后,应能达到如下要求:

- 了解先进过程控制策略的发展和特点;
- 理解内模控制的原理和特点;
- 了解模型预测控制的特点和常见的模型预测算法;
- 掌握模糊控制原理和模糊控制系统的设计;
- 了解神经网络的基本概念和神经网络控制的应用;
- 了解专家系统和专家控制的基本概念和原理。

第5章讲述的传统 PID 控制策略可以满足一般工业生产过程的控制要求,但对于变化复杂的工业过程以及那些与工业企业经济效益(产量、质量)密切相关的生产过程,常规的 PID 控制策略往往难以适应。

先进过程控制策略是基于计算机的各种控制算法。在工业生产过程中已成功应用的算法包括内模控制、模型预测控制、模糊控制、神经网络控制和专家控制等,其中模糊控制、神经网络控制和专家控制是智能控制的组成部分。

所谓智能控制就是以控制理论为基础,模拟人的思维方法、规划及决策来实现对工业过程自动控制的一种技术,是由人工智能、自动控制及运筹学等学科相结合的产物,是一种以知识工程为指导的,具有思维能力、学习能力及自组织功能,并且能自适应调整的先进控制策略。

工业过程中往往存在着不确定性,基于被控对象数学模型的控制方法在理论仿真时效果优异,而实际应用中往往不能取得满意的控制效果。以知识工程为指导的智能控制理论和方法,在处理高度复杂性和不确定性方面表现出的灵活决策方式和应变能力,近年来备受重视。

可以说,现代控制理论和人工智能的发展为先进控制奠定了应用理论基础,而计算机控制系统的普及与提高则为先进控制的应用提供了强有力的硬件和软件平台。

先进控制策略如果应用得当则具有比常规 PID 更好的控制效果,给企业带来显著的经济效益。国外许多从事过程控制的知名公司都开发了各自的商品化先进控制软件,并已广泛应用于各类工业过程,而且这些软件尚在不断的升级完善之中。积极开发和应用先进控制技术是国内众多过程工业企业提高企业经济效益、增强自身竞争力的重要途径。

本章将重点介绍内模控制、模型预测控制、模糊控制、神经网络控制和专家控制等。

6.1 内 模 控 制

内模控制(internal mode control),顾名思义,它含有被控过程的内部模型,该模型称为内模。

6.1.1 理想内模控制器

内模控制系统的典型框图如图 6.1 所示。$\hat{G}_p(s)$ 为内模，$G_c^*(s)$ 为内模控制器。

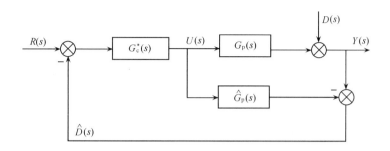

图 6.1 内模控制结构图

由图 6.1 可得内模控制系统传递函数为

$$Y(s) = \frac{G_c^*(s)G_p(s)}{1+G_c^*(s)[G_p(s)-\hat{G}_p(s)]}R(s) + \frac{1-G_c^*(s)\hat{G}_p(s)}{1+G_c^*(s)[G_p(s)-\hat{G}_p(s)]}D(s) \quad (6-1)$$

在模型没有误差，即 $\hat{G}_p(s)=G_p(s)$ 时，式(6-1)简化为

$$Y(s) = G_c^*(s)G_p(s)R(s) + [1-G_c^*(s)G_p(s)]D(s) \quad (6-2)$$

若 $R(s)=0$，$D(s)\neq0$，且假设模型正确，此时

$$Y(s) = [1-G_c^*(s)G_p(s)]D(s) = [1-G_c^*(s)\hat{G}_p(s)]D(s) \quad (6-3)$$

假设"模型可倒"，即 $\dfrac{1}{\hat{G}_p(s)}$ 可以实现，可令

$$G_c^*(s) = \frac{1}{\hat{G}_p(s)} \quad (6-4)$$

将式(6-4)代入式(6-3)，可得

$$Y(s) = 0 \quad (6-5)$$

可见，不管干扰 $D(s)$ 如何，内模控制均可克服外界扰动。

同样，若 $D(s)=0$，$R(s)\neq0$，则只要上述假设条件成立，即模型没有误差，而且可倒，由式(6-2)可得

$$Y(s) = G_c^*(s)G_p(s)R(s) = \frac{1}{\hat{G}_p(s)}G_p(s)R(s) = R(s) \quad (6-6)$$

式(6-6)表明内模控制器可确保输出跟随设定值的变化。

6.1.2 实际内模控制器

内模控制是在"模型没有误差，而且可倒"这个假设条件下的理想反馈控制器。但在实际工作中模型与实际过程总会存在误差；此外，$\hat{G}_p(s)$ 有时也不完全可倒，比如 $\hat{G}_p(s)$ 中若包含纯滞后环节，其倒数为纯超前环节，这显然是物理不可实现的。其次，$\hat{G}_p(s)$ 中若包含

RHP 零点(即其零点在右半平面),其倒数则会形成不稳定环节。

针对上述情况,实际内模控制器的设计步骤可以分为以下四步:

1) 把过程模型分解为可逆部分和不可逆(含有滞后和 RHP 零点)部分。

$$\hat{G}_p(s) = \hat{G}_{p+}(s)\,\hat{G}_{p-}(s) \tag{6-7}$$

2) 构造理想的内模控制器。理想内模控制器的传递函数是过程模型可逆部分传递函数的逆。

$$G_c^{*'}(s) = \hat{G}_{p-}^{-1}(s) \tag{6-8}$$

3) 加入滤波器使控制器为真。如果分母多项式的阶次不小于分子,则传递函数为真。

$$G_c^*(s) = G_c^{*'}(s)F(s) = \hat{G}_{p-}^{-1}(s)F(s) \tag{6-9}$$

对于阶跃信号设定值,滤波器通常选取如下形式:

$$F(s) = \frac{1}{(\lambda s + 1)^n} \tag{6-10}$$

4) 调节滤波器的时间常数改变闭环系统的响应速度。λ 小则系统响应速度快,λ 大则系统的鲁棒性好(对模型误差不敏感)。

如果模型精确,很容易计算出设定值变化的输出响应:

$$Y(s) = G_p(s)G_c^*(s)R(s) = G_p(s)G_c^{*'}(s)F(s)R(s) = G_p(s)\hat{G}_{p-}^{-1}(s)F(s)R(s) \tag{6-11}$$

如果模型精确,则

$$G_p(s) = \hat{G}_p(s) = \hat{G}_{p+}(s)\,\hat{G}_{p-}(s) \tag{6-12}$$

把式(6-21)代入式(6-20),则

$$Y(s) = \hat{G}_{p+}(s)\,\hat{G}_{p-}(s)\,\hat{G}_{p-}^{-1}(s)F(s)R(s) \tag{6-13}$$

进一步化简得出

$$Y(s) = \hat{G}_{p+}(s)F(s)R(s) \tag{6-14}$$

式(6-14)表明非最小相位部分一定会出现在输出响应中。即如果开环过程有一个 RHP 零点(逆向特性),则闭环系统一定存在逆向特性。同样,如果过程有纯滞后,则纯滞后一定出现在闭环系统输出响应中。请注意公式(6-14)只适用模型精确的情况。

下面以两个例子来说明实际内模控制器的设计步骤。首先考虑一阶惯性加纯滞后过程的内模控制器设计。

考虑一阶惯性加纯滞后模型:

$$\hat{G}_p(s) = \frac{\hat{k}_p e^{-\hat{\theta}s}}{\hat{\tau}_p s + 1}$$

首先,分解出非最小相位部分

$$\hat{G}_p(s) = \hat{G}_{p+}(s)\,\hat{G}_{p-}(s) = e^{-\hat{\theta}s} \cdot \frac{\hat{k}_p}{\hat{\tau}s + 1}$$

然后,构造理想的内模控制器

$$G_c^{*'}(s) = \hat{G}_{p-}^{-1}(s) = \frac{\hat{\tau}_p s + 1}{\hat{k}_p}$$

接着,加入滤波器使控制器为真

$$G_{\mathrm{c}}^{*}(s) = G_{\mathrm{c}}^{*'}(s)F(s) = \hat{G}_{\mathrm{p-}}^{-1}(s)F(s) = \frac{\hat{\tau}_{\mathrm{p}}s+1}{\hat{k}_{\mathrm{p}}} \cdot \frac{1}{\lambda s+1} = \frac{1}{\hat{k}_{\mathrm{p}}} \cdot \frac{\hat{\tau}_{\mathrm{p}}s+1}{\lambda s+1} \quad (6\text{-}15)$$

由式(6-15)可以看出,该内模控制器具有超前-滞后形式。

最后,调节 λ 以使系统具有较快的响应速度和较好的鲁棒性。闭环系统对设定值变化的响应为(假设模型精确)

$$Y(s) = \hat{G}_{\mathrm{p+}}(s)F(s)R(s) = \frac{\mathrm{e}^{-\hat{\theta}s}}{\lambda s+1}R(s)$$

对于幅值为 R 的阶跃设定值变化有

$$y(t) = 0, \qquad\qquad 0 \leqslant t < \theta$$

$$y(t) = R(1 - \mathrm{e}^{\frac{-(t-\hat{\theta})}{\lambda}}), \quad t \geqslant \theta$$

例如,对于过程 $G_{\mathrm{p}}(s) = \dfrac{1}{10s+1}\mathrm{e}^{-5\theta}$,不同的 λ 情况下输出响应如图 6.2(a)所示。

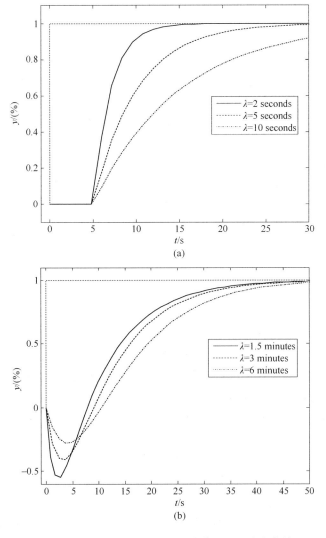

图 6.2　内模控制器在不同滤波值 λ 下的响应曲线

(a) 一阶惯性加纯滞后过程　(b) 带 RHP 零点的二阶过程

下面考虑一个带 RHP 零点的二阶过程内模控制器设计。

设被控过程

$$\hat{G}_{\mathrm{p}}(s) = \frac{-9s+1}{(15s+1)(3s+1)}$$

采用全通(all-pass)分解可得

$$\hat{G}_{\mathrm{p}}(s) = \hat{G}_{\mathrm{p+}}(s)\,\hat{G}_{\mathrm{p-}}(s) = \frac{-9s+1}{9s+1} \cdot \frac{9s+1}{(15s+1)(3s+1)}$$

构造理想内模控制器

$$G_{\mathrm{c}}^{*'}(s) = \hat{G}_{\mathrm{p-}}^{-1}(s) = \frac{(15s+1)(3s+1)}{9s+1}$$

加入滤波器使控制器为真

$$G_{\mathrm{c}}^{*}(s) = G_{\mathrm{c}}^{*'}(s)F(s) = \hat{G}_{\mathrm{p-}}^{-1}(s)F(s) = \frac{(15s+1)(3s+1)}{9s+1} \cdot \frac{1}{\lambda s+1}$$

如果模型精确,则输出响应为

$$Y(s) = \hat{G}_{\mathrm{p+}}(s)F(s)R(s) = \frac{-9s+1}{(9s+1)(\lambda s+1)}r(s)$$

对于阶跃信号设定值的变化,输出响应为 λ 的函数,如图 6.2(b)所示。注意到随着 λ 的减小,逆向特性越来越明显。这种逆向特性不能通过一个稳定的控制器来消除。

6.2 模型预测控制

模型预测控制算法 MPC(model predictive control)是 20 世纪 70 年代后期发展起来的一种基于模型的新型实用控制算法。它以对象在典型输入信号作用下的时间响应为基础,通过采集对象输入/输出信号序列以确定控制量的时间序列,并对系统未来输出进行预测。通过将系统未来输出与期望的轨迹进行在线比较反复优化,从而使系统的输出误差达到最小。

6.2.1 模型预测控制的特点

模型预测控制具有以下三个基本特点,即模型预测、滚动优化和反馈校正。

(1)模型预测

模型预测控制算法中的模型称为预测模型。系统在预测模型的基础上根据对象的历史信息和未来输入预测其未来输出,并根据被控变量与设定值之间的误差确定当前时刻的控制作用,这比仅由当前误差确定控制作用的常规控制具有更好的控制效果。模型预测中常采用阶跃响应或脉冲响应直接作为预测模型使用。

(2)滚动优化

模型预测控制本质上是一种优化控制算法,它通过某一性能指标的最优来确定未来的控制作用。这一性能指标涉及系统的未来行为,例如,通常可取对象输出在未来的采样点上跟踪某一期望轨迹的方差为最小。

但模型预测控制中的优化又区别于传统的最优控制。这主要表现在模型预测控制中的优化是一种有限时域的滚动优化,在每一采样时刻,优化性能指标只涉及该时刻起未来有限的时域,而在下一采样时刻,这一优化时域同时向前推移。即模型预测控制不是采用一个不变的全局优化指标,而是在每一时刻有一个相对于该时刻的优化性能指标。所以,在模型预测控制中,优化计算不是一次性离线完成的,而是在线反复进行的,这就是滚动优化的含义,也是模型预测控制区别于其他传统最优控制的根本所在。

（3）反馈校正

模型预测控制属于闭环控制。在通过优化计算确定一系列未来的控制作用后,为了防止对象特性发生变化或外界扰动对控制效果的影响,预测控制在实施本时刻的控制作用后,在下一采样时刻,首先检测对象的实际输出,并利用这一实时信息对模型的预测进行修正,从而构成了闭环优化。

反馈校正的形式多种多样,比如,可在保持预测模型不变的基础上,对未来的误差做出预测并加以补偿;也可根据在线辨识的原理直接修改预测模型。不论采用何种修正形式,模型预测控制都把优化建立在系统实际的基础上,并力图在优化时对系统未来的动态行为做出较准确的预测。

可见,模型预测控制是一种基于模型、滚动实施并结合反馈校正的优化控制算法。

采用不同的模型形式、优化策略和校正措施,可以形成不同的模型预测控制算法,主要有模型算法控制 MAC(model algorithm control)、动态矩阵控制 DMC(dynamic matrix control)等。

6.2.2 模型算法控制

模型算法控制 MAC 包括模型预测、反馈修正、参考轨迹和滚动优化 4 个部分,采用基于对象脉冲响应的非参数数学模型作为内部模型,适用于渐近稳定的线性对象。

（1）模型预测

对于线性对象,如果已知其单位脉冲响应的采样值为 $g_1, g_2, \cdots$,由离散卷积公式,可得其输入输出之间的关系为

$$y(k) = \sum_{i=1}^{\infty} g_i u(k-i) \tag{6-16}$$

式中,u、y 分别是输入量、输出量相对于稳态工作点的偏移值。对于渐近稳定对象,由于 $\lim\limits_{t \to \infty} g_i = 0$,故对象的动态特性可近似用一个有限项卷积表示的预测模型来描述,即

$$y(k) = \sum_{i=1}^{N} g_i u(k-i) \tag{6-17}$$

式中,N 是建模时域,它与采样周期 T_s 有关,NT_s 对应于被控过程的响应时间。这种利用动态系数和输入量来描述各采样时刻系统输出输入之间关系的过程特性,就是被控对象的非参数数学模型。

由式（6-16）可得对象在未来第 j 个采样时刻的输出预测值

$$\hat{y}(k+j) = \sum_{i=1}^{N} g_i u(k+j-i) \tag{6-18}$$

式中,$j = 1, 2, \cdots, P$,P 为预测时域。设 M 为控制时域,且 $M \leqslant P \leqslant N$,并且假设在 $(k+M-1)$ 时刻后控制量不再改变,即有

$$u(k+M-1) = u(k+M) = \cdots = u(k+P-1) \tag{6-19}$$

将上述输出预测写成矢量形式

$$\hat{\boldsymbol{Y}}(k+1) = \boldsymbol{G}_1 \boldsymbol{U}(k) + \boldsymbol{G}_2 \boldsymbol{U}(k-1) \tag{6-20}$$

式中，$\hat{\boldsymbol{Y}}(k+1)=[\hat{y}(k+1)\cdots\hat{y}(k+P)]^{\mathrm{T}}$ 为预测模型输出矢量；$\boldsymbol{U}(k)=[u(k)\cdots u(k+M-1)]^{\mathrm{T}}$ 为待求控制矢量；$\boldsymbol{U}(k-1)=[u(k-1)\cdots u(k+1-N)]^{\mathrm{T}}$ 为已知控制矢量。

$$
\boldsymbol{G}_1=\begin{bmatrix} g_1 & \cdots & & & 0 \\ g_2 & g_1 & & & \\ \vdots & \vdots & \ddots & & \vdots \\ g_M & g_{M-1} & \cdots & & g_1 \\ \vdots & \vdots & & & \vdots \\ g_P & g_{P-1} & \cdots & & \sum_{i=1}^{P-M+1} g_i \end{bmatrix}_{P\times M}, \quad \boldsymbol{G}_2=\begin{bmatrix} g_2 & \cdots & g_{N-1} & g_N \\ g_3 & \cdots & g_N & \\ \vdots & & & \vdots \\ g_{P+1} & \cdots & g_N & 0 \end{bmatrix}_{P\times(N-1)}
$$

由式(6-19)可知 MAC 算法预测模型输出包括两部分：过去已知的控制量所产生的预测模型输出部分，它相当于预测模型输出初值；由现在和未来控制量所产生的预测模型输出部分。

（2）反馈校正

在模型预测控制中常用输出误差的闭环反馈校正方法。设第 k 步的实际对象输出测量值 $y(k)$ 与预测模型输出 $\hat{y}(k)$ 之间的误差为 $e(k)=y(k)-\hat{y}(k)$，利用该误差对预测输出 $\hat{y}(k+j)$ 进行反馈修正，得到校正后的输出预测值 $y_c(k+j)$ 为

$$
y_c(k+j)=\hat{y}(k+j)+he(k) \qquad (j=1,2,\cdots,P) \tag{6-21}
$$

式中，h 为误差修正系数。

将式(6-21)表示成矢量形式

$$
\boldsymbol{Y}_c(k+1)=\hat{\boldsymbol{Y}}(k+1)+\boldsymbol{H}e(k) \tag{6-22}
$$

式中，$\boldsymbol{Y}_c(k+1)=[y_c(k+1)\cdots y_c(k+P)]^{\mathrm{T}}$ 为系统输出预测矢量；$\boldsymbol{H}=[h_1\cdots h_p]^{\mathrm{T}}$，一般可取 $h=1$。

（3）参考轨迹

在 MAC 算法中，控制目的是使系统输出 y 沿着一条事先规定的曲线逐渐到达设定值 ω，这条指定的曲线称为参考轨迹 y_r，通常参考轨迹采用从现在时刻实际输出值出发的一阶指数函数形式，如图 6.3 所示。

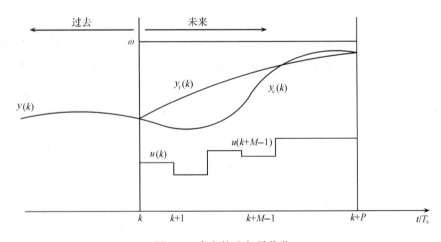

图 6.3 参考轨迹与最优化

它在未来第 j 个时刻的值为

$$y_r(k+j) = y(k) + [\omega - y(k)(1 - e^{-jT_s/\tau})] \qquad (j = 0, 1, \cdots) \qquad (6\text{-}23)$$

式中，ω 为输出设定值；τ 参考轨迹时间常数；T_s 为采样周期。

若令 $\alpha = e^{-T_s/\tau}$，则式(6-23)可写成

$$y_r(k+j) = \alpha^j y(k) + (1 - \alpha^j)\omega \qquad (j = 0, 1, \cdots) \qquad (6\text{-}24)$$

采用上述形式的参考轨迹可使系统的输出能平滑地到达设定值。其中，参考轨迹的时间常数 τ 越大，即 α 值越大，则系统的"平滑性"越好，鲁棒性越强，但响应变差。可见，α 是一个重要参数，它对闭环系统的动态特性和鲁棒性将起重要作用，其选择应同时兼顾上述各项指标。

（4）滚动优化

优化中使用的最优控制律由所选用的性能指标来确定，通常选用输出预测误差和控制量加权的二次型性能指标，其表示形式如下：

$$J(k) = \sum_{j=1}^{P} q_j [y_c(k+j) - y_r(k+j)]^2 + \sum_{i=1}^{M} r_i [u(k+i-1)]^2 \qquad (6\text{-}25)$$

式中，q_j，r_i 分别为预测输出误差与控制量的加权系数。

将性能指标写成矢量形式

$$\boldsymbol{J}(k) = [\boldsymbol{Y}_c(k+1) - \boldsymbol{Y}_r(k+1)]^T \boldsymbol{Q} [\boldsymbol{Y}_c(k+1) - \boldsymbol{Y}_r(k+1)] + \boldsymbol{U}(k)^T \boldsymbol{R} \boldsymbol{U}(k) \qquad (6\text{-}26)$$

式中，$\boldsymbol{Y}_r(k+1) = [y_r(k+1) \cdots y_r(k+P)]^T$ 为参考输入矢量；$\boldsymbol{Q}$、$\boldsymbol{R}$ 为加权阵，且 $\boldsymbol{Q} = \mathrm{diag}(q_i, \cdots, q_p)$，$\boldsymbol{R} = \mathrm{diag}(r_i, \cdots, r_M)$。

对未知控制矢量 $\boldsymbol{U}(k)$ 求导，即令 $\dfrac{\partial \boldsymbol{J}(k)}{\partial \boldsymbol{U}(k)} = 0$，可得最优控制律

$$\boldsymbol{U}(k) = (\boldsymbol{G}_1^T \boldsymbol{Q} \boldsymbol{G}_1 + \boldsymbol{R})^{-1} \boldsymbol{G}_1^T \boldsymbol{Q} [\boldsymbol{Y}_r(k+1) - \boldsymbol{G}_2 \boldsymbol{U}(k-1) - \boldsymbol{H}e(k)] \qquad (6\text{-}27)$$

式(6-27)中控制矩阵 $(\boldsymbol{G}_1^T \boldsymbol{Q} \boldsymbol{G}_1 + \boldsymbol{R})^{-1}$ 为一 $M \times M$ 维矩阵。由式(6-27)可一次性同时计算出从 k 到 $k+M-1$ 时刻的 M 个控制量，但在实际执行时，一般都采用闭环控制算法，即只执行当前时刻的控制作用 $u(k)$，而下一时刻的控制量 $u(k+1)$ 再按式(6-27)递推一步计算得到。因此最优控制量可写成

$$u(k) = \boldsymbol{d}_1^T [\boldsymbol{Y}_r(k+1) - \boldsymbol{G}_2 \boldsymbol{U}(k-1) - \boldsymbol{H}e(k)] \qquad (6\text{-}28)$$

式中，$\boldsymbol{d}_1^T = [1 \quad 0 \quad \cdots \quad 0](\boldsymbol{G}_1^T \boldsymbol{Q} \boldsymbol{G}_1 + \boldsymbol{R})^{-1} \boldsymbol{G}_1^T \boldsymbol{Q}$。

MAC 算法在一般情况下会出现静态误差，这是由于它以 u 作为控制量，从本质上导致了比例性质的控制。

6.2.3　动态矩阵控制

动态矩阵控制（DMC）算法也是一种基于被控对象非参数数学模型的控制算法，与 MAC 算法不同的是，它以系统的阶跃响应模型作为内部模型。它同样适用于渐近稳定的线性对象，对于弱非线性对象，可在工作点处首先线性化；对于不稳定对象，可先采用常规 PID 控制使其达到渐近稳定，然后再使用 DMC 算法。

DMC 控制包括模型预测、反馈校正和滚动优化三个部分。

（1）模型预测

在 DMC 中，首先需测定对象单位阶跃响应的采样值 $a_i = a(iT_s)$ $(i = 1, 2, \cdots)$，其中 T_s 为采样周期。

对于渐近稳定对象,阶跃响应在某一时刻 $t_N = NT_s$ 后将趋于平稳,因此可认为 a_N 已近似等于阶跃响应的稳态值 $a_s = a(\infty)$。从而可以近似用有限集合 $\{a_1, a_2, \cdots, a_N\}$ 来加以描述。这个集合的参数构成了 DMC 的模型参数,向量 $[a_1, \cdots, a_N]^T$ 称为模型向量,N 则称为模型时域。N 的选择应确保使过程响应值已接近稳态值,则该系统的模型可表示为

$$y(k) = \sum_{i=1}^{N} a_i \Delta u(k-i) \tag{6-29}$$

式中,$\Delta u(k-i) = u(k-i) - u(k-i-1)$ 为 $(k-i)$ 时刻作用在系统上的控制增量。

虽然阶跃响应是一种非参数数学模型,但由于线性系统具有比例性和叠加性,故采用这组模型参数,在给定的输入控制增量 $\Delta U(k) = [\Delta u(k), \Delta u(k+1), \cdots, \Delta u(k+M-1)]^T$ 作用下,系统未来时刻的输出预测值为

$$\hat{y}(k+1) = y_0(k+1) + a_1 \Delta u(k)$$
$$\hat{y}(k+2) = y_0(k+2) + a_2 \Delta u(k) + a_1 \Delta u(k+1)$$
$$\vdots$$
$$\hat{y}(k+P) = y_0(k+P) + a_p \Delta u(k)$$
$$+ a_{p-1} \Delta u(k+1) + \cdots + a_{p-M+1} \Delta u(k+M-1) \tag{6-30}$$

式中,$y_0(k+j)$ 是 j 时刻无控制增量作用时的模型输出初值。

将式(6-30)写成矩阵形式为

$$\hat{Y}(k+1) = Y_0(k+1) + A \Delta U(k) \tag{6-31}$$

式中,$\hat{Y}(k+1)$ 为 k 时刻有 $\Delta U(k)$ 作用时未来 P 个时刻的预测模型输出矢量,$\hat{Y}(k+1) = [\hat{y}(k+1) \cdots \hat{y}(k+P)]^T$;$Y_0(k+1)$ 为 k 时刻无 $\Delta U(k)$ 作用时未来 P 个时刻的输出初始矢量,$Y_0(k+1) = [y_0(k+1) \cdots y_0(k+P)]^T$;$A$ 为动态矩阵

$$A = \begin{bmatrix} a_1 & \cdots & & 0 \\ a_2 & a_1 & & \\ \vdots & \vdots & \ddots & \vdots \\ a_M & a_{M-1} & \cdots & a_1 \\ \vdots & \vdots & & \vdots \\ a_P & a_{P-1} & \cdots & a_{P-M+1} \end{bmatrix}_{P \times M}$$

模型输出初值 $Y_0(k+1)$ 是由 k 时刻以前加在输入端的控制增量产生的,假定从 $k-N$ 到 $k-1$ 时刻加入的控制增量分别为:$\Delta u(k-N), \Delta u(k-N+1), \cdots, \Delta u(k-1)$,而在 $k-N-1$ 时刻以前的控制增量为零,则有

$$y_0(k+1) = a_N \Delta u(k-N) + a_N \Delta u(k-N+1)$$
$$+ a_{N-1} \Delta u(k-N+2) + \cdots + a_2 \Delta u(k-1)$$
$$y_0(k+2) = a_N \Delta u(k-N) + a_N \Delta u(k-N+1)$$
$$+ a_N \Delta u(k-N+2) + a_{N-1} \Delta u(k-N+3)$$
$$+ \cdots + a_3 \Delta u(k-1)$$
$$\vdots$$
$$y_0(k+P) = a_N \Delta u(k-N) + \cdots + a_N \Delta u(k-N+P)$$
$$+ a_{N-1} \Delta u(k-N+P+1) + \cdots$$
$$+ a_{P+2} \Delta u(k-2) + a_{P+1} \Delta u(k-1) \tag{6-32}$$

将式(6-32)写成矩阵形式

$$\boldsymbol{Y}_0(k+1) = \overline{\boldsymbol{A}}_0 \, \Delta \boldsymbol{U}(k-1) \tag{6-33}$$

式中

$$\overline{\boldsymbol{A}}_0 = \begin{bmatrix} a_N & a_N & a_{N-1} & a_{N-2} & \cdots & & a_3 & a_2 \\ a_N & a_N & a_N & a_{N-1} & \cdots & & a_4 & a_3 \\ \vdots & \vdots & \vdots & \vdots & & & \vdots & \vdots \\ a_N & a_N & a_N & a_N & \cdots & a_{N-1} & \cdots & a_{P+2} & a_{P+1} \end{bmatrix}_{P \times N}$$

$$\Delta \boldsymbol{U}(k-1) = \begin{bmatrix} \Delta u(k-N) \\ \Delta u(k-N+1) \\ \vdots \\ \Delta u(k-1) \end{bmatrix}$$

对上式作进一步变换,将控制增量化为全量形式,并注意到 $\Delta u(k-N-1)=0$,则有

$$\boldsymbol{Y}_0(k+1) = \boldsymbol{A}_0 \boldsymbol{U}(k-1) \tag{6-34}$$

式中

$$\boldsymbol{A}_0 = \begin{bmatrix} a_N - a_{N-1} & a_{N-1} - a_{N-2} & a_{N-2} - a_{N-3} & \cdots & a_3 - a_2 & a_2 \\ & a_N - a_{N-1} & a_{N-1} - a_{N-2} & \cdots & a_3 - a_2 & a_3 \\ & & & \vdots & \vdots & \vdots \\ & & a_N - a_{N-1} & \cdots & a_{P+2} - a_{P+1} & a_{P+1} \end{bmatrix}_{P \times (N-1)}$$

$$\boldsymbol{U}(k-1) = \begin{bmatrix} u(k-N+1) \\ u(k-N+2) \\ \vdots \\ u(k-1) \end{bmatrix}$$

将式(6-34)代入式(6-31)中,即可求出用过去施加于系统的控制量表示初值的预测模型输出为

$$\hat{\boldsymbol{Y}}(k+1) = \boldsymbol{A} \, \Delta \boldsymbol{U}(k) + \boldsymbol{A}_0 \boldsymbol{U}(k-1) \tag{6-35}$$

式(6-35)表明,预测模型输出由两部分组成:第一项为待求的未知控制增量产生的输出值;第二项为过去控制量产生的已知输出初值。

(2) 反馈校正

由于模型误差和扰动的影响,系统的输出预测值需在预测模型输出的基础上,用实际输出误差进行校正,即

$$y_c(k+j) = \hat{y}(k+j) + he(k), \qquad j=1,2,\cdots,P \tag{6-36}$$

写成矩阵形式为

$$\boldsymbol{Y}_c(k+1) = \hat{\boldsymbol{Y}}(k+1) + \boldsymbol{H}e(k) = \boldsymbol{A} \, \Delta \boldsymbol{U}(k) + \boldsymbol{A}_0 \boldsymbol{U}(k-1) + \boldsymbol{H}e(k) \tag{6-37}$$

式中,$\boldsymbol{Y}_c(k+1) = [y_c(k+1) \cdots y_c(k+P)]^{\mathrm{T}}$ 为反馈校正后的模型预测输出矢量;$e(k) = y(k) - \hat{y}(k)$ 为实测输出 $y(k)$ 和预测值 $\hat{y}(k)$ 之差;$\boldsymbol{H} = [h_1, \cdots, h_P]^{\mathrm{T}}$,$h_j$ 为对应于第 j 步输出的反馈校正系数。

(3) 滚动优化

通常采用下述二次型指标函数

$$J(k) = [\boldsymbol{Y}_c(k+1) - \boldsymbol{Y}_r(k+1)]^T \boldsymbol{Q}[\boldsymbol{Y}_c(k+1) - \boldsymbol{Y}_r(k+1)]$$
$$+ \Delta \boldsymbol{U}(k)^T \boldsymbol{R} \Delta \boldsymbol{U}(k) \tag{6-38}$$

令 $\dfrac{\partial \boldsymbol{J}(k)}{\partial \Delta \boldsymbol{U}(k)} = 0$，可得最优控制

$$\Delta \boldsymbol{U}(k) = (\boldsymbol{A}^T \boldsymbol{Q} \boldsymbol{A} + \boldsymbol{R})^{-1} \boldsymbol{A}^T \boldsymbol{Q}[\boldsymbol{Y}_r(k+1) - \boldsymbol{A}_0 \boldsymbol{U}(k-1) - \boldsymbol{He}(k)] \tag{6-39}$$

当前时刻的控制增量

$$\Delta u(k) = \boldsymbol{d}_1^T[\boldsymbol{Y}_r(k+1) - \boldsymbol{A}_0 \boldsymbol{U}(k-1) - \boldsymbol{He}(k)] \tag{6-40}$$

式中，$\boldsymbol{d}_1^T$ 为 $(\boldsymbol{A}^T \boldsymbol{Q} \boldsymbol{A} + \boldsymbol{R})^{-1} \boldsymbol{A}^T \boldsymbol{Q}$ 的第 1 行。若只执行当前时刻的控制增量 $\Delta u(k)$，则仅需计算式(6-40)即可。

一般来说，P 越大，M 越小，系统的稳定性越好，但系统的响应也越慢。例如，对于一阶过程

$$g_p(s) = \frac{1}{5s+1}$$

在图 6.4 中，可以清楚看到预测时域长度 P 对系统的影响。当 $M=1$，$R=0$ 时，若 $P=1$，输出可以在一个时间单位快速达到稳态；而 $P=5$ 时，系统进入稳态会慢很多。

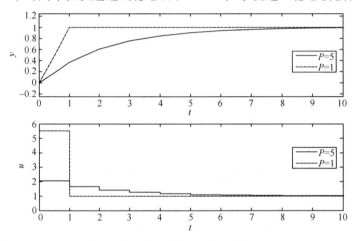

图 6.4　某一阶过程模型预测控制阶跃响应

对于具有逆向特性的过程，模型预测控制时应注意 P 不能取得过小。考虑一个具有逆向特性的反应器

$$g_p(s) = \frac{0.5848(-0.3549s+1)}{0.1828s^2 + 0.8627s + 1}$$

取 $M=1$，$R=0$，从图 6.5(a)中可以发现，当 P 为 10 或 25 时，系统的控制效果并没有明显改变，说明 P 可取更低的值。当 $P \leqslant 7$ 时，闭环系统变得不稳定，如图 6.5(b)所示。

由于仿真采用的都是精确模型，所以系统的不稳定并不是由模型误差引起的。这是因为，如果 P 太小，那么最初的阶跃响应系数将占主导地位。因此当响应系数从一开始的负值变为正值时，预测就会产生误差。这与使用 PID 控制时控制器增益取错正负号是一样的道理。可见，对具有逆向特性的过程，采用模型预测控制时 P 不能取得过小。

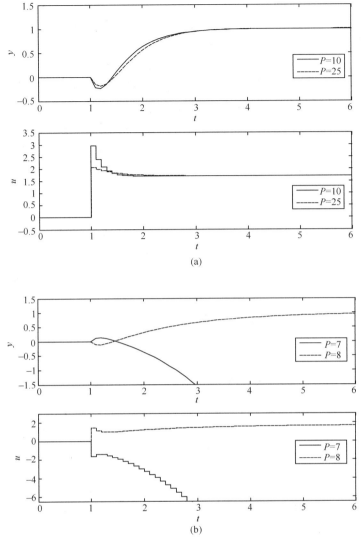

图 6.5 具有逆向特性的反应器模型预测控制阶跃响应

(a) 稳定情况 　(b) 不稳定情况

6.3 模 糊 控 制

模糊控制是智能控制的一个重要组成部分。一些由传统控制方法难以实现的复杂控制,往往可以由一个熟练的操作人员凭着丰富的实践经验取得满意的控制结果。究其原因,是由于操作人员在实施控制过程中,并非按照一个所谓的数学模型去操作,而是根据他对被控对象正常工作状态和当前测量数据所反映出的系统状态(偏低、正常或偏高等)的理解,结合长期的操作经验来完成的。

总结操作人员手动控制过程,可描述为以下几个步骤:首先,系统的精确测量值反映到大脑中;其次,参照系统的正常范围在大脑中将测量值转化为模糊值(低、正常、高),并依据系统工作特性进行推理做出控制决策(如阀门开度的开大或关小);最后,将控制决策转化为明确的控制值(操作幅度)实现对系统的控制。可见,控制过程中存在着一个模糊推理决策的过程,正是这一过程使得操作人员实现了对复杂被控对象及动作过程的理想控制。模糊控制理论正是吸收了人脑的这种推理特点。

利用模糊数学的方法描述人类对事物的分析过程,就是将人类的实践经验加以整理,总结出一套拟人化的、定性的工程控制规则而形成的一种智能控制理论和方法。与传统的控制技术相比,具有无须知道被控对象数学模型、构造容易、鲁棒性好、易于理解等特点。

现代控制领域中的模糊控制技术就是以模糊集合论为数学基础的。模糊集(fuzzy set)理论由美国控制理论专家查德(L. A. Zadeh)教授于 1965 年首次提出,1974 年英国的马丹尼(Mamdani)首先把模糊集理论用于锅炉和蒸汽机的控制之中,并取得了良好的控制效果。

6.3.1 模糊逻辑基础

现实世界中各种事物的概念大体上可分为两大类:一类具有明确的内涵和外延,例如,男人、女人,气体、固体等。这一类概念具有明确的边界,如果用某一属性集合对它们进行分类,则某一个体属于且仅属于一个确定的集合。而另一类别则不具有明确的边界,例如,成年人、青年人、高个子、冷与热等。同样,用某一属性集合分类时,无法将它们中的某一个体明确地划归为某一特定集合中,而这种不具有边界的模糊概念在现实世界中随处可见。对于这样一些事物,传统的集合论就变得无能为力了,而模糊集合论正是处理模糊概念的有力工具。

为便于理解,下面首先介绍模糊逻辑的几个定义和运算方法。

(1) 模糊子集定义

设给定论域 U,U 到[0,1]闭区间的任一映射 μ_A 确定 U 的一个模糊子集 A

$$\mu_A : U \to [0,1]$$

$$u \to \mu_A(u) \tag{6-41}$$

式中,μ_A 称为模糊子集的隶属函数,$\mu_A(u)$ 称为 u 对于 A 的隶属度。

$\mu_A(u)$ 是一个[0,1]闭区间,而经典集合中用"完全属于"或"完全不属于"(1 或 0)来表示一个元素是否属于集合 A。可以说,应用模糊子集的描述和处理技术,使现实世界中的一些模糊事物连续变化的值和概念得到了满意的分类。

模糊集合往往有多种表示方式,其中 Zadeh 表示方法最为常见。按照 Zadeh 表示法,若 U 为离散有限域$\{u_1, u_2, \cdots, u_n\}$时,对论域 U 上的模糊集合 F 有

$$F = \frac{F(u_1)}{u_1} + \frac{F(u_2)}{u_2} + \cdots + \frac{F(u_n)}{u_n} \tag{6-42}$$

式中,$\frac{F(u_i)}{u_i}$不代表"分式",而是表示元素 u_i 对于集合 F 的隶属度 $\mu_F(u_i)$ 和元素 u_i 的对应关系。同样"+"并不表示"加法",而是表示具体元素 u_i 间的排序与整体间的关系。

(2) 模糊集合的运算

对于模糊集合,元素和集合之间不存在属于和不属于的明确关系,但是集合与集合之间还是存在相等、包含以及与经典集合论一样的集合运算,如并、交、补等。

设 A、B 是论域 U 的模糊集,若对任意 $u \in U$ 都有 $B(u) \leqslant A(u)$,则称 B 是 A 的一个子集,记作 $B \subseteq A$。若对任一 $u \in U$ 都有 $B(u) = A(u)$,则称 B 等于 A,记作 $B = A$。

模糊集合的运算与经典集合的运算相似,只是利用集合中的特征函数或隶属度函数来

定义类似的操作。设 A、B 为 U 中两个模糊子集,隶属度函数分别为 μ_A 和 μ_B,则模糊集合中的并、交、补等运算可以按如下方式定义。

模糊集合的并($A \cup B$)的隶属度函数 $\mu_{A \cup B}$ 对所有 $u \in U$ 被逐点定义为取大运算,即

$$\mu_{A \cup B} = \mu_A(u) \bigvee \mu_B(u) \tag{6-43}$$

式中,符号"$\vee$"为取极大值运算。

模糊集合的交($A \cap B$)的隶属度函数 $\mu_{A \cap B}$ 对所有 $u \in U$ 被逐点定义为取小运算,即

$$\mu_{A \cap B} = \mu_A(u) \bigwedge \mu_B(u) \tag{6-44}$$

式中,符号"$\wedge$"为取极小值运算。

模糊集合 A 的补隶属度函数 $\mu_{\overline{A}}$ 对所有逐点定义为

$$\mu_{\overline{A}} = 1 - \mu_A(u) \tag{6-45}$$

例 6.1 模糊集合的运算。

设论域 $U = \{u_1, u_2, u_3, u_4, u_5, u_6\}$ 中的两个模糊子集为

$$A = \frac{0.7}{u_1} + \frac{0.6}{u_2} + \frac{1.0}{u_3} + \frac{0.4}{u_4} + \frac{0.2}{u_5}, \quad B = \frac{0.6}{u_1} + \frac{0.4}{u_2} + \frac{0.3}{u_3} + \frac{0.4}{u_4} + \frac{0.7}{u_5}$$

则

$$A \cup B = \frac{0.7 \bigvee 0.6}{u_1} + \frac{0.6 \bigvee 0.4}{u_2} + \frac{1.0 \bigvee 0.3}{u_3} + \frac{0.4 \bigvee 0.4}{u_4} + \frac{0.2 \bigvee 0.7}{u_5}$$

$$= \frac{0.7}{u_1} + \frac{0.6}{u_2} + \frac{1.0}{u_3} + \frac{0.4}{u_4} + \frac{0.7}{u_5}$$

$$A \cap B = \frac{0.7 \bigwedge 0.6}{u_1} + \frac{0.6 \bigwedge 0.4}{u_2} + \frac{1.0 \bigwedge 0.3}{u_3} + \frac{0.4 \bigwedge 0.4}{u_4} + \frac{0.2 \bigwedge 0.7}{u_5}$$

$$= \frac{0.6}{u_1} + \frac{0.4}{u_2} + \frac{0.3}{u_3} + \frac{0.4}{u_4} + \frac{0.2}{u_5}$$

需要注意的是,模糊集合并、交、补运算不满足互补律,即

$$(A \cap \overline{A}) \neq \varnothing, \qquad (A \cup \overline{A}) \neq U \tag{6-46}$$

这是因为模糊集合 A 没有明确的外延,因而其补集也没有明确的外延,从而 A 与 $\overline{A}$ 存在重叠的区域,则其交集不为空集 $\varnothing$,并集也不为全集 U。

(3)隶属度函数

普通集合用特征函数(函数值为 1 或 0)来刻画,而模糊集合是用隶属度函数来描述的。在模糊集合论的应用中确定一个合适的隶属度函数是一个关键问题。但是,现实事物的种种模糊性及其不确定性决定了找到一种统一的隶属度函数的方法是不现实的。

隶属度函数的选择没有一个统一的标准,在处理模糊问题时,随着处理任务、对象性质的不同可以选择不同的隶属度函数形式。在实际控制问题中,根据能够满足一般要求,也可简化计算的原则,常采用的几种隶属度函数如图 6.6 所示。

(4)模糊关系

模糊关系是模糊数学的重要组成部分。当论域有限时,模糊关系可用模糊矩阵来描述,这为模糊关系的运算带来了极大方便。

设 $A \times B$ 是集合 A 和 B 的直积,以 $A \times B$ 为论域定义的模糊集合 R 称为 A 和 B 的模糊关系。

当 A、B 皆为有限的离散集合时,A 和 B 的模糊集合关系 $\boldsymbol{R}$ 可用矩阵表示,称为模糊关系矩阵。即

$$\boldsymbol{R}_{A\times B}=(r_{ij})_{m\times n}=(\mu_R(a_i,a_j))_{m\times n} \qquad (i=1,2,\cdots,m;\quad j=1,2,\cdots,n) \quad (6\text{-}47)$$

式中，$\mu_R(a_i,a_j)$ 是序偶 (a_i,a_j) 的隶属度，它的大小反映了 (a_i,a_j) 是否存在关系 $\boldsymbol{R}$ 的程度。

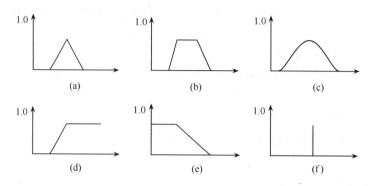

图 6.6　常用的隶属度函数

（a）三角形　（b）梯形　（c）正态分布　（d）S 形　（e）Z 形　（f）单点形

对于部分系统，存在着诸如 IF A THEN B,IF B THEN C 这种多重推理关系。为了解决多重模糊推理的输入、输出的关系，引入了模糊关系的合成概念。

设 $\boldsymbol{R}_1$ 是 X 和 Y 的模糊关系，$\boldsymbol{R}_2$ 是 Y 和 Z 的模糊关系，那么，$\boldsymbol{R}_1$ 和 $\boldsymbol{R}_2$ 的合成是 X 到 Z 的一个模糊关系，记作 $\boldsymbol{R}_1\circ\boldsymbol{R}_2$，其隶属度函数为

$$\mu_{R_1\cdot R_2}(x,z)=\bigvee_{y\in Y}\{\mu_{R_1}(x,y)\wedge\mu_{R_2}(y,z)\},\quad \forall(x,z)\in X\times Z \quad (6\text{-}48)$$

例 6.2　模糊关系。

设 $\boldsymbol{R}_1$ 和 $\boldsymbol{R}_2$ 分别代表 $X\times Y$ 和 $Y\times Z$ 上的模糊关系，求 X 到 Z 的模糊关系。

已知

$$\boldsymbol{R}_1=\begin{bmatrix}1 & 0.2 & 0.5\\ 0.1 & 0.4 & 0.1\\ 0.3 & 0.9 & 0\end{bmatrix},\quad \boldsymbol{R}_2=\begin{bmatrix}0.4 & 0.9\\ 0.7 & 1\\ 0.1 & 0.3\end{bmatrix}$$

则

$$\boldsymbol{R}_1\circ\boldsymbol{R}_2=\begin{bmatrix}1 & 0.2 & 0.5\\ 0.1 & 0.4 & 0.1\\ 0.3 & 0.9 & 0\end{bmatrix}\circ\begin{bmatrix}0.4 & 0.9\\ 0.7 & 1\\ 0.1 & 0.3\end{bmatrix}$$

$$=\begin{bmatrix}\bigvee(0.4,0.2,0.1) & \bigvee(0.9,0.2,0.3)\\ \bigvee(0.1,0.4,0.1) & \bigvee(0.1,0.4,0.1)\\ \bigvee(0.3,0.7,0) & \bigvee(0.3,0.9,0)\end{bmatrix}=\begin{bmatrix}0.4 & 0.9\\ 0.4 & 0.4\\ 0.7 & 0.9\end{bmatrix}$$

（5）模糊推理

推理就是根据已知条件，按照一定的法则、关系推断结果的思维过程。模糊推理是一种依据模糊关系的近似推理。

模糊推理在具体应用中，根据模糊关系的不同取法有着多种推理方法，其中较常用的有 Zadeh 法，其基本原理如下。

设 A 是 U 上的模糊集合，B 是 V 上的模糊集合，模糊蕴涵关系"若 A 则 B"用 $A{\rightarrow}B$ 表示，则 $A{\rightarrow}B$ 是 $U\times V$ 上的模糊关系，即

$$R=A\rightarrow B=(A\wedge B)\vee(1-A) \quad (6\text{-}49)$$

确定了上面的模糊关系后，即可据此进行模糊推理。

例 6.3 模糊推理。

设论域 $X = Y = \{1,2,3,4,5\}$，X,Y 上的模糊子集"大"、"小"、"较小"分别定义为

$$\text{"大"} = \frac{0.5}{4} + \frac{1}{5}, \quad \text{"小"} = \frac{1}{1} + \frac{0.5}{2}, \quad \text{"较小"} = \frac{1}{1} + \frac{0.4}{2} + \frac{0.2}{3}$$

已知规则：若 x 小，则 y 大。则当 $x = $"较小"时，$y$ 如何？

解 已知 $\mu_{\text{小}}(x) = [1 \quad 0.5 \quad 0 \quad 0 \quad 0]$，$\mu_{\text{大}}(y) = [0 \quad 0 \quad 0 \quad 0.5 \quad 1]$

且 $\mu_{\text{较小}}(x) = [1 \quad 0.4 \quad 0.2 \quad 0 \quad 0]$

由 Zadeh 推理法 $\mu_{\text{小}\rightarrow\text{大}}(x,y) = [\mu_{\text{小}}(x) \wedge \mu_{\text{大}}(y)] \vee [1 - \mu_{\text{小}}(x)]$ 可推得关系矩阵 R 为

$$R = \begin{bmatrix} 0 & 0 & 0 & 0.5 & 1 \\ 0.5 & 0.5 & 0.5 & 0.5 & 0.5 \\ 1 & 1 & 1 & 1 & 1 \\ 1 & 1 & 1 & 1 & 1 \\ 1 & 1 & 1 & 1 & 1 \end{bmatrix}$$

由 $\mu_{\text{较大}}(y) = \mu_{\text{较小}}(x) \circ R$ 有

$$[1 \quad 0.4 \quad 0.2 \quad 0 \quad 0] \circ R = [0.4 \quad 0.4 \quad 0.2 \quad 0 \quad 0]$$

$$\circ \begin{bmatrix} 0 & 0 & 0 & 0.5 & 1 \\ 0.5 & 0.5 & 0.5 & 0.5 & 0.5 \\ 1 & 1 & 1 & 1 & 1 \\ 1 & 1 & 1 & 1 & 1 \\ 1 & 1 & 1 & 1 & 1 \end{bmatrix}$$

$$= [0.4 \quad 0.4 \quad 0.4 \quad 0.5 \quad 1]$$

则 x 较小时的推理结果是

$$\mu_{\text{较大}}(y) = \frac{0.4}{1} + \frac{0.4}{2} + \frac{0.4}{3} + \frac{0.5}{4} + \frac{1}{5}$$

上述结果可理解为"多少有些大"，即"若 x 较小，则 y 多少有些大"。可见，此推理结果与人类的思维推理是一致的。

6.3.2 模糊控制系统

模糊控制系统是一种应用模糊集合、模糊语言变量和模糊逻辑推理知识、模拟人的模糊思维方法，对复杂系统实行控制的一种智能控制系统。对于一类缺乏精确数学模型的被控对象的控制问题也可依据系统的模糊关系，利用模糊条件语句写出控制规则，设计出较理想的控制系统，这在实际工程控制中具有显著的实用价值。图 6.7 给出了模糊控制系统的一般结构。

可见，模糊控制系统的构成与常规的反馈控制系统的主要区别就在于控制器。模糊控制器主要是由模糊化、模糊推理机和精确化三个功能模块和知识库（包括数据库和规则库）构成的。

（1）模糊化（fuzzification）

模糊化的作用是将输入的精确量转换成模糊化量。输入值的模糊化是通过论域的隶属度函数实现的。

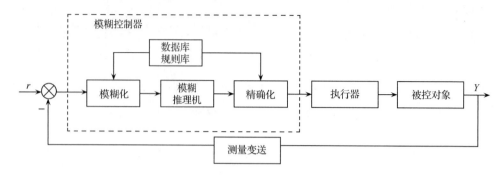

图 6.7　模糊逻辑控制系统基本构成

（2）知识库（knowledge base）

知识库主要由数据库和模糊规则库两部分组成。

数据库提供了论域中必要的定义，它主要规定了模糊空间的量化级数、量化方式、比例因子以及各模糊子集的隶属度函数等。

规则库包含着用模糊语言变量表示的一系列控制规则，是由若干条 IF A THEN B 型的模糊条件语句所构成。

实际操作中控制器根据系统状态，查找满足条件的控制规则，按一定的方式计算出控制输出模糊变量，对被控对象施加控制作用。

模糊控制规则是实施模糊推理和控制的重要依据，获得和建立适当的模糊控制规则是十分重要的。规则库的建立主要依靠专家经验、控制工程知识以及操作人员的实际控制过程等，这些经验与知识很容易写成条件式构成模糊控制规则。

（3）模糊推理（fuzzy inference）

推理决策是模糊控制的核心，它利用知识库中的信息和模糊运算方法，模拟人的推理决策的思想方法，在一定的输入条件下激活相应的控制规则给出适当的模糊控制输出。

（4）精确化过程（defuzzification）

通过模糊化推理得到的结果是一个模糊量，是一组具有多个隶属度值的模糊向量。而控制系统执行的输出信号应是一个确定的量值。因此，在模糊控制应用中，必须将控制器的模糊输出量转化成一个确定值，即进行精确化过程。常用的精确化方法有两种，即最大隶属度法和重心法。

对于最大隶属度法，若输出量模糊集合的隶属度函数只有一个峰值，则取隶属度函数的最大值为精确值，选取模糊子集中隶属度最大的元素作为控制量。若输出模糊向量中有多个最大值，一般取这些元素的平均值作为控制量。

例 6.4　最大隶属度法。

已知两个模糊输出子集分别为

$$U_1 = \frac{0.2}{2} + \frac{0.7}{3} + \frac{1.0}{4} + \frac{0.7}{5} + \frac{0.2}{6}$$

$$U_2 = \frac{0.1}{-4} + \frac{0.4}{-3} + \frac{0.8}{-2} + \frac{1.0}{-1} + \frac{1.0}{0} + \frac{0.4}{1}$$

求相应的精确控制量 u_{10} 和 u_{20}。

解　根据最大隶属度法，很容易求得

$$u_{10} = \mathrm{d}f(U_1) = 4$$

$$u_{20} = \mathrm{d}f(U_2) = \frac{-1-0}{2} = -0.5$$

最大隶属度法的优点是计算简单,但由于该法利用的信息量较少,会引起一定的控制偏差,一般应用于控制精度要求不高的场合。

重心法是取模糊隶属度函数曲线与横坐标围成面积的中心为模糊推理输出的精确值,对于具有 n 个输出量化级数的离散域情况有

$$u_0 = \frac{\sum\limits_{i=1}^{n} u_i \mu_{c'}(u_i)}{\sum\limits_{i=1}^{n} \mu_{c'}(u_i)}$$

式中,u_0 为精确化输出量;u_i 为输出变量,$\mu_{c'}(u_i)$ 为模糊集隶属度函数。

与最大隶属度法相比较,重心法具有更平滑的输出推理控制。

例 6.5 重心法。

设条件同例 6.4,用重心法计算精确值 u_{10} 和 u_{20} 如下:

$$u_{10} = \frac{0.2 \times 2 + 0.7 \times 3 + 1.0 \times 4 + 0.7 \times 5 + 0.2 \times 6}{0.2 + 0.7 + 1.0 + 1 + 0.7 + 0.2} = 4.0$$

$$u_{20} = \frac{0.1 \times (-4) + 0.4 \times (-3) + 0.8 \times (-2) + 1 \times (-1) + 1.0 \times 0 + 0.4 \times 1}{0.1 + 0.4 + 0.8 + 1.0 + 1.0 + 0.4}$$

$$= -1.03$$

6.3.3 模糊控制器设计

模糊控制器的设计包含以下几个步骤:

(1) 定义输入输出变量

确定控制器输入输出变量是模糊控制器设计的首要工作。按控制器的输入输出来定义,模糊控制器可分为单输入单输出及多输入多输出两种形式。对于单输入单输出模糊控制,又可以分为一维控制器、二维控制器和多维控制器。

图 6.8 给出了单输入单输出不同维数的模糊控制器结构。

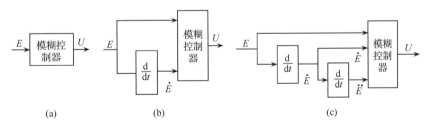

(a)　　　　　　　(b)　　　　　　　(c)

图 6.8　模糊控制器结构

(a) 一维模糊控制器　(b) 二维模糊控制器　(c) 三维模糊控制器

一般来说,模糊控制器的维数越高,控制精度越高,但也导致了控制器规则复杂,控制算法实现困难等问题,目前广泛应用的大多是二维控制器。

(2) 定义所有变量的模糊化条件

根据受控系统的实际情况,决定输入变量的测量范围和输出变量的控制作用范围,以进一步确定每个变量的论域;安排每个变量的语言值及其对应的隶属度函数。

（3）设计控制规则库

这是一个把专家知识和熟练操作工的经验转换为用语言表达的模糊控制规则的过程。

（4）设计模糊推理结构

这一部分可以通过设计不同推理算法的软件在计算机上来实现，也可以采用专门设计的模糊推理硬件集成电路芯片来实现。

（5）选择精确化策略的方法

即精确化计算时在一组输出量中找到一个有代表性的值，或者说对推荐的不同输出量进行最终控制。

下面以一个具体例子来说明模糊控制器的设计过程。

设有一加热炉温度控制系统，要求将温度稳定在某设定值（设为 0 点）附近。控制参数为蒸汽量。

（1）确定输入输出变量

模糊控制器选用系统的实际温度 T 与温度设定 T_{SP} 的偏差 $e=T_{SP}-T$ 及其变化 de 作为输入变量，把送到执行器的控制信号 u 作为输出变量，这样就构成一个二维模糊控制器，如图 6.9 所示。

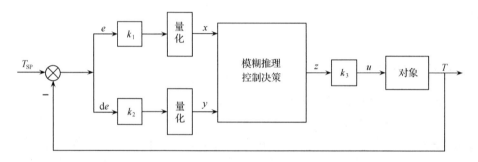

图 6.9　模糊逻辑控制结构

（2）定义模糊化条件

首先，取三个语言变量的量化等级都为 9 级，即 $x,y,z=\{-4,-3,-2,-1,0,1,2,3,4\}$。误差 e 的论域为 $[-50,50]$；误差变化 de 的论域为 $[-150,150]$；控制输出 u 的论域为 $[-64,64]$。则各比例因子为

$$k_1=4/50=2/25,\quad k_2=4/150=2/75,\quad k_3=64/4$$

其次，确定各语言变量论域内模糊子集的个数。本例中都取 5 个模糊子集，即 PB（正大），PS（正小），ZE（零），NS（负小），NB（负大）。各语言变量模糊子集通过隶属度函数来定义。为了提高稳态点控制的精度，这里采用非线性量化方式，给出模糊集的隶属度如表 6.1 所示。

（3）模糊控制规则的确定

模糊控制规则实际上是将操作员的控制经验加以总结而得出一条条模糊条件语句的集合。确定模糊控制规则的原则是必须保证控制器的输出能够使系统输出响应的动、静态特性达到最佳。总结得到控制规则库如表 6.2 所示。

表 6.1　模糊集的隶属度函数

误差 e	-50	-30	-15	-5	0	5	15	30	50
误差率 de	-150	-90	-30	-10	0	10	30	90	150
控制 u	-64	-16	-4	-2	0	2	4	16	64
量化等级	-4	-3	-2	-1	0	1	2	3	4
状态变量	相关的隶属度函数								
PB	0	0	0	0	0	0	0	0.35	1
PS	0	0	0	0	0	0.4	1	0.4	0
ZN	0	0	0	0.2	1	0.2	0	0	0
NS	0	0.4	1	0.4	0	0	0	0	0
NB	1	0.35	0	0	0	0	0	0	0

表 6.2　控制规则库

de ╲ e	NB	NS	ZE	PS	PB
NB	*	PB	PB	PS	NB
NS	PB	PS	PS	ZE	NB
ZN	PB	PS	ZE	NS	NB
PS	PB	ZE	NS	NS	NB
PB	PB	NS	NB	NB	*

表 6.2 中共列出了 23 条规则,带"＊"号的表示实际中不可能出现的状态,每一条规则可用对应的条件语句来表示,如

$$\text{IF } e = \text{PS and } de = \text{PB then } u = \text{NB}$$

即若误差为正小,并且误差变化率为正大,则控制作用为负大。

根据模糊控制规则,合理地选用模糊推理机制和精确化方法并编制必要的计算机软件即可完成模糊控制器的设计。

模糊控制表是最简单的模糊控制器之一。它可以通过查询控制表,将当前时刻模糊控制器的输入变量量化值(如误差、误差变化量化值)所对应的控制输出值作为模糊逻辑控制器的最终输出,从而达到快速实时控制。表 6.3 即为模糊控制器的控制表。

表 6.3　模糊控制表

e_i ╲ u_{ij} ╲ de_j	-4	-3	-2	-1	0	1	2	3	4
-4	4	3	3	2	2	3	0	0	0
-3	3	3	3	2	2	2	0	0	0
-2	3	3	2	2	1	1	0	-1	-2
-1	3	2	2	1	1	0	-1	-1	-2
0	2	2	1	1	0	-1	-1	-2	-2
1	2	1	1	0	-1	-1	-2	-2	-3
2	1	1	0	-1	-1	-2	-2	-3	-3
3	0	0	0	-1	-2	-2	-3	-3	-3
4	0	0	0	-1	-2	-2	-3	-3	-4

由于模糊控制表是离线进行的,因此它不影响模糊控制器实时运行的速度。一旦模糊控制表建立起来,模糊逻辑推理控制的算法就是简单的查表法,运算速度极快,完全可以满足实时控制的要求。在实际运行时,控制表可根据运行效果进行修正。

6.4 神经网络控制

人工神经网络(artificial neural network,ANN)是通过大量人工神经元(处理单元)的相互连接而组成的复杂网络。它模拟人脑细胞分布式工作特点和自组织功能,具有很强的并行处理能力、自适应性、自学习能力、非线性映射能力、鲁棒性和容错能力。

基于人工神经网络的控制简称神经网络控制(neural network control,NNC)。神经网络控制也是一种基本上不依赖于模型的控制方法,神经网络控制具有快速并行处理、自学习及适用于高度不确定性和非线性系统的特点。在工业控制领域,神经网络控制已成为智能控制的一个重要分支,越来越受到人们的重视。

6.4.1 神经网络概念

1. 人工神经元模型

人工神经网络是由模拟生物神经元的人工神经元相互连接而成的,图6.10描述了最典型的人工神经元模型,它是神经网络的基本处理单元。

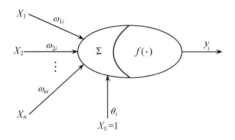

图 6.10 人工神经元模型

该神经模型的输入、输出关系可描述为

$$s_i = \sum_{j=1}^{n} \omega_{ji} x_j - \theta_i = \sum_{j=0}^{n} \omega_{ji} x_j$$
$$\omega_{0i} = -\theta_i, \quad x_0 = 1$$
$$y_i = f(s_i) \tag{6-50}$$

式中,θ_i 为阈值;ω_{ji} 表示从神经元 j 到神经元 i 的连接权值;$f(\cdot)$ 称为输出激发函数,可为线性函数或非线性函数,图6.11表示了几种常见的激发函数。

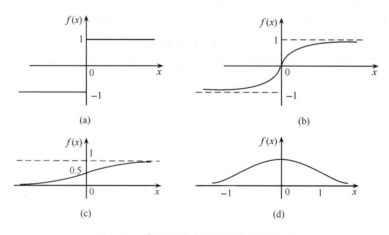

图 6.11 常见的激发函数及数学表达式

(a) $f(x) = \begin{cases} 1, & x \geq 0 \\ -1, & x \leq 0 \end{cases}$ (b) $f(x) = \dfrac{1-e^{-\mu x}}{1+e^{-\mu x}}$ (c) $f(x) = \dfrac{1}{1+e^{-\mu x}}$ (d) $f(x) = e^{-x^2/\delta^2}$

2. 神经网络模型和学习方法

（1）网络模型

神经网络是由大量的神经元广泛互连而成的网络，每个神经元在网络中构成一个节点，它接受多个节点的输出信号，并将自己的状态输出到其他节点。利用人工神经元可以构成多种不同拓扑结构的神经网络，其中前馈型网络（feedforward NN）和反馈型网络（feedback NN）是两种典型的结构模型。

前馈型网络由输入层、中间层（隐层）和输出层组成，每一层的神经元只接受前一层神经元的输出，并输出到下一层，这是神经网络的一种典型结构。这种网络结构简单，用静态非线性映射系统，通过简单非线性处理单元的复合映射，可获得复杂的非线性处理能力。前向网络具有很强的分类及模式识别能力，典型的前向网络有感知器网络、BP 网络和 RBF 网络等。

反馈型神经网络中任意两个神经元之间都可能连接，即网络的输入节点及输出节点均有影响存在，因此，信号在神经元之间反复传递，各神经元的状态要经过若干次变化，逐渐趋于某一稳定状态。Hopfield 网络就是典型的反馈型神经网络。

（2）学习算法

人工神经网络应用的重要前提是使网络具有相当的智能水平，而这一智能特性是通过网络学习来实现的。所谓神经网络的学习，就是通过一定的算法实现对神经元间结合强度（权值）的调整，从而使其具有记忆、识别、分类、信息处理和问题优化求解等功能。

目前，针对神经网络的学习已开发出多种实用且有效的学习方式及相应算法。主要有有教师学习（supervised learning）、无教师学习（unsupervised learning）和再励学习（reinforced learning）等方式。

在有教师学习方式中，给定一组输入数据下的网络输出与给定的期望输出（教师数据）进行比较，通过两者差异调整网络的权值，最终的训练结果使其差异达到给定的范围内。无教师学习时，事先设定一套学习规则，学习系统按照环境提供数据的某些统计规律及事先设定的规则自动调整权值，使网络具有某一特定功能。再励学习是介于上述两者之间的一种学习方式，在这种学习中，环境将对网络的输出给出评价信息（奖或罚），学习系统将通过这些系统调整权值，改善自身特性。

3. 典型神经网络模型

（1）BP 网络

BP（back propagation）网络是一种采用误差反向传播学习方法的单向传播多层次前向网络，其结构如图 6.12 所示。

BP 网络学习属于有教师学习，其学习过程由正向传播和反向传播组成，正向传播过程中输入信号自输入层通过隐含层传向输出层，每层的神经元仅影响下一层神经元状态。而在输出层不能得到期望输出时，则实行反向传播，将误差信号沿

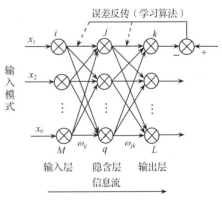

图 6.12 BP 网络

原通路返回，并将误差分配到各神经元，进而通过修改各层神经元的权值，使输出误差信号

最小。

BP 网络中各神经元采用的激发函数是 Sigmoid 函数如下：

$$f(x) = \frac{1}{1 + e^{-(x-\theta)}} \tag{6-51}$$

式中，θ 表示偏值或阈值。

可以证明，一个三层 BP 网络，通过对教师信号的学习，改变网络参数，可在任意平方误差内逼近任意非线性函数。BP 网络在模式识别、系统辨识、优化计算、预测和自适应控制领域有着较为广泛的应用。

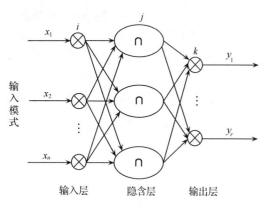

图 6.13　RBF 网络

（2）RBF 网络

RBF（radial basis function）网络即径向基函数神经网络，其网络结构也为三层结构，如图 6.13 所示。

RBF 网络是一种局部逼近的神经网络，即它对于输入空间的某个局部区域，只有少数几个连接权值影响网络输出，从而使局部逼近，网络具有学习速度较快的特点。

RBF 网络隐含层节点（称 RBF 节点）由像高斯函数的作用函数构成，输出节点通常是简单的线性函数。这里所选取的高斯函数为

$$\mu_j(\boldsymbol{x}) = e^{-\frac{(x-c_j)^2}{\sigma_j^2}} \qquad (j = 1, 2, \cdots, n) \tag{6-52}$$

式中，μ 是第 j 个隐层节点的输出；$\boldsymbol{x} = (x_1, x_2, \cdots, x_n)^{\mathrm{T}}$ 是输出样本；c_j 是高斯函数的中心值；σ_j 是第 j 个高斯函数的尺度因子；n 是隐层节点数。

由式（6-52）可知，节点的输出范围在 0 到 1 之间，且输入样本越靠近节点中心，输出值越大。

RBF 网络的输出是其隐层节点输出的线性组合，即

$$y_i = \sum_{j=1}^{n} \omega_{ij} \mu_i(x) \qquad (i = 1, 2, \cdots, m) \tag{6-53}$$

式中，m 为输出层节点数。

RBF 网的学习过程与 BP 网的学习过程是类似的，两者的主要差别在于各自使用不同的作用函数，BP 网中隐层节点使用的是 Sigmoid 函数，其函数值在输入空间中无限大的范围为零值。而 RBF 网中使用的是高斯函数，属局部逼近的神经网络。

（3）Hopfield 网络

Hopfield 网络属反馈型网络，可分为连续型和离散型两种类型，图 6.14 描述了离散型 Hopfield 网络的结构。

由图 6.14 可见，它是一个单层网络，共有 n 个神经元节点，每个节点输出均连接到其他神经元的输入，各节点没有自反馈，图中的每个节点都附有一阈值 θ_j，ω_{ij} 是神经元 i 与 j 间的连接权值。

对于每一个神经元节点有

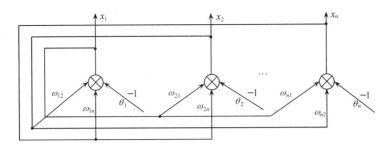

图 6.14　离散 Hopfield 网络

$$
\begin{cases}
s_i = \sum_{j=1}^{n} \omega_{ij} x_j - \theta_i \\
x_i = f(s_i)
\end{cases}
\tag{6-54}
$$

整个网络有异步和同步两种工作方式。

异步方式每次只有一个神经元节点进行状态的调整计算，其他节点的状态均保持不变，即

$$
\begin{cases}
x_i(k+1) = f\Big(\sum_{j=1}^{n} \omega_{ij} x_j(k) - \theta_i \Big) \\
x_j(k+1) = x_j(k), \quad j \neq i
\end{cases}
\tag{6-55}
$$

其调整次序可以随机选定，也可按规定的次序进行。

而同步方式中，所有的神经元节点同时调整状态，即

$$
x_i(k+1) = f\Big(\sum_{j=1}^{n} \omega_{ij} x_j(k) - \theta_i \Big)
\tag{6-56}
$$

上述同步计算方式也写成如下的矩阵形式：

$$
\boldsymbol{X}(k+1) = f(\boldsymbol{WX}(k) - \boldsymbol{\theta}) = \boldsymbol{F}(s)
\tag{6-57}
$$

式中，$\boldsymbol{X} = [x_1, x_2, \cdots, x_n]^{\mathrm{T}}$ 和 $\boldsymbol{\theta} = [\theta_1, \theta_2, \cdots, \theta_n]^{\mathrm{T}}$ 是向量；$\boldsymbol{W}$ 是由 ω_{ij} 所组成的 $n \times n$ 维矩阵；$\boldsymbol{F}(s) = [f(s_1), f(s_2), \cdots, f(s_n)]^{\mathrm{T}}$ 是向量函数，其中

$$
f(s) = \begin{cases}
1, & s \geqslant 0 \\
-1, & s < 0
\end{cases}
$$

离散 Hopfield 网络实际上是一个离散的非线性动力学系统。因此，如果系统是稳定的，则它可以从一个初态收敛到一个稳定状态；若系统是不稳定的，由于节点输出 1 或 -1 两种状态，因而系统不可能出现无限发散，只可能出现限幅的自持振荡或极限环。

6.4.2　神经网络控制

神经网络具有较好的自组织、自学习、自适应能力，在工业控制中，典型的神经网络控制主要有监督控制、直接逆控制、神经网络内模控制和神经网络预测控制等。

1. 监督控制

一些复杂的生产过程，由于其输入输出关系非常复杂，具有很强的非线性、大滞后、时变性和不确定性，难以设计建立在被控对象数学模型基础上的传统控制回路。然而有经验的操作人员对生产状态进行监督，不时地修正控制指令，则可实现有效控制。因此，利用神经

网络学习控制行为，即可建立一个有效的神经网络监督控制回路。神经网络的输入是被控系统的历史输入输出量，而输出是当前的控制量。图6.15给出了此类神经网络控制方法的结构示意图。

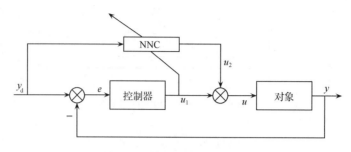

图 6.15　神经网络监督控制

从图中可以看出，神经网络监督控制实际上就是建立人工控制方式的模型，经过学习，神经网络将记忆人工控制方式的动态特性，具备人工控制相应的能力。在接收到传感器送来的信号后，输出与人工控制相似的控制作用。

2. 直接逆控制

直接逆控制中采用动态系统的逆函数模型作为控制器。

假定动态系统可由下列非线性差分方程表示：

$$y(k+1) = f[y(k),y(k-1),\cdots,y(k-n+1),$$
$$u(k),u(k-1),\cdots,u(k-m+1)] \tag{6-58}$$

这属于完全的黑箱类模型，设函数 f 可逆，即有

$$u(k) = f^{-1}[y(k+1),y(k),\cdots,y(k-n+1),$$
$$u(k-1),u(k-2),\cdots,u(k-m+1)] \tag{6-59}$$

式(6-59)即为动态系统的逆模型，注意到式(6-59)中对于 k 时刻来说，$y(k+1)$ 是一个周期后的未来值，是未知的。但在计算上可用 $(k+1)$ 时刻的期望值 $y_d(k+1)$ 来代替，而求出当前的控制值 $u(k)$。

神经网络的直接逆控制就是将被控对象的神经网络逆模型直接与被控对象串联起来，利用 $f^{-1}(\cdot)$ 作为控制器，输入 $(k+1)$ 时刻系统的期望输出，实现理想控制。

由上面的叙述可知，该方法的可用性很大程度上取决于逆模型的准确程度，由于缺乏反馈，简单连接的直接逆控制对于对象的时变性、扰动等非常敏感，鲁棒性很差，因此，一般应使其具有在线学习能力，即逆模型的连接权值必须能够在线修正。

神经网络直接逆控制结构方案如图6.16所示，NN1 和 NN2 具有完全相同的网络结构，并采用相同学习方法，而 $u(t)$ 和 $v(t)$ 的差 $e(t)$ 进一步修正网络权值，实现网络的在线学习。当然，NN2 亦可由其他的更一般的评价函数来代替。

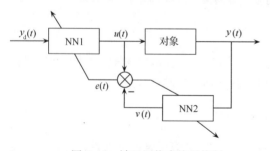

图 6.16　神经网络直接逆控制

3. 神经网络内模控制

内模控制的基本原理已在 6.1 节介绍过。神经网络内模控制系统结构如图 6.17 所示。

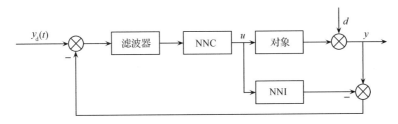

图 6.17　神经网络内模控制

图中，NNC 为神经网络控制器（逆模控制器），NNI 是被控对象的正向模型，用于充分逼近被控对象的动态特征，也称作神经网络状态估计器。

在内模控制中系统的正向模型（NNI）与实际系统并联，两者输出之差被用作反馈信号。此反馈信号经线性滤波器处理后送给神经网络控制器（NNC）作为控制器的输入信号，同时也作为其在线学习的信息。在内模控制中，若 NNI 能够完全准确地表达被控对象的输入输出关系，并且不考虑扰动时，反馈信号等于 0，系统等效于直接逆控制。若由于模型不准确等原因使 $y \neq y_d$ 时，由于负反馈的存在仍可使 y 接近于 y_d。因此，该方案具有较好的鲁棒性。

4. 神经网络预测控制

神经网络预测控制如图 6.18 所示。其中神经网络预测器用于建立非线性被控对象的预测模型，并可在线学习修正。利用此预测模型，就可以自由控制输入 $u(t)$，预报出被控系统在将来一段时间内的输出值。

$$y(t+j \mid t), \qquad j = N_1, N_1+1, \cdots, N_2 \tag{6-60}$$

式中，N_1、N_2 分别为最小与最大输出预报水平，反映了所考虑的跟踪误差和控制增量的时间范围。

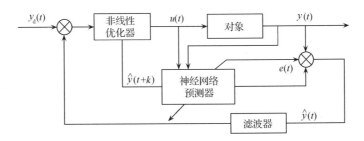

图 6.18　神经网络预测控制

由于这里的非线性优化器实际上是一个优化算法，因此可以利用动态反馈网络来实现这一算法，并进一步构成动态网络预测器。

除上述控制外，还有神经网络自适应控制、神经网络 PID 控制等，读者可自行参阅相关文献。

6.5 专家控制

所谓专家控制(expert control)就是将专家系统的理论和技术同控制理论、技术和方法相结合,在未知环境下,仿效专家的智能,实现对系统的控制,使得工程控制达到专家级控制水平的一种控制方法。基于专家控制的原理所设计的系统或控制器,分别称为专家控制系统或专家控制器。专家控制也是智能控制的一个重要分支。

6.5.1 专家系统概述

1. 专家系统的基本构成

从本质上讲,专家系统是一种基于知识的系统,在其内部存有大量关于某一领域的专家级水平的知识和经验,它使用人类的知识和解决问题的方法去求解和处理该领域的各种问题。尤其是对那些无算法解问题,以及经常需要在不完全、不确定知识信息基础上做出结论的问题解决方面表现出了其知识应用的优越性和有效性。

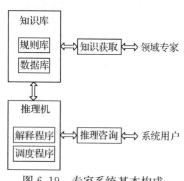

图 6.19　专家系统基本构成

专家系统的主要功能取决于大量的知识及合理完备的智能推理机构。一般来说,专家系统是一个包含着知识和推理的智能计算机程序系统。其基本构成如图 6.19所示。

知识库是知识的存储器,主要由规则库和数据库两部分构成。其中规则库存储着作为专家经验的判断性知识,用于问题的推理和求解。常见的知识表示方法主要有:逻辑因果图、产生式规则、框架理论、语义网络等,尤以产生式规则使用最多。而数据库用于存储表征应用对象的特性、状态、求解目标、中间状态等数据,供推理和解释机构使用。

知识库通过知识获取机构与领域专家相联系,实现知识库的修正更新以及知识条目的测试、精炼等对知识库的操作。

推理机是专家系统的"思维"机构。实际上是一个运用知识库提供的知识,基于某种通用的问题求解模型进行自动推理求解的计算机软件系统,承担着控制并执行专家推理的过程。推理机的具体构造根据特定问题的领域特点、专家系统中知识表示方法等特性而确定。一般来说,这一软件系统主要由解释程序和调度程序两部分构成。其中解释程序用于检测和解释知识库中的相应规则,决定如何使用判断性知识推导新知识,而调度程序则判断并决定各知识规则的应用次序。

推理机通过推理咨询人机接口与系统用户相联系,通过人机接口接受用户的提问,并向用户提供问题求解结论及推理过程。

2. 专家系统的特点

专家系统利用计算机内存储的相应知识,模拟人类专家的推理决策过程,求解复杂问题,它具有如下基本特点。

（1）具有专家水平的知识信息处理系统

其知识库内存储的知识是领域专家的专业知识和实际操作经验的总结和概括；推理机构依据知识的表示和知识推理确定问题的求解途径并制定决策求解问题。专家系统在对于传统方法不易解决的问题求解中能够表现出专家的技能及技巧。

（2）对问题求解具有高度灵活性

专家系统的两个重要组成部分——知识库和推理机是相互独立又相互作用的，这种构造形式使得知识的扩充和更新灵活方便。系统运行时，推理机构可根据具体问题的不同特点，灵活地选择相应知识，构成求解方案，具有较灵活的适应性。

（3）启发式和透明的求解过程

专家系统求解问题是能够运用人类专家的知识对不确定或不精确问题进行启发式的搜索和试探性的推理，同时能够向用户显示其推理依据和过程。

（4）具有一定的复杂性和难度

人类的知识，特别是经验性知识，大多是模糊的或不完全的，这给知识的归纳、表示造成了一定的困难，也带来了知识获取的瓶颈问题；另外，专家系统在问题求解中不存在确定的求解方法和途径，在客观上造成了构造专家系统的困难性和复杂性。

由于专家系统方法在解决问题方面表现出的实用性和有效性，人们已经开发出了适用于各领域的多种专家系统。根据解决问题的性质不同，专家系统可分为诊断型、预测型、决策型、设计型和控制型几大类。这里仅对控制型专家系统作一介绍。

6.5.2 专家控制系统

专家系统的技术特点为解决传统控制理论的局限性提供了重要的启示。专家控制系统的功能在一定程度上包含了传统控制系统的功能，同时又具有专家级智能、逻辑推理、决策等功能。在控制技术方面，很大程度上克服了传统控制理论在实际应用中的不足。

专家控制主要有两种形式，即专家控制系统和专家控制器。前者系统结构复杂，研制代价高。后者结构简单，研制成本低，但其性能也能满足工业控制的一般要求，因而获得了较广泛的应用。

1. 专家控制系统的结构

目前，专家控制系统还没有统一的体系结构。图 6.20 给出了一个专家控制系统的典型

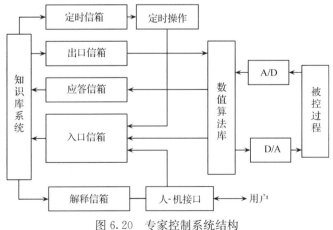

图 6.20　专家控制系统结构

结构,它由知识库系统、数值算法库和人-机接口三个并发运行的子过程构成。

系统的控制器主要由数值算法库和知识库系统两部分构成。其中数值算法库包含控制、辨识和监控三种算法,用于定量的解释和数值计算。而知识库系统包含定性的启发式知识,用于逻辑推理、对数值算法进行决策、协调和组织。知识库系统的推理输出和决策通过数值算法库作用于被控过程。

2. 控制知识的表示

专家控制把控制系统视为基于知识的系统,系统包含的知识信息可表示如下:

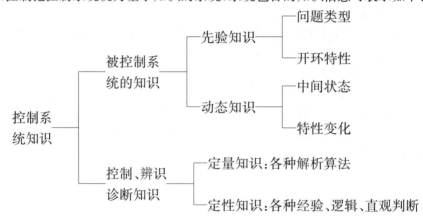

按照专家系统知识库的构造,有关控制的知识可以分类组织,形成数据库和规则库。

数据库包括的内容如下:

事实——已知的静态数据。例如,传感器测量误差、报警阈值、被控对象或过程的单元组态等。

证据——测量到的动态数据。例如,传感器的测量输出值、仪器仪表的测试结果等。

假设——由事实和证据推导得到的中间状态,作为当前事实集合的补充。例如,通过各种算法推得的状态估计等。

目标——系统的性能目标。例如,稳定性要求、静态工作点的寻优、现有控制回路改进等。

规则库中存放着专家系统中判断性知识集合及其组织结构。一般常用产生式规则表示为

IF(条件单元)THEN(操作结论)

这里条件单元即为事实、证据、假设和目标等各种数据项表示的前提条件;操作结论即为定性的推理结果。这里,推理结果是对原有条件单元知识条目的更新或是对某种控制、估计算法的激活命令。这些产生式规则包括操作者的经验和可应用的控制与估计算法,以及系统监督、诊断等规则。

3. 专家控制系统工作原理

专家控制系统的工作过程实际上是推理机控制着规则的执行过程。根据产生式规则的条件部分,推理机在规则库中重复地寻找匹配的规则,并执行匹配规则规定的动作。接着按照新的信息进行下一循环的匹配,如此不断的匹配和执行控制着专家系统的运行。

专家控制系统中的问题求解机制可以表示成如下的推理模型:

$$U = f(E, K, I)$$

式中,$U = (u_1, u_2, \cdots, u_m)$为控制器的输出作用集;$E = (e_1, e_2, \cdots, e_n)$为控制器的输入集;$K = (k_1, k_2, \cdots, k_p)$为系统的数据项集;$I = (i_1, i_2, \cdots, i_n)$为具体推理机构的输出集;$f$为一种智能算子,它一般可以表示为

$$\text{IF } E \text{ and } K \text{ THEN(IF } I \text{ THEN } U)$$

即根据输入信息E和系统中的知识信息K进行推理,然后根据推理结果I确定相应的控制行为U。

专家系统内部及与人-机接口之间的信息交流通过下列5个信箱(box)进行:

输出信箱(out box)——将控制配置命令、控制算法的参数变更值以及信息发送请求,从知识库系统发往数值算法部分。

输入信箱(in box)——将算法执行结果、监测预报信号、对于信息发送请求的答案、用户命令以及定时中断信号,分别从数值算法、人-机接口以及定时操作部分送往知识库系统。

应答信箱(answer box)——传送数值算法对知识库系统的信息发送请求的通信应答信号。

解释信箱(result box)——传送知识库系统发出的人-机通信结果。包括用户对知识库的编辑、查询、算法执行原因、推理依据、推理过程跟踪等系统运行状况的解释。

定时信箱(timer box)——用于发送知识库系统内部推理过程需要的定时等待信号,供应定时操作部分处理。

专家控制系统通过模数(A/D)及数模(D/A)转换与被控对象之间交换信息,实现控制任务。

4. 知识库系统的内部组织和推理机制

如图6.21所示,知识库系统主要由一组知识源、黑板机构和调度器三部分组成。

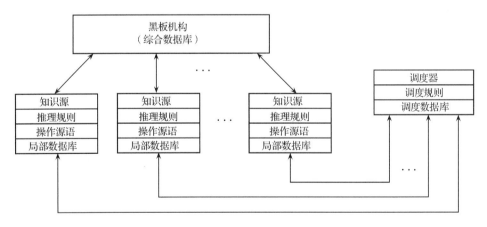

图6.21　知识库系统

整个知识库系统是基于所谓的黑板模型(blackboard approach)进行问题求解的。

黑板模型是一种高度结构化的问题求解模型,用于实时问题求解。其特点是能够决定什么时候使用知识,怎样使用知识,另外还规定了领域知识的组织方法。其中包括知识源模型以及数据库的层次结构等。

黑板机构是一个全局数据库。它存放、记录了包括事实、证据、假设和目标所说明的静

态、动态数据。这些数据分别为不同的知识源所关注。通过对知识源的访问，整个数据库起到在各个知识源之间信息传递的作用。并且通过数据源的推理，数据信息得到增删、修改、更新。

数据源是与控制问题子任务有关的一些知识模块，可以将它们看作是不同子任务领域的小专家。其中的几个部分具有如下功能：

推理规则——采用"IF-THEN"产生式规则。条件部分是全局数据库或是局部数据库中的状态描述；动作或结论部分是对黑板信息或局部数据库内容的修改或添加。

局部数据库——存放与子系统相关的中间推理结果。

操作源语——一类是对全局或局部数据库内容的增添、删除和修改操作；另一类是对本知识源或其他知识源的控制操作，包括激活、终止和固定时间间隔等待或条件等待。

调度器的作用是根据黑板的变化激活适当的知识源，并形成有次序的调度序列。调度器中的数据库用框架形式记录着各个知识源的激活状态及等待激活的条件等信息。规则库包括了体现各种调度策略的产生式规则。整个调度器的工作所需要的时间信息（如知识源等待激活、彼此中断等）是由定时器操作部分提供的。

6.5.3 专家控制器

根据专家控制系统在整个控制系统中的作用，可把专家控制系统分为直接专家控制系统和间接专家控制系统两种。专家控制系统直接作为控制器向系统提供控制信号，对被控过程产生直接作用的称为直接专家控制系统，如图 6.22(a)所示。专家控制系统的输出间接地影响被控对象，如进行控制器参数在线整定。执行控制系统的指导、协调、监督作用的专家控制系统称为间接专家控制系统，如图 6.22(b)所示。专家控制器就是将专家控制系统直接作为控制器的一种应用。

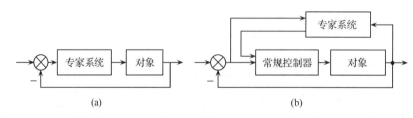

图 6.22 专家控制系统工作类型
(a) 直接专家控制系统 (b) 间接专家控制系统

专家控制器通常由知识库(KB)、控制规则集(CRS)、推理机(IE)和特征识别与信息处理(FR&IP)四部分组成。图 6.23 给出了一种工业专家控制器的结构图。

经验数据库(DB)主要存储事实和经验。主要包括被控对象的结构、类型，被控参数变化范围，控制参数的调整范围及幅值，传感器的静态、动态特性参数及阈值，控制系统的性能指标或有关的经验公式等。学习与适应装置(LA)根据在线获取的信息，补充或修改知识库的内容，改进系统性能，提高问题求解能力。专家控制器的知识库用产生式规则来建立，使得每一条规则都可独立地增删或修改，便于知识库的更新，提高知识组合应用的灵活性。

控制规则集是对被控对象的各种控制模式和经验的归纳总结。推理机构一般采用正向推理方法逐次判别各种规则的条件，满足则执行，否则继续搜索。

特征识别与信息处理模块抽取被控对象动态过程的特征信息，识别系统特征状态，并作

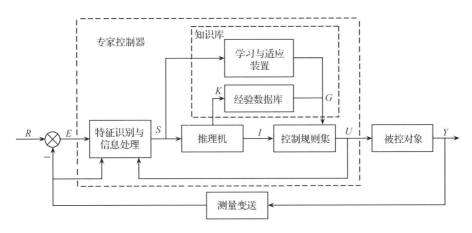

图 6.23　专家控制器构成控制系统

必要的加工,为控制决策和学习提供依据。

专家控制器的模型可表示为

$$U = f(E, K, I) \tag{6-61}$$

式中,U 为专家控制器的输出集,E 为专家控制器的输入集,I 为推理机构输出集,K 为经验知识集,智能算子 f 为几个算子的复合运算,即

$$f = g \cdot h \cdot p \tag{6-62}$$

式中,$g : E \rightarrow S; h : S \times K \rightarrow I; p : I \rightarrow U$。$S$ 为特征信息输出集;g、h、p 均为智能算子,其形式为

$$\text{IF } A \text{ THEN } B$$

其中,A 为前提条件,B 为结论。A 与 B 之间的关系可以是解析表达式、模糊关系、因果关系的经验规则等多种形式。B 还可以是一个子规则集。

习题与思考题

6.1　什么是内模控制系统?其结构如何?

6.2　设计内模控制时为何要作因式分解?实际的内模控制器如何避免对模型的过分依赖?

6.3　假设某过程的建模模型和实际模型分别为

$$\widetilde{g}_p(s) = \frac{2}{5s+1}, \quad g_p(s) = \frac{1.5(-s+1)}{(s+1)(4s+1)}$$

设计内模控制器并证明设定点跟踪时输出无静差。若要保证闭环系统的稳定性,滤波器的时间常数 λ 最小应取为多少?

6.4　假设某过程的输入输出关系如下

$$y(s) = \frac{-2(6s+1)}{(10s+1)(3s+1)} u(s)$$

设计内模控制器,并验证所设计的控制器具有和 PID+滤波等价的控制结构,其中 PID 中的哪些参数会受到内模滤波器参数 λ 的影响?

6.5　假设某过程模型如下

$$\widetilde{g}_p(s) = \frac{-0.5(-10s+1)e^{-12s}}{(5s+1)(3s+1)}$$

假设控制器 $q(s)$ 半真,采用全通分解设计内模控制器。

6.6 模型预测控制具有哪些基本特点？试列举几种具有代表性的预测控制系统。

6.7 某生化反应器在稳定工况点处的状态空间模型如下

$$A=\begin{bmatrix} 0 & 0.9056 \\ -0.75 & -2.5640 \end{bmatrix}, \quad B=\begin{bmatrix} -1.5301 \\ 3.8255 \end{bmatrix}$$

$$C=\begin{bmatrix} 1 & 0 \end{bmatrix}, \quad D=0$$

其中输入为稀释率,输出为反应物质量浓度。对该模型进行模型预测控制的仿真,设采样时间为 0.05,讨论模型长度、预测时域和控制时域对系统设定值跟踪控制性能的影响。

6.8 模糊控制器是由哪几个部分组成的？试述模糊控制系统的设计过程。

6.9 典型的神经网络模型有哪些？有哪些学习方法？

6.10 在工业控制中,有哪些典型的神经网络控制方法？

6.11 试述专家控制系统的组成及特点。专家控制系统的结构如何？

第7章 串级控制系统

教学要求

本章将介绍串级控制系统的有关知识,重点介绍串级控制系统的典型结构、应用场合、主要特点以及设计方法。学完本章后,应能达到如下要求:

- 掌握串级控制系统的典型结构;
- 掌握串级控制系统的主要特点;
- 掌握串级控制系统的设计方法;
- 了解串级控制系统参数整定方法;
- 了解串级控制系统的应用场合。

在前面章节中,都是以单回路控制系统为基础介绍的。单回路控制系统适用于控制要求不高的一般性场合,约占总过程控制系统数量的一半以上,而本章介绍的串级控制系统是仅次于单回路控制系统的另一类使用广泛的控制系统,它是改善控制质量的有效方法之一,在过程控制中得到了广泛应用,约占总数的20%左右。

7.1 串级控制系统结构

7.1.1 串级控制问题的提出

单回路控制系统一般情况下都能满足正常生产的要求,但是当对象容量滞后或纯滞后较大,负荷和干扰变化比较剧烈而频繁,或是工艺对产品质量提出的要求很高(如有的产品纯度要求达到99.99%)时,采用单回路控制方法就不太有效,于是就出现了一种所谓串级控制系统。下面以隔焰式隧道窑温度控制系统为例来说明串级控制系统的结构。

隧道窑是对陶瓷制品进行预热、烧成、冷却的装置。制品在窑道的烧成带内按工艺规定的温度进行烧结(一般为 1300±5℃)。由于烧成带的烧结温度是影响产品质量的重要控制指标之一,因此,选择窑道烧成带的温度作为被控变量,选择燃料流量作为操纵变量。如果火焰直接在窑道烧成带燃烧,燃烧气体中的有害物质将会影响产品的光泽和颜色,所以,就出现了隔焰式隧道窑。火焰在燃烧室中燃烧,热量经过隔焰板辐射加热烧成带。图 7.1 为隔焰式隧道窑烧成带温度控制系统工艺流程图,相应的原理方框图如图 7.2 所示。

根据控制系统方框图的分析可知,影响烧成带温度 T_1 的各种干扰因素都被包括在闭环控制回路当中,只要干扰造成 T_1 偏离设定值,控制器就会根据偏差的情况,通过控制阀改变燃料的流量,从而把变化了的 T_1 重新调回到设定值。但实际使用结果表明,这种控制方案的控制质量很差,远远达不到生产工艺的要求。其原因是从调节阀到窑道烧成带滞后时间太大,如果燃料的压力发生波动,将导致燃料流量发生变化,必将引起燃烧室温度的波动,再经过隔焰板的传热、辐射,引起烧成带温度变化。因为只有烧成带温度出现偏差后,才能发现干扰的存在,所以对于燃料压力的干扰不能及时发现。虽然烧成带温度出现误差,控

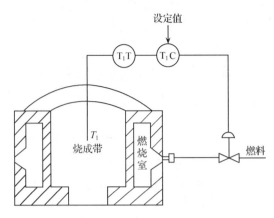

图 7.1　隔焰式隧道窑烧成带温度控制系统

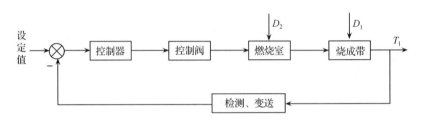

图 7.2　隔焰式隧道窑烧成带温度控制系统方框图

制器可以根据偏差性质适当改变调节阀的开度,从而改变燃料的流量,对烧成带温度加以控制。可是这个调节作用同样要经历燃烧室的燃烧、隔焰板的传热以及烧成带温度的变化这个时间滞后很长的通道,当调节过程发生作用时,烧成带的温度已偏离设定值很远了。也就是说,即使发现了偏差,也得不到及时调节,造成超调量过大,稳定性下降。如果燃料压力干扰频繁出现,对于单回路控制系统,不论如何整定控制器参数,都可能得不到满意的控制效果。

　　假定燃料的压力波动是主要干扰,而它到燃烧室的滞后时间较小、通道较短,而且还有一些次要干扰,如燃料热值的变化、助燃风流量的改变以及排烟机抽力的波动等(如图 7.2 所示用 D_2 表示),都是首先进入燃烧室。人们自然会想,能否通过控制燃烧室温度 T_2 的方法来达到稳定烧成带的温度? 于是提出了如图 7.3 所示的以燃烧室温度 T_2 作为被控变量的单回路控制系统。这种控制系统对上述干扰具有很强的抑制作用,也就是说不等到它们影响烧成带的温度,就被较早发现,及时进行控制,将它们对烧成带温度的影响降到最低程度。但是,还有一些直接影响烧成带温度的干扰,如窑道中装载制品的窑车速度、制品的原料成分、窑车上装载制品的数量以及环境温度的变化等(如图 7.2 所示用 D_1 表示),在这个控制系统中,烧成带温度已不是被控变量,所以对干扰 D_1 造成烧成带温度的变化,控制系统无法进行自动调节。

　　比较上述两个控制系统,它们各有自己的优势。如图 7.1 所示控制系统包围了所有干扰,如图 7.3 所示控制系统能对主要的和一些次要的干扰提前发现,及早控制。如果能将这两个控制系统结合起来,取长补短,发挥各自优势,就能获得比较好的控制效果。另外,控制燃烧室的温度 T_2 并不是目的,其真正目的是烧成带温度的稳定控制。因此,烧成带温度控制器应该是定值控制,起主导作用;而燃烧室温度控制器则起辅助作用,它在克服干扰 D_1

的同时,应该受烧成带温度控制器的操纵,操纵方法就是烧成带温度控制器的输出作为燃烧室温度控制器的设定值,从而就形成了如图7.4所示的串级控制系统。

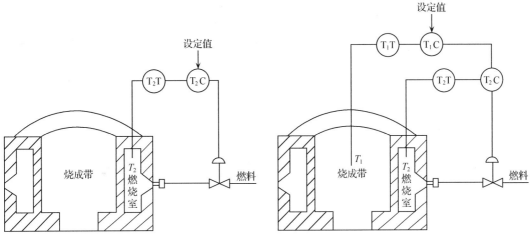

图7.3　隔焰式隧道窑燃烧室温度　　　图7.4　隔焰式隧道窑温度-温度串级
　　　　控制系统　　　　　　　　　　　　　　控制工艺流程图

所谓串级控制系统,就是采用两个控制器串联工作,主控制器的输出作为副控制器的设定值,由副控制器的输出去操纵调节阀,从而对主被控变量具有更好的控制效果,这样的控制系统称为串级控制系统。与图7.4所示串级控制系统工艺流程图相对应的控制方框图如图7.5所示。

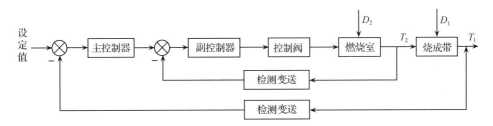

图7.5　隔焰式隧道窑温度-温度串级控制系统方框图

7.1.2　串级控制系统结构

由图7.5可以推得串级控制系统标准原理方框图如图7.6所示。

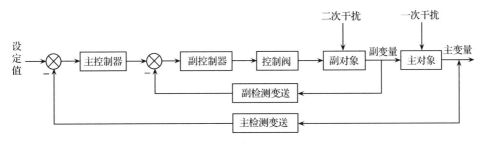

图7.6　串级控制系统标准原理方框图

在上述方框图中有以下几个名词术语：

主被控变量——在串级控制系统中起主导作用的被控变量,也称主变量。

副被控变量——串级控制系统中为了稳定主被控变量而引入的中间辅助变量,也称副变量。

主被控过程——由主被控变量表征其特性的生产过程,其输入量为副被控变量,输出量为主被控变量,也称主对象。

副被控过程——由副被控变量作为输出的生产过程,其输入量为控制变量,也称副对象。

主控制器——按主被控变量的测量值与给定值的偏差进行工作的控制器,其输出作为副控制器的给定值。

副控制器——按副被控变量的测量值与主控制器输出量的偏差进行工作的控制器,其输出直接控制调节阀动作。

主回路——在外面的闭合回路称为主回路(主环),一般由主控制器、副控制回路、主对象和主测量变送器组成。

副回路——在里面的闭合回路称为副回路(副环),一般由副控制器、副被控过程和副测量变送器组成。

主检测变送器——检测和变送主变量的称为主检测变送器。

副检测变送器——检测和变送副变量的称为副检测变送器。

一次扰动——不包括在副回路内的扰动。

二次扰动——包括在副回路内的扰动。

7.2 串级控制系统分析

串级控制系统从整体上看仍然是一个定值控制系统,主变量在扰动作用下的过渡过程和单回路定值控制系统的过渡过程具有相同的品质指标。但是,串级控制系统通过在结构上从对象中引出了一个中间变量(副变量)构成了一个副回路,从而提高了系统性能,下面从几个方面对此进行详细分析。

7.2.1 减小了被控对象的等效时间常数

根据如图 7.6 所示的方框图,代入各个环节相应的传递函数,得到如图 7.7 所示串级控制系统的一般形式。

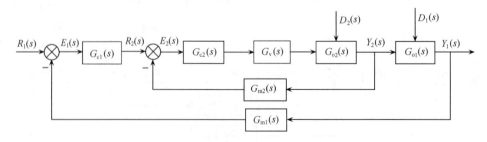

图 7.7 串级控制系统传递函数方框图

图 7.7 中 $G_{c1}(s)$、$G_{c2}(s)$ 分别为主、副控制器的传递函数；$G_{o1}(s)$、$G_{o2}(s)$ 分别为主、副对象的传递函数；$G_{m1}(s)$、$G_{m2}(s)$ 分别为主、副检测变送器的传递函数；$G_v(s)$ 为调节阀的传递函数。如果把整个副回路看作是一个等效副对象并以 $G'_{o2}(s)$ 表示其传递函数，则图 7.7 可以简化成如图 7.8 所示的单回路控制系统。

$$G'_{o2}(s) = \frac{Y_2(s)}{R_2(s)} = \frac{G_{c2}(s)G_v(s)G_{o2}(s)}{1 + G_{c2}(s)G_v(s)G_{o2}(s)G_{m2}(s)} \tag{7-1}$$

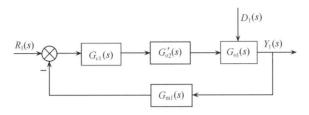

图 7.8　串级控制系统简化图

根据实际使用情况，现假设副回路中各个环节的传递函数分别为 $G_{c2}(s)=K_{c2}$（比例控制），$G_v(s)=K_v$，$G_{m2}(s)=K_{m2}$，$G_{o2}(s)=\dfrac{K_{o2}}{T_{o2}s+1}$，代入式(7-1)中，得

$$G'_{o2}(s) = \frac{K_{c2}K_v \dfrac{K_{o2}}{T_{o2}s+1}}{1 + K_{c2}K_v \dfrac{K_{o2}}{T_{o2}s+1}K_{m2}} = \frac{K_{c2}K_vK_{o2}}{T_{o2}s+1+K_{c2}K_vK_{o2}K_{m2}}$$

$$= \frac{\dfrac{K_{c2}K_vK_{o2}}{1+K_{c2}K_vK_{o2}K_{m2}}}{\dfrac{T_{o2}}{1+K_{c2}K_vK_{o2}K_{m2}}s+1} \tag{7-2}$$

现令

$$\begin{cases} K'_{o2} = \dfrac{K_{c2}K_vK_{o2}}{1+K_{c2}K_vK_{o2}K_{m2}} \\ T'_{o2} = \dfrac{T_{o2}}{1+K_{c2}K_vK_{o2}K_{m2}} \end{cases} \tag{7-3}$$

则

$$G'_{o2}(s) = \frac{K'_{o2}}{T'_{o2}s+1} \tag{7-4}$$

式中，T'_{o2} 为等效副对象的惯性时间常数；K'_{o2} 为等效副对象的放大倍数。

由于无论在什么情况下，$1+K_{c2}K_vK_{o2}K_{m2}>1$ 总是成立的。所以，由式(7-3)可以看出，串级控制系统中副回路的存在，使等效副对象的惯性时间常数 T'_{o2} 减小到原来的 $1/(1+K_{c2}K_vK_{o2}K_{m2})$ 倍，并且随着副控制器的放大系数 K_{c2} 的增大，时间常数减小得更加显著。时间常数的减小，意味着对象的容量滞后减小，使系统的反应速度加快，控制更为及时。

因为副回路的存在，减小了副对象的时间常数，对于主回路来讲，其控制通道也缩短了，克服一次干扰时，比同等条件下的单回路控制系统也更及时了。对于引入主回路的二次干扰，抗干扰能力也有一定程度的提高。

与单回路系统相比，串级控制系统多了一个副回路，只要扰动由副回路引入，则不等它影响到主参数，副回路立刻进行调节，这样，该扰动对主变量的影响就会大大减小，从而提高了主变量的控制质量，所以说串级控制系统具有较强的抗干扰能力。

7.2.2 提高了系统工作频率

串级控制系统的工作频率可以通过特征方程式求取，为此根据如图 7.8 所示简化方框图写出相应的特征方程为

$$1 + G_{c1}(s)G'_{o2}(s)G_{o1}(s)G_{m1}(s) = 0 \tag{7-5}$$

将式(7-1)代入式(7-5)，得

$$1 + G_{c1}(s)\frac{G_{c2}(s)G_v(s)G_{o2}(s)}{1 + G_{c2}(s)G_v(s)G_{o2}(s)G_{m2}(s)}G_{o1}(s)G_{m1}(s) = 0 \tag{7-6}$$

整理后可得串级控制系统特征方程为

$$1 + G_{c2}(s)G_v(s)G_{o2}(s)G_{m2}(s) + G_{c1}(s)G_{c2}(s)G_v(s)G_{o2}(s)G_{o1}(s)G_{m1}(s) = 0 \tag{7-7}$$

现设主、副回路各环节的传递函数分别为

$$G_{c1}(s) = K_{c1}, \qquad G_{c2}(s) = K_{c2}$$

$$G_{m1}(s) = K_{m1}, \qquad G_{m2}(s) = K_{m2}$$

$$G_{o1}(s) = \frac{K_{o1}}{K_{o1}s + 1}, \quad G_{o2}(s) = \frac{K_{o2}}{K_{o2}s + 1}, \quad G_v(s) = K_v$$

将这些传递函数全部代入式(7-7)，经过整理可得

$$s^2 + \frac{T_{o1} + T_{o2} + K_{c2}K_vK_{o2}K_{m2}T_{o1}}{T_{o1}T_{o2}}s + \frac{1 + K_{c2}K_vK_{o2}K_{m2} + K_{c1}K_{c2}K_{m1}K_{o1}K_{o2}K_v}{T_{o1}T_{o2}} = 0 \tag{7-8}$$

现将上述特征方程写成二阶系统的标准形式如下：

$$s^2 + 2\xi\omega_0 s + \omega_0^2 = 0 \tag{7-9}$$

式中，ξ 为串级控制系统的衰减阻尼系数；ω_0 为串级控制系统的自然振荡频率。

对式(7-9)求解，因为系统处于衰减振荡，则 $0 < \xi < 1$，所以

$$s_{1,2} = -\xi\omega_0 \pm j\omega_0\sqrt{1 - \xi^2} = -\xi\omega_0 \pm j\omega_{串} \tag{7-10}$$

式中，$\omega_{串}$ 为串级控制系统的工作频率。

$$\omega_{串} = \omega_0\sqrt{1 - \xi^2} = \frac{T_{o1} + T_{o2} + K_{c2}K_vK_{o2}K_{m2}T_{o1}}{T_{o1}T_{o2}}\frac{\sqrt{1 - \xi^2}}{2\xi} \tag{7-11}$$

为了便于与单回路控制系统进行比较，在相同的条件下按类似方法求取如图 7.9 所示单回路控制系统的工作频率。

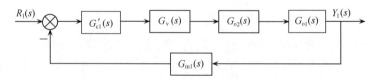

图 7.9　单回路控制系统框图

设控制器的传递函数 $G'_{c1}(s) = K'_{c1}$，其他环节的传递函数与串级控制系统相同。系统的特征方程为

$$1 + G'_{c1}(s)G_v(s)G_{o2}(s)G_{o1}(s)G_{m1}(s) = 0 \tag{7-12}$$

现将各环节传递函数代入式(7-12)，经过整理后得

$$s^2 + \frac{T_{o1} + T_{o2}}{T_{o1}T_{o2}}s + \frac{1 + K'_{c1}K_vK_{o2}K_{o1}K_{m1}}{T_{o1}T_{o2}} = 0 \tag{7-13}$$

进一步求得单回路控制系统的工作频率 $\omega_{单}$ 为

$$\omega_{\text{单}} = \frac{T_{o1} + T_{o2}}{T_{o1} T_{o2}} \frac{\sqrt{1 - \xi'^2}}{2\xi'} \tag{7-14}$$

如果通过参数整定,使串级控制系统和单回路控制系统的衰减系数相等,即 $\xi = \xi'$,则

$$\frac{\omega_{\text{串}}}{\omega_{\text{单}}} = \frac{T_{o1} + T_{o2} + K_{c2} K_v K_{o2} K_{m2} T_{o1}}{T_{o1} + T_{o2}} = \frac{1 + (1 + K_{c2} K_v K_{o2} K_{m2}) \dfrac{T_{o1}}{T_{o2}}}{1 + \dfrac{T_{o1}}{T_{o2}}} \tag{7-15}$$

由式(7-15)可见,由于 $(1 + K_{c2} K_v K_{o2} K_{m2}) > 1$,所以 $\omega_{\text{串}} > \omega_{\text{单}}$。也就是说,串级控制系统中副回路改善了对象特征,使整个系统的工作频率提高了,过渡过程的振荡周期减小了,在衰减系数相同的条件下,调节时间缩短了,提高了系统的快速性,改善了系统的控制品质。当主、副对象的特性一定时,副控制器的放大系数 K_{c2} 整定得越大,这种效果越显著。

7.2.3 对负载变化具有一定的自适应能力

一般情况下,实际生产过程中的许多对象都具有不同程度的非线性。随着操作条件和负载的变化,对象的静态增益也将发生变化,即 K_0 不是一个常数。在简单控制系统中,控制器的参数是在一定工作点处,按一定的控制质量指标整定的。整定好的控制器参数,只能适应于工作点附近的一个较小范围。如果负载变化超过了这个范围,工作点偏移较远,对象的增益将会发生明显改变,从而引起系统的总增益发生改变。这就使得原来在一定负载或工作点条件下整定的控制器参数不再适用了,控制质量将随之下降。

此时,较有效的办法是可以采用串级控制系统,将具有较大非线性的那部分对象包围到副回路中。由于副回路是一个随动控制系统,其设定值将随着主控制器的输出而变化。这样主控制器就可以按照操作条件和负载的变化情况,相应地调整副控制器的设定值,从而保证在操作条件和负载发生变化的情况下,控制系统仍然具有较好的控制质量。

可见,串级控制系统能自动地克服对象非线性特性的影响,从而显示出它对负载变化具有一定的自适应能力。

7.3 串级控制系统设计

7.3.1 设计原则

一般来说,一个设计合理的串级控制系统,当干扰从副回路进入时,其最大偏差将会减小到单回路控制系统时的 10% 以下。即使干扰是从主回路进入,其最大偏差也会减小到单回路控制系统的 1/3～1/5。但是,如果串级控制系统设计得不合理,其优越性就不能够充分体现。因此,应该十分重视串级控制系统的设计工作。

1. 主、副变量的选择

主变量的选择原则与单回路控制系统的选择原则是一致的,即选择直接或间接地反映生产过程的产品产量、质量、节能、环保以及安全等控制目的的参数作为主变量。由于串级控制系统副回路的超前校正作用,使得工艺过程比较稳定,因此,在一定程度上允许主变量有一定的滞后,也就为更灵活地选择主变量提供了一定的余地。

串级控制系统的种种优点都是因为增加了副回路。可以说,副回路的设计质量是保证

发挥串级控制系统优点的关键。副回路的设计首先就是如何从对象的多个变量中选择一个变量作为副变量。副变量的选择一般应使主要的和更多的干扰落入副回路。

由前面的分析可知,串级控制系统的副回路具有动作速度快、抗干扰能力强的特点,所以在设计串级控制系统时,应尽可能地把更多的干扰纳入副回路,特别是那些变化剧烈、幅度较大、频繁出现的主要干扰包括在副回路中。主要干扰一旦出现,副回路首先把它们克服到最低程度,减小它们对主变量的影响,从而提高了控制质量。为此,在串级控制系统设计之前,应对生产工艺中各种干扰来源及其影响程度进行必要的深入研究。

例如,对于一个加热炉出口温度控制问题,由于产品质量主要取决于出口温度,而且工艺上对它要求也比较严格,为此需要采用串级控制方案。现有两种形式可供选择,如图 7.10 和图 7.11 所示。当原油的成分和处理量比较稳定,燃料的组分也比较固定,然而燃料的压力经常波动时,采用如图 7.10 所示的串级方案比较合适,因为燃料压力波动这个干扰被包含在副环中。如果燃料压力比较稳定,而燃料组分却是经常变化的,或者原油的组成和处理量经常变化,这时若仍采用如图 7.10 所示串级方案就不能很好地解决问题了。因为这些干扰量的影响都不会在燃料压力上表现出来,也就是说这些干扰都没有被包含在副回路中。如果这时改用如图 7.11 所示的方案,效果将会好得多。因为燃料组分的改变,燃烧时产生的热值会发生变化,因而炉膛温度就会不同,因此通过炉膛温度可以反映出燃料组分的变化。此外,原油成分和处理量的改变也会改变原油的吸热量,这也会影响到炉膛温度。因此,炉膛温度既可反映燃料组分变化的影响,又能反映原油成分和处理量变化的影响,它们都被包含在副回路中,也就是说如图 7.11 所示方案中副回路包含了更多的干扰。

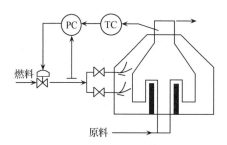

图 7.10　加热炉出口温度与
燃料压力串级控制方案

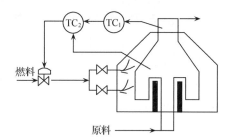

图 7.11　加热炉出口温度与
炉膛温度串级控制方案

需要说明一点,在考虑使副回路包含更多干扰时,也应考虑到副回路的灵敏度。因为,随着副回路包含的干扰增多,副回路将随之增大,副变量离主变量也就越近。这样,一方面副回路的灵敏度要降低,副回路所起的超前校正作用就不明显;另一方面,副变量离主变量比较近,干扰一旦影响到副变量,很快也就会影响到主变量,这样副回路的作用也就不大了。

2. 应使主、副对象的时间常数匹配

副回路设计得太大,主、副对象时间常数比较接近,还容易引起“共振”问题。现将主、副回路都分别看作是一个二阶振荡环节,其闭环传递函数为

$$G(s) = \frac{\omega_0^2}{s^2 + 2\xi\omega_0 s + \omega_0^2} \tag{7-16}$$

式中,ξ 和 ω_0 分别为系统阻尼系数和自然振荡频率。

系统的闭环频率特性为

$$G(\mathrm{j}\omega) = \cfrac{1}{\left(1 - \cfrac{\omega^2}{\omega_0^2}\right) + \mathrm{j}2\xi\cfrac{\omega}{\omega_0}} = M\mathrm{e}^{\mathrm{j}\alpha} \tag{7-17}$$

式中,闭环频率特性的幅值 M 和相角 α 分别为

$$\begin{cases} M = \cfrac{1}{\sqrt{\left(1 - \cfrac{\omega^2}{\omega_0^2}\right)^2 + \left(2\xi\cfrac{\omega}{\omega_0}\right)^2}} \\[4ex] \alpha = -\arctan\cfrac{2\xi\cfrac{\omega}{\omega_0}}{1 - \cfrac{\omega^2}{\omega_0^2}} \end{cases} \tag{7-18}$$

如果 M 在某一频率处存在峰值,则称这个频率为共振频率。由 $\dfrac{\mathrm{d}M}{\mathrm{d}\omega} = 0$,求得

$$\omega = \omega_r = \omega_0\sqrt{1 - 2\xi^2} \qquad (0 \leqslant \xi \leqslant 0.707) \tag{7-19}$$

式中,ω_r 为系统的共振频率;ω_0 为系统的自然频率;ξ 为阻尼系数。

将式(7-19)代入式(7-18)可以得到二阶系统幅频特性 $M\left(\dfrac{\omega}{\omega_r}\right)$ 与 $\left(\dfrac{\omega}{\omega_r}\right)$ 的关系式为

$$M\left(\frac{\omega}{\omega_r}\right) = \cfrac{1}{\sqrt{\left[1 - (1 - 2\xi^2)\left(\cfrac{\omega}{\omega_r}\right)^2\right]^2 + 4\xi^2(1 - 2\xi^2)\left(\cfrac{\omega}{\omega_r}\right)^2}} \tag{7-20}$$

从而可以得到二阶系统的幅频特性曲线如图 7.12 所示。从图中可以看出,除了当 $\omega = \omega_r$ 时,M 有一个峰值外,二阶振荡系统还有一个增幅区域,即在共振频率附近的一定区间内,系统的幅值将明显增大,并称这个区间为广义共振区。共振区的频率范围为

$$\frac{1}{3} < \frac{\omega}{\omega_r} < \sqrt{2} \tag{7-21}$$

也就是说,当外界干扰频率小于 $\dfrac{1}{3}\omega_r$ 或大于 $\sqrt{2}\omega_r$ 时,系统的幅值是很小的,甚至没有增幅。如果外界干扰频率进入 $\dfrac{1}{3}\omega_r$ 到 $\sqrt{2}\omega_r$ 区间时,系统的幅值增大,振荡加剧,甚至发生共振。

另外,根据二阶系统闭环传递函数的特征方程可知,系统的工作频率 ω_d 与系统的自然振荡频率 ω_0 有如下关系:

$$\omega_d = \omega_0\sqrt{1 - \xi^2} \tag{7-22}$$

由式(7-19)和式(7-22)可以看出,对于小的阻尼系数 ξ,ω_r 和 ω_d 几乎相等。所以如果分

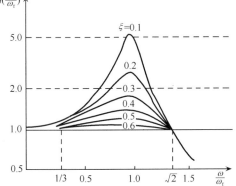

图 7.12　二阶振荡系统的幅频特性

别将主、副回路都整定到 4∶1 的衰减振荡,即 $\xi = 0.216$ 时,它们的工作频率 ω_d 与其对应的共振频率 ω_r 近似相等。即

$$\omega_{d1} = \omega_{r1}, \qquad \omega_{d2} = \omega_{r2} \tag{7-23}$$

串级控制系统的主、副回路既相互独立又密切相关,从副回路看,主控制器随时向副回

路输送信号,相当于副回路一直受到从主回路送来的一个连续性干扰,该信号频率就是主回路的工作频率 ω_{d1},也就是主回路的共振频率 ω_{r1}。而从主回路来看,副回路的输出对主回路也相当于一个连续作用的干扰,该信号的频率就是副回路的工作频率 ω_{d2},也是副回路的共振频率 ω_{r2}。如果主、副回路的工作频率很接近,彼此都落入了对方的广义共振区,那么在受到某种干扰作用的时候,主变量的变化进入副回路时,会引起副变量振幅的增加,而副变量的变化送到主回路时,又会迫使主变量变化幅值的增加,如此循环往复,使主、副变量长时间地大幅度波动,造成系统容易剧烈振荡,稳定性变差,这也就是所谓的"共振"效应。为了避免这种现象发生,在设计时务必将主、副回路的工作频率错开一定的距离。

根据图 7.12 和式(7-23)可知,避免"共振"效应的条件如下:

对于副回路有

$$\frac{1}{3} > \frac{\omega_{d1}}{\omega_{d2}} \qquad \text{或} \qquad \frac{\omega_{d1}}{\omega_{d2}} > \sqrt{2} \tag{7-24}$$

即

$$\omega_{d2} > 3\omega_{d1} \qquad \text{或} \qquad \omega_{d1} > \sqrt{2}\omega_{d2} \tag{7-25}$$

对于主回路有

$$\frac{1}{3} > \frac{\omega_{d2}}{\omega_{d1}} \qquad \text{或} \qquad \frac{\omega_{d2}}{\omega_{d1}} > \sqrt{2} \tag{7-26}$$

即

$$\omega_{d1} > 3\omega_{d2} \qquad \text{或} \qquad \omega_{d2} > \sqrt{2}\omega_{d1} \tag{7-27}$$

考虑到串级控制系统中副回路速度比较快,其工作频率 ω_{d2} 总是高于主回路的工作频率,为了保证主、副回路的工作频率都互不进入对方的共振区,可以得出不产生共振的条件为

$$\omega_{d2} > 3\omega_{d1} \tag{7-28}$$

为了确保安全,一般取

$$\omega_{d2} = (3 \sim 10)\omega_{d1} \tag{7-29}$$

又根据系统的工作频率与对象的时间常数近似成反比关系,所以在选择副变量时,应考虑主、副对象时间常数的匹配关系,通常取

$$T_{o1} = (3 \sim 10)T_{o2} \tag{7-30}$$

上述推导过程虽然是假定主、副回路均为二阶振荡环节而提出的,但也不失一般性。由于系统通过整定后,总有一对极点起主导作用,整个回路的工作频率由该极点来决定,这样就可以把这个系统当作一个近似二阶振荡系统来处理。

另外,实际应用中 T_{o1}/T_{o2} 究竟取多大,应根据对象的具体情况和控制系统所要达到的目的来确定。如果串级控制系统的目的是为了克服对象的主要干扰,那么副回路时间常数小一点为好,只要将主要干扰纳入副回路即可。如果串级控制系统的目的是为了克服对象时间常数过大和滞后严重的影响,以便改善对象特性,那么副回路的时间常数可适当大一些。如果想利用串级控制系统克服对象的非线性,那么主、副对象时间常数应该取得相差远一些。

3. 应考虑工艺上的合理性、可能性和经济性

以上讨论都是从控制质量角度来考虑的,而在实际应用时,还要考虑生产工艺的要求。

1) 副变量的选择,应考虑工艺上主、副变量的对应关系,即调整副变量能有效地影响主变量,而且可以在线检测。

2) 串级控制系统的设计,有时从控制角度看是合理、可行的,但从工艺角度看,却是不合理的。这时,应该根据工艺的具体情况改进设计。如图 7.13 所示石油炼制过程中使用的流化床催化裂化反应设计的温度与增压风流量串级控制系统。反应器中催化剂表面的结焦会引起活性的衰退,故生产过程中催化剂从待生 U 形管进入再生器烧尽表面的炭层恢复活性,再由再生 U 形管进入反应器重复使用。由于反应器中的温度是反映工艺情况的指标,所以被选为主被控变量。反应器中的催化裂化过程是一个吸热反应,其热量靠载热体与催化剂在反应器与再生器之间的循环来提供。而增压风的流量可以改变催化剂的循环量。风量大,催化剂的循环量多,携带热量大,反应温度高。因此,这个串级控制系统的设计从控制理论角度来看是合理的。但实际使用效果不理想,因为催化剂循环量的变化必然引起反应器

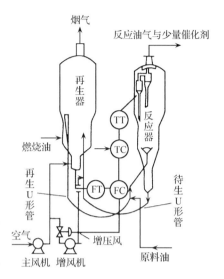

图 7.13 反应器温度与增压风量串级控制系统

内催化剂储存量的改变,而催化剂在反应器中的储存量却是裂化的一个重要操作条件,希望是稳定不变的。因此上述串级控制方案从工艺角度来看是不合理的,应该进行适当的调整。现在如果把这个串级控制方案改为增压风流量的简单控制系统,以稳定催化剂循环量,而反应器温度可通过反应器进料预热来控制,则效果更好。实践证明,这样的方案是可行的。

3) 在副回路的设计中,若出现几个可供选择的方案时,应把经济原则和控制品质要求有机地结合起来。在保证生产工艺要求的前提下,尽量选择投资少、见效快、成本低、效益好的方案。

7.3.2　主、副控制器选择

1. 控制规律的选择

在串级控制中,由于主、副控制器的任务不同,生产工艺对主、副变量的控制要求也不同,因而主、副控制器的控制规律选择也不同,一般说来有如下五种情况:

1) 主变量是生产工艺的重要指标。控制品质要求较高,超出规定范围就要出次品或发生事故。副变量的引入主要是通过闭合的副回路来保证和提高主变量的控制精度,这是串级控制系统的基本类型。

因为生产工艺对主变量的控制品质要求高,所以主控制器可以选择 PI 调节器。有时为了克服对象的容量滞后,进一步提高主变量的控制质量,可再加入微分作用,即选择 PID 控制。因为对副变量的控制品质要求不高,副控制器一般选择 P 调节器就行了,因为此时引入积分作用反而削弱了副回路的快速性。

2) 生产工艺对主变量和副变量的控制要求都较高。为了使主变量在外界干扰作用下不至于产生余差,主控制器选择 PI 调节器;同时,为了克服进入副回路干扰的影响,保证副

变量也能达到一定的控制品质要求,因此副控制器也选择 PI 调节器。

3) 对主变量控制要求不高,允许在一定范围内波动。但要求副变量能够快速、准确地跟随主控制器输出而变化。显然,此时主控制器可选择 P 调节器,而副控制器选择 PI 调节器。

4) 对主变量和副变量的控制要求都不十分严格。此时采用串级控制的目的仅仅是为了相互兼顾,主、副控制器均可选择 P 调节器。

5) 当副变量为流量等响应较快的变量时,副控制器往往采用 PI 控制算法。

2. 防积分饱和措施

如果控制器具有积分作用,那么在系统长时间存在偏差而不能消除时,控制器将出现积分饱和现象,这将造成系统控制品质下降甚至失控。在串级控制系统中,如果副控制器只是 P 作用,而主控制器是 PI 或 PID 控制时,出现积分饱和的条件与单回路控制系统相同,这时利用积分分离的措施就可以避免。

如果主、副控制器都具有积分作用,积分饱和的情况比单回路控制系统要严重得多,存在着两个控制器输出都达到饱和的可能,这时串级控制系统的失控范围要比单回路控制系统大得多。如图 7.14 所示管式加热炉出口温度和燃料油流量串级控制系统,假定主、副控制器都有积分作用。在系统运行初期或因某一特大干扰使原料油出口温度的测量值在 $t=0$ 时远远低于设定值,如图 7.15 所示,并且即使燃料油的流量调至最大也难以很快消除偏差。这时反作用的温度控制器的输出 u_1 因积分作用而不断增大,以至于进入深度饱和。流量控制器的输出 u_2 也因其设定值超过极限值在自身积分控制作用下进入深度饱和,导致控制阀全开。随着出口温度 T 的升高,t_1 时刻尽管偏差值已为零,但控制器仍处于饱和状态,阀门失去控制,温度继续升高,达到 t_2 时刻,主控制器输出才退出饱和。但副控制器因主控制器输出超过极限值,仍处于饱和之中,阀门仍是全开,出口温度继续上升。达到 t_3 时刻,副控制器才退出饱和状态,对阀门实施控制。由图 7.15 可以看出,串级控制系统因积分饱和而造成的失控时间 $\Delta t_{串} = t_3 - t_1$ 要比单回路控制系统因积分饱和而造成的失控时间 $\Delta t_{串} = t_2 - t_1$ 长一些,因此必须有效防止这种现象的发生。

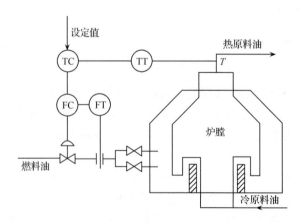

图 7.14　管式加热炉出口温度和燃料油流量串级控制系统

副控制器防止积分饱和的方法和单回路控制系统的方法相同,采用外部积分反馈法。

主控制器防止积分饱和的方法如图 7.16 所示。仍然是采用外部积分反馈法,只是其反馈信号不是主控制器的输出,而是用副变量的测量值 $Y_2(s)$ 作为主控制器的外部反馈信号,其防止主控制器积分饱和的原理如下。

如图 7.16 所示,动态过程中主控制器的输出为

$$R_2(s) = K_{c1}E_1(s) + \frac{1}{T_{I1}s+1}Y_2(s) \qquad (7\text{-}31)$$

系统正常工作时,Y_2 应不断跟随 R_2,即有 $Y_2(s) = R_2(s)$,此时主控制器输出可写成

$$R_2(s) = K_{c1}\left(1 + \frac{1}{T_{I1}s}\right)E_1(s) \qquad (7\text{-}32)$$

由式(7-32)可见,此时主控制器具有 PI 调节作用,与通常采用主控制器输出 R_2 作为正反馈信号时一致。但是当副回路由于某种原因而出现长期偏差时,即 $R_2(s) \neq Y_2(s)$,则主控制器的输出 R_2 与其输入信号 E_1 之间仅存在比例关系。而此时的 Y_2 只是主控制器输出的一个偏置值。在稳态时有

$$r_2 = K_{c1}e_1 + y_2 \qquad (7\text{-}33)$$

这就是说,r_2 不会因副回路偏差的长期存在而发生积分饱和。

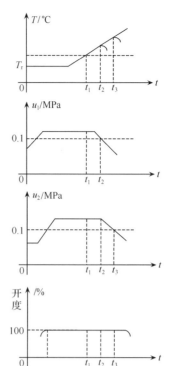

图 7.15　串级控制系统
积分饱和现象分析

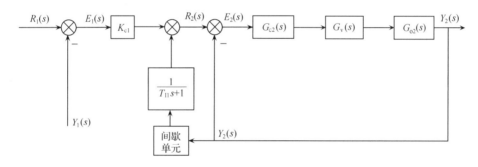

图 7.16　主控制器抗积分饱和原理

7.3.3　串级控制系统的整定

串级控制系统的主、副过程时间常数之比一般在 3～10 范围内。这样,主、副回路的工作频率和操作周期相差很大,其动态联系很小,可忽略不计。所以,一般首先整定副控制器参数,再整定主控制器参数。副控制器参数整定后,可以将副回路作为主回路的一个环节,按单回路控制系统的整定方法,整定主控制器参数,而不必再考虑主控制器参数变化对副回路的影响。另外,工业生产过程中,对于主参数的质量指标要求很高,而对副参数的质量指标没有严格要求。具体步骤如下:

1) 在工况稳定,主回路闭合,主、副控制器都在纯比例作用的条件下,主控制器的比例度 δ_1 置于 100%,用单回路控制系统的衰减(如 4:1)曲线法整定副回路。也就是控制副控制器的比例度 δ_2 由大变到小,直到副变量的过渡过程曲线呈4:1衰减振荡为止。记下此时

副控制器的比例度 δ_{2s} 和衰减振荡周期 T_{2s}。

2）将副调节器的比例度置于 δ_{2s} 的情况下，把副回路作为主回路中的一个环节，用同样方法将主控制器的比例度 δ_1 由大调到小，直到主变量的过渡过程曲线呈 4：1 衰减振荡为止。记下此时主控制器的比例度 δ_{1s} 和衰减振荡周期 T_{1s}。

3）根据求得的 δ_{2s}、T_{2s} 和 δ_{1s}、T_{1s} 之值，结合主、副控制器的选型，按单回路系统衰减曲线法整定，并计算出主、副控制器的比例度，积分时间常数和微分时间常数。

4）按先副后主、先比例后积分最后微分的整定顺序，设置主、副控制器的参数，做一些扰动试验，观察过渡过程曲线，必要时进行适当调整，直到控制质量达到满意为止。

7.4 串级控制系统设计举例

对于有较大的容量滞后或纯滞后的工艺过程，单回路控制系统往往达不到良好的动态性能。此外，一般工业生产过程都具有一定的非线性特性。当负荷变化时，过程特性会发生变化，从而会引起工作点的漂移。如果采用串级控制系统，则可以有效提高控制效果。总体来说，串级控制系统主要应用于如下一些工业场合：

1）用于克服被控过程中较大的容量滞后。

2）用于克服被控过程的纯滞后。

3）用于抑制变化剧烈而且幅度大的扰动。

4）用于克服被控过程的非线性。

下面举几个实例说明串级控制系统在工业过程中的应用情况。

例 7.1 破碎给矿系统控制。

在冶金行业选矿工艺中，大多数使用矿石破碎机对矿石进行破碎。破碎工艺是选矿工艺中的重要环节，破碎系统的主体设备是破碎机，Nordberg HP 系列矿石破碎机在正常生产时要求挤满给矿，即机腔料位要高出分料头 300mm 左右，此时破碎机生产量最大，处于最佳工作状态。

下矿量的波动（如粒度、黏度发生变化）是系统中的一个主要扰动，若仅以机腔料位作为被控参数构成单回路控制系统，当扰动发生后，由于给矿皮带的传输需要一定的时间（纯滞后），造成抵抗干扰影响的调节作用变得迟钝。对于给矿皮带较短的系统来讲，该纯滞后不太大，单回路控制系统还可以基本满足要求；但对于给矿皮带较长的系统，将导致调节作用大大滞后，且易发生振荡，系统动态品质难以得到保证。

为了克服系统纯滞后的影响，决定采用串级控制方式：即在给矿皮带上安装皮带秤，以给矿量为副变量和机腔料位为主变量构成串级控制系统，系统工艺流程如图 7.17 所示，相应的控制系统方框图如图 7.18 所示。

可见，由于粒度、黏度发生变化引起下矿量扰动发生时，由于给矿串级控制系统多了一个副回路，不等它影响到机腔料位，副回路立刻进行调节。这样，大大减小了该扰动对机腔料位的影响，从而提高了主参数的控制质量和系统的动态特性，使系统具有较强的抗扰动能力。

例 7.2 网前箱控制。

如图 7.19 所示为造纸厂纸浆由混合箱送往网前箱的工艺流程图。调配好中等浓度的纸浆由泵从储槽送至混合箱，在混合箱中与网部滤下的白水混合，配制低浓度纸浆悬浮液，

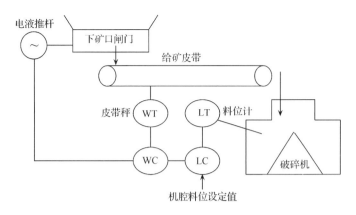

图 7.17　破碎给矿串级控制系统工艺流程

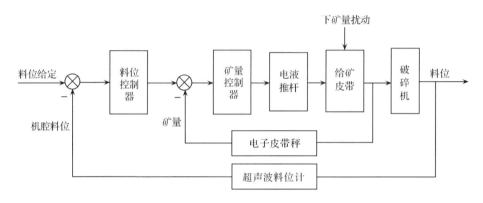

图 7.18　破碎给矿串级控制系统方框图

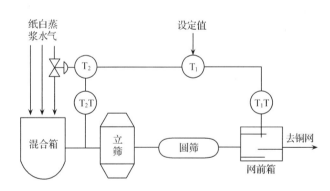

图 7.19　网前箱温度-温度串级控制系统

并被蒸汽加热至 72℃左右。经过立筛、圆筛除去杂质后送至网前箱,再以一定速度喷向造纸网脱水。为了保证纸张质量,工艺要求网前箱纸浆温度为 61±1℃。因此,将网前箱纸浆温度作为被控变量,蒸汽的流量作为操纵变量。但从混合箱到网前箱的纯滞后较大。若采用单回路控制系统,如果纸浆流量波动 35kg/min,网前箱纸浆温度的最大偏差将达 8.5℃,过渡过程时间长达 450s,根本无法满足生产工艺的要求。经分析,混合箱到网前箱尽管纯滞后较大,但进入回路的干扰因素较少。而干扰因素大多集中在混合箱。因此,选择混合箱纸浆出口温度为副参数,组成串级控制系统,将大多数干扰包括在副回路之中,而将纯滞后时间置于主对象。主、副控制器都选用 PI 控制,经过最佳参数整定后,纸浆流量同样波动 35kg/min,网前箱纸浆温度最大偏差没有超过 1℃,过渡过程时间降为 200s,完全满足了工艺要求。

例 7.3 合成反应炉控制。

如图 7.20 所示醋酸乙炔合成反应炉。为了确保合成气体的质量,反应炉中部的温度是主要的控制指标,因而选择作为被控变量。醋酸和乙炔混合气体要经过两个换热器后进入反应炉,因此控制通道中包括了两个热交换器和一个合成反应炉。热交换器是一个典型的非线性设备,当醋酸和乙炔混合气流量发生变化时,进气口温度将随负荷的减小而显著升高。如果将进气口温度作为副变量组成如图 7.20 所示的串级控制系统,把两个换热器包括在副回路中,当负荷变化引起工作点移动时,由主控制器的输出自动地重新设置副控制器的设定值,由副控制器进一步调整调节阀的开度。虽然这样会影响副回路的控制质量,但对整个系统的稳定性影响较小。

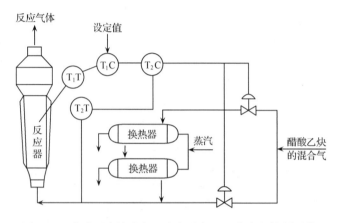

图 7.20　合成反应炉中部温度与进气口温度串级控制系统

通过前面的分析及举例,已经对串级控制系统有了较全面的了解,与单回路控制系统相比,串级控制系统具有许多的优点,并得到了广泛应用。但串级控制系统比单回路系统复杂,所用仪表也较多,费用增加,参数整定和调试费时。所以,串级控制系统并没有必要去取代所有单回路控制系统,应用时遵循一个原则:凡是使用单回路控制系统能够满足过程控制要求时,就不必要再采用串级控制系统。

习题与思考题

7.1　画出串级控制系统的典型结构框图,什么情况下可以考虑采用串级控制方式?

7.2　串级控制系统有哪些主要特点?并进行简单的分析说明。

7.3　串级控制系统中,主、副变量如何选择?

7.4　试简述串级控制系统中主、副控制器规律的选择原则。

7.5　怎样防止主控制器积分饱和?其工作原理是什么?

7.6　试简述串级控制系统参数的整定方法。

7.7　考虑如图 7.21 所示 4 个串联储罐,水的出口温度 θ_4 为被控变量,加热量 Q 是操纵变量,F_1 和 θ_1 为扰动。

1) 在设计串级控制时,最合适的副变量应选择在何处?试与选择向前和向后一个储罐的情况相比较,分析结果有何不同。

2）通过工艺图表示出该串级控制系统,并画出相应的控制方块图。

3）确定控制器的正反作用。

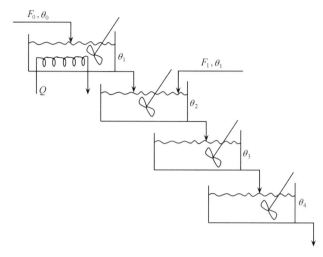

图 7.21　习题 7.7 图

7.8　如图 7.22 所示两动态过程方块图。

1）为了改善闭环品质(F_2 扰动时),哪一个过程应该采用串级控制方式? 为什么?

2）对应该采用串级控制的系统,试画出相应的方块图［假设 $G_v(s) = G_m(s) = 1$］。

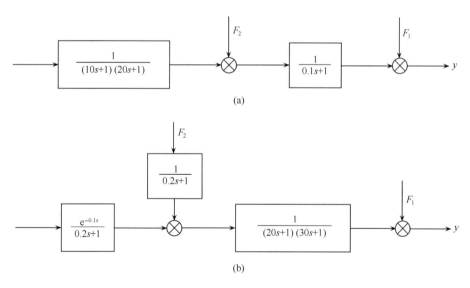

图 7.22　习题 7.8 图

第8章 复杂过程控制系统

教学要求

在前面章节中已介绍了过程控制最常用的单回路控制系统和串级控制系统,在本章将介绍一些复杂控制系统,通过本章学习,应能达到如下要求:

- 理解前馈控制原理及使用场合,掌握静态前馈控制和常用的动态前馈补偿模型,掌握前馈-反馈复合控制系统的特点及工业应用;
- 了解时间滞后控制系统的常用解决方案,了解预估补偿控制,掌握大滞后过程的采样控制;
- 了解多变量解耦控制系统的原理,掌握相对增益的概念,掌握常见的前馈补偿解耦设计方法;
- 了解比值控制系统的特点,掌握变比值控制系统的应用;
- 了解均匀控制系统的特点及应用场合;
- 掌握超弛控制系统的特点及应用;
- 了解分程控制系统的特点及应用;
- 了解阀位控制系统的特点及应用。

在前面章节中介绍了单回路控制系统和串级控制系统,这两类控制系统占过程控制系统总量的 80% 以上。除此之外,还有一些复杂的过程控制系统,在本章将分别介绍前馈控制系统、时间滞后控制系统、解耦控制系统、比值控制系统、均匀控制系统、超弛控制系统、分程控制系统和阀位控制系统等。

8.1 前馈控制系统

8.1.1 前馈控制的原理和特点

所谓前馈控制,它是与反馈控制相对而言的。大家知道,反馈控制是在系统受到扰动,被控量发生偏差后再进行控制,而前馈控制的基本思想就是根据进入过程的扰动量(包括外界扰动和设定值变化),产生合适的控制作用,使被控量不发生偏差。下面以实例来说明前馈控制的原理。

如图 8.1 所示为换热器温度反馈控制系统原理图,流量为 F、温度为 T_1 的冷流体在换热器中由蒸汽加热变成温度为 T_2 的热流体,控制要求 T_2 恒定不变。

由图 8.1 可知,当扰动(如被加热的物料流量 F,入口温度 T_1 或蒸汽压力 P_D 等的变化)发生后,将引起热流体出口温度 T_2 发生变化,使其偏离给定值 T_{SP},随之温度控制器 TC 将根据被控量偏差值($e = T_{SP} - T_2$)产生控制作用,通过调节阀改变加热用蒸汽的流量 F_D,从而克服扰动对被控量 T_2 的影响。

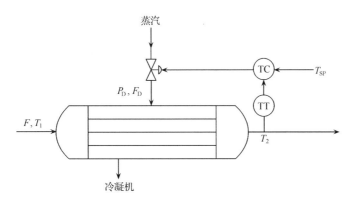

图 8.1　换热器温度反馈控制系统原理示意图

假设幅值大且变化频繁的进料流量 F 是影响被控量 T_2 的主要扰动,采用如图 8.1 所示的反馈控制系统可能会出现较大的动态偏差,为此,可采用所谓前馈控制的方式,即通过流量变送器 FT 检测进料流量 F,并将流量变送器的输出信号送到前馈补偿器,按照一定的运算规律调节阀门开度,从而改变加热用蒸汽流量 F_D。这样,在扰动尚未影响到被控温度 T_2 前,系统就提前调节以补偿物料流量 F 对被控温度 T_2 的影响,如图 8.2 所示。

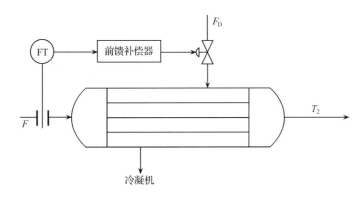

图 8.2　换热器温度前馈控制系统原理示意图

由图 8.2 可得前馈控制系统框图如图 8.3 所示。图中 $W_{ff}(s)$ 为前馈控制器;$W_o(s)$ 为过程控制通道传递函数;$W_d(s)$ 为过程扰动通道传递函数。

可见,要实现系统对扰动 $f(t)$ 完全补偿,必须有

$$W_{ff}(s) = -\frac{W_d(s)}{W_o(s)} \tag{8-1}$$

满足式(8-1)的前馈补偿器能使被控量 $y(t)$ 不受扰动量 $f(t)$ 变化的影响,图 8.4 表示了这种全补偿过程,在 $f(t)$ 阶跃变化下,$y_c(t)$ 和 $y_d(t)$ 的响应曲线方向相反,幅值相同,所以它们共同的作用结果使被控量 $y(t)$ 维持不变。

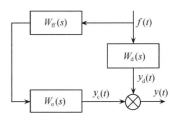

图 8.3　前馈控制系统框图

但是,完全补偿几乎是难以做到的,因为要准确地掌握过程扰动通道特性 $W_d(s)$ 及控制通道特性 $W_o(s)$ 是不容易的,而且被控对象常含有非线性特性,故前馈模型 $W_{ff}(s)$ 难以准确。有时即使前馈模型 $W_{ff}(s)$ 能准确求出,工程上也难以实现。

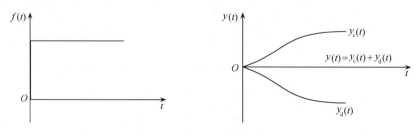

图 8.4 前馈全补偿过程

前馈控制与反馈控制各有特点,两者比较见表 8.1。

表 8.1 前馈控制与反馈控制比较

	反馈控制	前馈控制
控制依据	反馈控制的本质是"基于偏差来消除偏差"	前馈控制是"基于扰动来消除扰动对被控量的影响"
控制作用发生时间	无论扰动发生在哪里,总要等到引起被控量发生偏差后,控制器才动作。即控制器的动作总是落后于扰动作用的发生,是一种"不及时"的控制	扰动发生后,前馈控制器"及时"动作,对抑制被控量由于扰动引起的动、静态偏差比较有效
控制结构	因构成闭环,故存在稳定性问题。即使组成闭环系统的每个环节都是稳定的,闭环后是否稳定,仍需要作进一步分析	前馈控制属开环控制,所以只要系统中各环节是稳定的,则控制系统必然稳定
校正范围	反馈控制可消除被包围在闭环内的一切扰动对被控量的影响,即对各种扰动均有校正作用	只对被前馈的扰动有校正作用,而对系统中的其他扰动无校正作用。因此,前馈控制具有指定性补偿的局限性
控制规律	控制规律通常是 P、PI、PD、PID 等典型规律	控制规律取决于被过程扰动通道与控制通道特性之比。因此,有时控制规律比较复杂,甚至难以实现

8.1.2 前馈控制系统的结构形式

1. 静态前馈控制系统

工程上要实现完全补偿,使控制系统的被控量与扰动量完全无关其实是很难做到的,所以一般要求控制系统能在一定的准确度 ε 下获得近似补偿,即

$$|y(t)| < \varepsilon \qquad (f(t) \neq 0) \tag{8-2}$$

或者,系统在稳态工况下被控量与扰动无关,即

$$\lim_{t \to \infty} y(t) \equiv 0 \qquad (f(t) \neq 0) \tag{8-3}$$

静态前馈系统就属于此类系统,其控制规律为

$$W_{ff}(s) = -\frac{W_d(s)}{W_o(s)} = -K_{ff} \tag{8-4}$$

这是一个比例环节,它是前馈模型中最简单的形式。

2. 动态前馈控制系统

动态前馈控制方案虽能显著提高系统的控制品质,但动态前馈控制器的结构往往比较复杂,系统投运、参数整定也都较困难。因此,只有当工艺上对控制精度要求极高,其他控制方案难以满足,且存在一个"可测不可控"的主要扰动时,才考虑使用动态前馈控制方案。

所谓"可测"是指可以通过测量变送器,在线地将扰动量转换为前馈补偿器所能接收的信号。"不可控"是指这些扰动量不可以通过控制回路予以控制。如图 8.1 中的流体流量 F,它代表系统的产量,不能因为控制产品质量(表现为温度 T_2)而限制了产品产量。

为避免对扰动通道及控制通道数学模型的过分依赖性,且便于前馈模型的工程整定,根据被控过程的非周期、过阻尼特性,动态前馈系统设计常采用如下典型的控制规律:

$$W_{ff}(s) = - K_{ff} \frac{T_1 s + 1}{T_2 s + 1} \tag{8-5}$$

式中,K_{ff} 为静态前馈系数;T_1 为控制通道时间常数;T_2 为扰动通道时间常数。

3. 前馈-反馈复合控制系统

如前所述,前馈控制属于开环控制,所以单纯的前馈控制方案一般不宜采用。在实际的生产过程中,往往同时存在着若干扰动。若全部采用前馈控制,则需对每一个扰动都要使用一套测量变送仪表和一个前馈控制器,这将使控制系统变得庞大而复杂,更不用说有一些扰动还无法在线测量,这些因素均限制了前馈控制的应用范围。

为了解决前馈控制的上述局限性,工程上将前馈和反馈结合起来。这样,既发挥了前馈作用可及时克服主要扰动对被控量影响的优点,又保持了反馈控制能克服多个扰动影响的长处,同时也降低了系统对前馈补偿器的要求,使其在工程上更易于实现。这种前馈-反馈复合系统在过程控制中已被广泛应用,相应系统的方框图如图 8.5 所示。

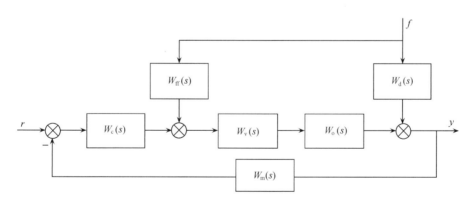

图 8.5 前馈-反馈复合控制方框图

8.1.3 前馈控制的应用

前馈控制具有自身的特点和优势,但在实际应用中首先需遵守如下原则:

1)实现前馈控制的必要条件是扰动量的可测及不可控性。

2)扰动量变化频繁且幅值较大。若扰动量的幅值相当大,单靠反馈校正作用,被控过程可能会出现不允许的动态偏差。因此,对幅值变化大的扰动可考虑采用前馈控制加以补偿。

例 8.1 换热器物料出口温度前馈控制系统。

图 8.6 为一换热器物料出口温度前馈控制系统。当进料流量变化时,通过前馈补偿装置 $W_{ff}(s)$ 来改变蒸汽的加入量以维持物料出口温度稳定。经测试,进料量每变化 $1m^3/h$ 时,会使出口温度变化 $2℃$;蒸汽流量每变化 $1m^3/h$ 时,会使出口温度变化 $5℃$;进料流量每变化 $5m^3/h$ 时,差压变送器输出变化 $10kPa$;蒸汽调节阀上的膜头气压每变化 $10kPa$ 时,通过的蒸汽流量变化 $4m^3/h$,蒸汽阀采用气开阀。为实现静态全补偿,试计算前馈补偿装置的静态放大系数应为多少?

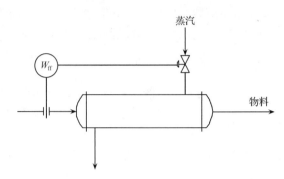

图 8.6 换热器物料出口温度前馈控制系统示意图

解 系统示意图和方框图分别如图 8.6 和图 8.7 所示。当进料流量增加时,一方面通过换热器会使物料出口温度下降,另一方面通过流量变送器、静态前馈补偿装置、执行器来开大蒸汽阀,使物料出口温度上升。为使出口温度不变,两条通道的静态放大系数数值应该相等,符号相反。

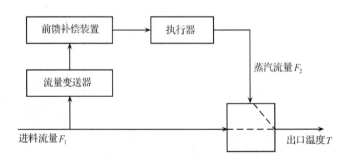

图 8.7 换热器物料出口温度前馈控制系统方框图

根据题意,由进料流量到出口温度的静态放大系数 $K_1 = -2℃/(1m^3/h) = -2℃/(m^3/h)$,因为进料流量增加时,出口温度是下降的,故 K_1 符号为"负"。

由进口流量经流量变送器、前馈补偿装置、执行器到物料出口温度通道的放大系数 K_2 应等于各个环节放大系数的乘积。

$$K_2 = K_变 \cdot K_补 \cdot K_执 \cdot K_对$$

式中,变送器的放大系数 $K_变 = \dfrac{10kPa}{5m^3/h} = 2kPa/(m^3/h)$;执行器的放大系数 $K_执 = \dfrac{4m^3/h}{10kPa} = 0.4(m^3/h)/kPa$;由蒸汽流量到出口温度通道的被控对象放大系数 $K_对 = \dfrac{5℃}{1m^3/h} =$

$5℃/(m^3/h)$。

为了达到静态全补偿,应有 $K_2 = -K_1$。故前馈补偿装置的放大系数

$$K_补 = \frac{K_2}{K_变 \cdot K_执 \cdot K_对} = \frac{-K_1}{K_变 \cdot K_执 \cdot K_对} = \frac{2}{2 \times 0.4 \times 5} = 0.5$$

值得注意的是,这里只是在静态关系上达到了全补偿,如果要达到动态全补偿,则还要考虑到各个环节的动态特性。

例 8.2 原油加热炉前馈串级复合控制系统。

如图 8.8 所示原油加热炉控制系统,要求稳定原油出口温度 T。由于原油流量 F_2 和燃料油压力波动较大(燃料油压力波动从而导致燃料油流量 F_1 波动),如果对原油出口温度控制要求很高,可考虑设计前馈-串级控制系统,其示意图与方框图分别如图 8.8 和图 8.9 所示。

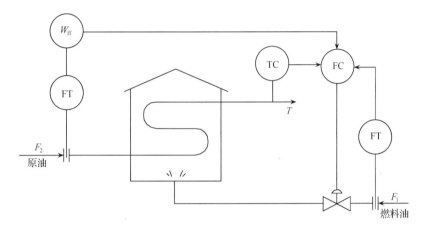

图 8.8 加热炉原油出口温度前馈-串级控制系统示意图

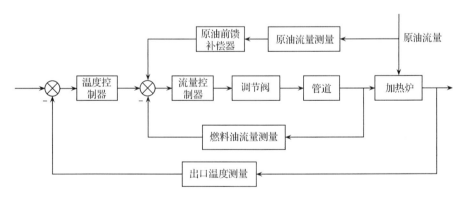

图 8.9 加热炉原油出口温度前馈-串级控制系统方框图

本例中,为加快系统的动态响应,采用燃料油流量环作为内环与出口温度构成串级控制系统。但作为生产产量的原油流量一般不可控制,否则会影响生产产量;此外,若上游无缓冲装置,原油量也无法进行控制,上游输送来多少原油必须及时处理多少,所以只能采用前馈控制来加以补偿。

例 8.3 球磨浓度前馈-串级复合控制系统。

冶金行业两段磨矿生产过程中,要求严格控制二次分级溢流细度,同时要保证球磨机内

合适的磨矿浓度,达到最佳的作业指标和生产效率。

在二段磨矿生产过程中,球磨机内的浓度与二段分级机返砂量有关,而二段分级机返砂量受细度控制影响很大。因此,二次分级溢流细度作为重要生产指标必须严格控制,而控制细度的方法是往分级机内添加二次溢流补加水:当细度变粗时,加大给水量,加速分级机内矿砂沉淀,较粗的矿砂返回二段球磨,只有较细的矿砂才会溢出;反之则减小给水量保证细度相对稳定。

在生产中,由于控制细度的二次溢流补加水量变化较大,会导致分级机返砂量变化也很大,从而使二段球磨机浓度难以稳定。若仅以浓度进行反馈控制,调节过程中有时会出现不能允许的动态偏差。针对这种变化频繁且幅度较大的扰动,决定引入前馈控制,并将前馈和反馈结合起来,构成前馈-反馈复合控制系统。

为提高系统的响应速度,在前馈-反馈复合控制的基础上增加球磨浓度补加水流量控制闭环,即采用串级控制方案。二段球磨浓度前馈-串级复合控制系统示意图和方框图分别如图 8.10 和图 8.11 所示。

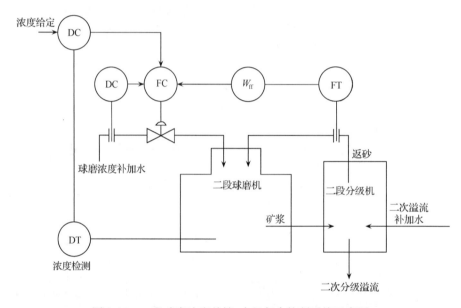

图 8.10　二段球磨浓度前馈-串级复合控制系统示意图

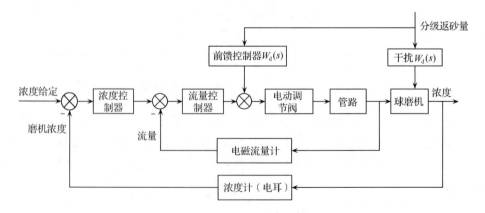

图 8.11　二段球磨浓度前馈-串级复合控制系统方框图

需要指出的是,控制系统中采用电耳测量磨机浓度。由于磨机处于不停的滚动运转过程中,无法安装常规的浓度计,但依据人耳通过听球磨机的声音可以识别磨矿浓度的原理,采用电耳通过选频网络后检测磨机声强,同样可以识别磨矿浓度的高低。

8.2 时间滞后控制系统

在化工、炼油、冶金等一些复杂工业过程中,广泛存在着较大的纯滞后(dead time)。纯滞后往往是由于物料或能量需要经过一个传输过程而形成的,这类时间滞后系统的控制是世界公认的控制难题。

由于纯滞后的存在,使得被控量不能及时地反映系统所受的扰动,从而产生明显的超调,使得控制系统的稳定性变差,调节时间延长。

过程扰动通道中的纯滞后对闭环系统的动态性能没有影响,仅使系统的输出对扰动的反应延迟一个纯滞后时间;但当纯滞后发生在过程的控制通道或测量变送元件上时,系统动态性能将受到严重的不利影响。纯滞后时间的存在将使过程的相角滞后增加,因而引起闭环控制系统稳定性明显降低,过渡过程时间加长。一般当纯滞后时间与容量滞后时间比值大于 $0.3(\tau/T \geqslant 0.3)$ 时,就被认为是具有较大纯滞后的工艺过程。需要注意的是,不考虑容量滞后时间 T,单纯讨论纯滞后时间 τ 的大小是没有任何意义的。

纯滞后与容量滞后不同,容量滞后是由于对象中包含多个容积所引起的,采用微分先行控制方案可以有效地改善容量滞后工艺过程的控制质量。但对于纯滞后过程,微分控制是无能为力的。

下文介绍针对纯滞后过程的 Smith 预估补偿方案和采样控制方案。

8.2.1 史密斯预估补偿方案

该方案由 Smith 率先提出,其主要原理是预先估计出被控过程动态模型,然后将预估器并联在被控过程上,使其对过程中的纯滞后特性进行补偿,力图将被延迟了时间 τ 的被控量提前送入控制器,因而控制器能提前动作,这样就消除了纯滞后特性在闭环中的影响。Smith 补偿系统一般型框图如图 8.12 所示,图中,$W_{\text{o}}(s)\text{e}^{-\tau_{\text{o}}s}$ 为广义被控对象的数学模型;$W_{\text{o}}(s)$ 为不包括纯滞后时间 τ_{o} 的对象模型,$W_{\text{s}}(s)$ 为 Smith 预估补偿器。

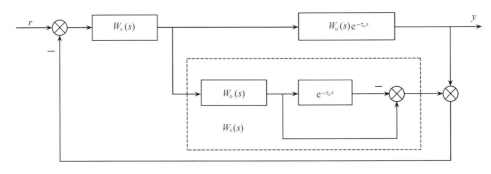

图 8.12　Smith 补偿系统一般型框图

引入 Smith 预估补偿器的目的,就是使等效对象中能消除纯滞后部分,即

$$W_{\text{o}}(s)\text{e}^{-\tau_{\text{o}}s} + W_{\text{s}}(s) = W_{\text{o}}(s) \tag{8-6}$$

由此可得 Smith 预估补偿器的数学模型为

$$W_s(s) = W_o(s)(1 - e^{-\tau_o s}) \tag{8-7}$$

经结构图简化,并推导可得 Smith 预估补偿控制系统闭环传递函数为

$$\phi(s) = \frac{Y(s)}{R(s)} = \frac{W_c(s)W_o(s)e^{-\tau_o s}}{1 + W_c(s)W_o(s)} \tag{8-8}$$

闭环系统特征方程式为

$$1 + W_c(s)W_o(s) = 0 \tag{8-9}$$

由式(8-9)可见,已从系统特征方程式中消除纯滞后因素,因而可消除过程纯滞后特性对系统稳定性的不利影响。

由拉普拉斯变换的位移定理可知:存在于环外的纯滞后特性 $e^{-\tau_o s}$,仅将控制过程的输出量在时间坐标上推移一段时间 τ_o,此时过渡过程的所有质量指标及过程形状均与对象 $W_o(s)$(不存在纯滞后特性)时完全相同,因而可极大地改善大滞后的控制品质。

Smith 预估控制本质上属于第 6 章介绍的内模控制。在能精确掌握过程动态特性的情况下,Smith 预估补偿方案对大滞后过程的控制效果令人十分满意。

从理论上分析,Smith 预估器可以完全消除时滞的影响,从而成为一种对线性、时不变、单输入单输出时滞系统的理想控制方案。但是在实际应用中却很不尽如人意,主要原因在于 Smith 预估器需要确知被控对象的精确数学模型,而且模型稍有偏差就会产生显著的动态和静态误差,甚至产生振荡。这一条件事实上相当苛刻,因而影响了 Smith 预估器在实际应用中的控制性能。

在 Smith 预估器的基础上,许多学者提出了扩展型或者改进型的 Smith 预估方案,如增益自适应纯滞后补偿方案、动态参数自适应补偿方案等,但这些方案由于并没有从根本上减小系统对数学模型的依赖程度,因而在工业应用中同样具有很大的局限性。

8.2.2 采样控制方案

简单地说,采样控制方案就是"调一下,等一等"(wait and see)的办法。即当控制器输出达一定时间后,就不再增加或减小了,而是保持此值(保持的时间比纯滞后时间 τ_o 稍长些),直到控制作用的效果在被控量变化中反映出来为止,然后再根据偏差的大小决定下一步的控制动作。其核心思想是维持系统的稳定性,避免控制器进行不必要的误操作,故而让控制作用弱一些。这种按偏差进行周期性断续控制的方式,称为采样控制。

采样控制无须掌握精确的过程动态特性,就能克服被控过程中纯滞后对控制带来的不利影响。只是要注意此时采样周期的选取应略大于过程的纯滞后时间。

例 8.4 皮带负荷的采样控制。

某选矿厂中碎车间矿石物料流程如图 8.13 所示。在采矿厂,矿石由从地下提升到主井,经多台电振给料机振动下料后,送往中碎车间的矿石破碎机进行一次破碎。破碎后的矿石经 2# 皮带运输进行筛分处理。较细的矿石送往筛洗车间进行进一步加工,而较粗的矿石则进行二次破碎,出料再返回 2# 皮带,进行又一次筛分循环。另外,2# 皮带还担负着从 1# 主井来的较粗矿石的输送任务。

实际运行中,由于 2# 皮带接收三路物料,导致经常过载、打滑,甚至发生因长期过载而烧毁 2# 皮带电动机的事故。因此,在物料传输过程中,必须监控 2# 皮带的工作负荷,以防过载等上述问题的发生。

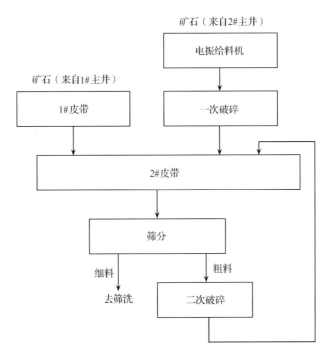

图 8.13　矿石物料流程示意图

由于物料从电振给料机下料到达 2# 皮带，存在较大的纯滞后，决定采用采样控制方案。控制系统方框图如图 8.14 所示。

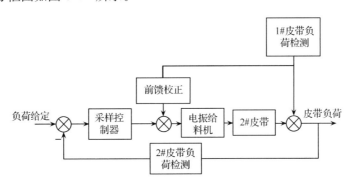

图 8.14　皮带负荷控制系统方框图

在上述控制中，由于来自 1# 主井的矿石为无缓冲矿仓，所以无法对 1# 皮带负荷进行稳定控制，故引入前馈补偿校正。

大时滞控制是世界公认的控制难题。在进行控制系统方案设计时，应尽一切可能避免大时滞控制系统的出现。比如，在条件允许的情况下，不采用简单的单回路控制系统，而引入中间变量构成串级控制系统等。在工业实际过程控制中，一旦出现了大时滞过程，而要想取得满意的动静态控制效果是很难的。

随着智能控制理论和技术的飞速发展，内模控制、模糊控制和神经网络等一些先进控制技术开始应用于大时滞控制系统当中，可参阅第 6 章的相关内容。

8.3 解耦控制系统

前面讨论的控制系统都是单变量过程控制系统的分析与设计,其特点是系统中只有一个控制参数来控制一个被控参数,即系统只有一个输入量和一个输出量。事实上,在过程控制系统中,被控参数及控制量参数常常不止一对,而且这些变量之间又常以各种形式互相关联着,这正是多变量过程控制系统的重要特征。由于系统间这种耦合关系的存在,使得多变量系统的控制难以达到满意的指标。

本节主要讨论有强关联(耦合)的多变量过程控制系统的特点以及解耦控制设计的工程实用方法等问题。

8.3.1 多变量系统中的耦合与解耦

在多变量过程控制系统中,各系统之间的耦合是经常存在的。目前,许多单变量控制系统之所以能正常工作,是因为在某些情况下,这种耦合的程度不高,或者说,有些系统间只是一种松散联系,因此可以把这样的系统相对孤立起来,按照简单的单变量系统的方式进行分析与设计。但也有不少生产过程中,变量间的关联比较紧密,一个控制变量的变化,同时会引起多个被控变量的变化。在这种情况下就不能简单地将其分为若干个单变量系统进行分析与设计,否则难以取得满意的控制效果,甚至得不到稳定的控制过程。

例 8.5 精馏塔产品成分控制系统。

精馏过程是对成品或半成品的分离和精制的过程。在石油、化工生产中精馏是生产工艺中的重要环节。精馏塔控制是一个典型的多变量过程控制问题,因为在精馏过程中,需要被控制的参数较多,可以选作控制的参数也较多。如图 8.15 所示,精馏过程要消耗大量的能源,为此,精馏塔两端均要进行产品成分控制。这对于相对挥发度较低、产品纯度不太高及进料成分变化比较大的精馏塔,尤其能取得突出的节能效果。

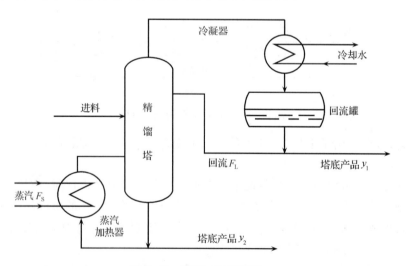

图 8.15 精馏过程示意图

目前对精馏物成分及塔底产物成分进行控制的方案很多,工业上用得较普遍的方案是用回流量 F_L 控制精馏物成分 y_1,用蒸汽量 F_S 控制塔底产物的成分 y_2,其框图如图 8.16

所示。

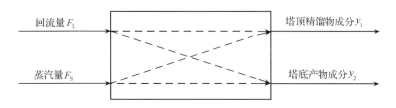

图 8.16 精馏塔两端产品成分控制框图

用试验法测得某化工厂一个具有 30 个塔盘的精馏塔两端产品成分控制区的数学模型为

$$\begin{bmatrix} Y_1(s) \\ Y_2(s) \end{bmatrix} = \begin{bmatrix} W_{11}(s) & W_{12}(s) \\ W_{21}(s) & W_{22}(s) \end{bmatrix} \begin{bmatrix} F_L(s) \\ F_S(s) \end{bmatrix}$$

式中

$$\boldsymbol{W}(s) = \begin{bmatrix} W_{11}(s) & W_{12}(s) \\ W_{21}(s) & W_{22}(s) \end{bmatrix} = \begin{bmatrix} \dfrac{0.088}{(1+75s)(1+722s)} & \dfrac{0.1825}{(1+15s)(1+722s)} \\ \dfrac{0.282}{(1+10s)(1+1850s)} & \dfrac{0.142}{(1+15s)(1+1850s)} \end{bmatrix}$$

显然,由于 $W_{12}(s)$ 及 $W_{21}(s)$ 的存在,表明塔顶通道与塔底通道间存在着严重的关联,实质上这是一个两输入-两输出的耦合系统。

过程控制系统中变量间的关联其实是普遍存在的。各变量间有时有强关联(耦合),而有时只有松散的关联,甚至无关联。

当被控变量只受本系统控制变量的影响,而与其他系统控制变量无关,以及控制变量只受本系统被控变量的反馈影响,而与其他系统的被控变量无关时,该系统即为无耦合系统。相反,假如一个系统的作用对另一个系统也产生影响,则说明这些系统间存在耦合。

对存在着变量(系统)间耦合的多变量系统进行所谓解耦设计后,可使耦合的多变量系统成为一些彼此独立的单变量系统,然后再按照控制要求对这些单变量系统进行设计。

目前在过程控制工程实践中,应用得较普遍的解耦方法有:

1) 适当选择变量配对。

2) 对角矩阵法。在系统选择了合理变量配对的前提下,实现控制量与被控制量之间一对一的控制。其中,单位矩阵法可以看作是对角矩阵法的一个特殊情况。

3) 前馈补偿法。这是基于不变性原理的一种解耦方法,它使解耦网络模型支路大为减少、易于计算,是工业上应用最普遍的解耦设计方法。

8.3.2 相对增益

在多变量过程控制系统中,虽然变量间互相关联,然而总有一个控制量对某一被控量的影响是最基本的,对其他被控量的影响是次要的,这就是控制变量与被控变量间的搭配关系,也就是常说的变量配对。

一个系统中可以有不同的变量配对关系。适当地选择变量间的配对关系,有可能削弱各通道间的关联(耦合)程度,以致可以不必再进行解耦。

在多变量系统中,如何合理地选择输出变量(被控量)与输入变量(控制量)间的配对关系,并确定各系统间的耦合程度,是确定多变量系统是否需要进行解耦设计的关键问题。相对增益的概念正是为解决上述问题而提出来的。

1. 相对增益的概念

相对增益是用来衡量一个选定的控制量与其配对的被控量间相互影响大小的尺度。因为它是相对于系统中其他控制量对该被控量的影响来说的,故称其为相对增益。

为了衡量某一变量配对下的这种关联性质,首先在其他所有回路均为开环的情况下,即所有其他控制量均不改变的情况下,找出该通道的开环增益,然后再在所有其他回路都闭环的情况下,即所有其他被控量都基本保持不变的情况下,找出该通道的开环增益。显然,如果在上述两种情况下,该通道的开环增益没有变化,就表明其他回路的存在对该通道没有影响,此时该通道与其他通道间不存在关联。反之,当两种情况下的开环增益不相同时,则说明了各通道间有耦合联系。这两种情况下的开环增益之比就定义为该通道的相对增益。

若某通道的被控量记作 y_i,其控制量记作 m_j,则该通道的相对增益定义为

$$\lambda_{ij} = \frac{\left[\dfrac{\partial y_i}{\partial m_j}\right]_{m=\mathrm{cons}}}{\left[\dfrac{\partial y_i}{\partial m_j}\right]_{y=\mathrm{cons}}} \tag{8-10}$$

通常写作

$$\lambda_{ij} = \frac{\left[\dfrac{\partial y_i}{\partial m_j}\right]_{m}}{\left[\dfrac{\partial y_i}{\partial m_j}\right]_{y}} \tag{8-11}$$

式中,分子表示其他回路均为开环(即其他控制量 m_r,$r=1,2,\cdots,n,r\neq j$ 均不变)时,该通道的开环增益;分母表示其他回路闭环(即其他回路控制量在调整,而其对应的被控量 y_r,$r=1,2,\cdots,n,r\neq i$ 均不变)时,该通道的开环增益。

当相对增益 $\lambda_{ij}=1$ 时,表明由被控量 y_i 与控制量 m_j 配对组成的控制回路与其他回路之间没有耦合关系,此回路可独立地按单变量系统处理;若在其他控制量 m_r 均不变的情况下,y_i 不受 m_j 的影响,则 $\lambda_{ij}=0$,此时就不能用 m_j 来控制 y_i;若变量间存在着某种关联,则改变 m_j 不但影响到 y_i,而且也影响到其他被控量,或者说其他控制量改变时,本通道的被控量 y_i 也随之变化,此时既不是 0 也不是 1。

根据定义可求出每一被控量之间的相对增益。整个多变量系统各变量间的耦合程度可用系统的相对增益矩阵来表示,即

$$\boldsymbol{\Lambda} = \begin{matrix} & \begin{matrix} m_1 & m_2 & \cdots & m_j & \cdots \end{matrix} \\ \begin{matrix} y_1 \\ y_2 \\ \vdots \\ y_i \\ \vdots \end{matrix} & \begin{bmatrix} \lambda_{11} & \lambda_{12} & \cdots & \lambda_{1j} & \cdots \\ \lambda_{21} & \lambda_{22} & \cdots & \lambda_{2j} & \cdots \\ \vdots & \vdots & & \vdots & \\ \lambda_{i1} & \lambda_{i2} & \cdots & \lambda_{ij} & \cdots \\ \vdots & \vdots & & \vdots & \end{bmatrix} \end{matrix} \tag{8-12}$$

$\boldsymbol{\Lambda}$ 中 λ_{ij} 的值越接近于 1,则说明第 i 个被控量相对于第 j 个控制量间的耦合程度越大,其控制效果也就越明显。可以证明,多变量系统相对增益矩阵 $\boldsymbol{\Lambda}$ 中每行(列)上的相对增益总和为 1。这是一个非常有用的结论。

2. 相对增益的求取方法

（1）解析法

解析法包括直接微分法和传递函数法。直接微分法中,对描述系统各变量间的数学表达式进行微分(或偏微分),直接计算出式(8-11)所定义的相对增益 λ_{ij} 的分子和分母。而当已知系统方框图或已知耦合系统的传递函数矩阵时,相对增益可利用各通道开环增益求得,即传递函数法。

当已知耦合系统的传递函数矩阵时,相对增益可以利用各通道的开环增益求得。下面就以双变量控制系统为例导出由系统开环增益求取相对增益的公式。

图 8.17(a)是只考虑稳态部分的 2×2 静态耦合系统。

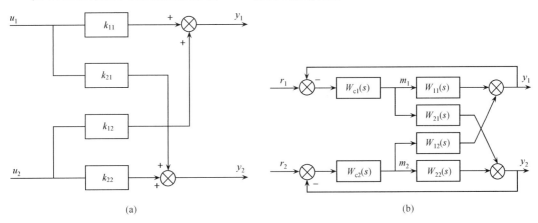

(a)   (b)

图 8.17　2×2 耦合控制系统框图

(a) 静态耦合　(b) 动态耦合

由图 8.17(a)可得

$$\begin{cases} \Delta y_1 = k_{11}\Delta u_1 + k_{12}\Delta u_2 \\ \Delta y_2 = k_{21}\Delta u_1 + k_{22}\Delta u_2 \end{cases} \tag{8-13}$$

即

$$\Delta y = k\Delta u, \quad K = \begin{bmatrix} k_{11} & k_{12} \\ k_{21} & k_{22} \end{bmatrix}$$

k 就是第一放大系数,将式(8-13)的输入输出表示形式交换可得

$$\begin{cases} \Delta u_1 = \dfrac{k_{22}}{k_{11}k_{22}-k_{12}k_{21}}\Delta y_1 - \dfrac{k_{12}}{k_{11}k_{22}-k_{12}k_{21}}\Delta y_2 \\ \Delta u_2 = \dfrac{-k_{21}}{k_{11}k_{22}-k_{12}k_{21}}\Delta y_1 + \dfrac{k_{11}}{k_{11}k_{22}-k_{12}k_{21}}\Delta y_2 \end{cases} \tag{8-14}$$

令

$$p = \frac{k_{22}}{k_{11}k_{22}-k_{12}k_{21}}, q = -\frac{k_{12}}{k_{11}k_{22}-k_{12}k_{21}}, r = \frac{-k_{21}}{k_{11}k_{22}-k_{12}k_{21}}, s = \frac{k_{11}}{k_{11}k_{22}-k_{12}k_{21}}$$

则式(8-14)可表示为

$$\begin{cases} \Delta u_1 = p\Delta y_1 + q\Delta y_2 \\ \Delta u_2 = r\Delta y_1 + s\Delta y_2 \end{cases}$$

若令 $\Phi = \begin{bmatrix} p & r \\ q & s \end{bmatrix}$，则 $\Delta U = \Phi^{\mathrm{T}} \Delta Y$。

根据定义，显然第二放大倍数为

$$w_{11} = \frac{1}{p}, \quad w_{12} = \frac{1}{r}, \quad w_{21} = \frac{1}{q}, \quad w_{22} = \frac{1}{s}$$

即

$$\Omega = \begin{bmatrix} \dfrac{1}{p} & \dfrac{1}{r} \\ \dfrac{1}{q} & \dfrac{1}{s} \end{bmatrix} \tag{8-15}$$

由于

$$\begin{bmatrix} k_{11} & k_{12} \\ k_{21} & k_{22} \end{bmatrix} \begin{bmatrix} p & q \\ r & s \end{bmatrix} = I$$

因此

$$\Phi = \begin{bmatrix} p & r \\ q & s \end{bmatrix} = \begin{bmatrix} p & q \\ r & s \end{bmatrix}^{\mathrm{T}} = \left\{ \begin{bmatrix} k_{11} & k_{12} \\ k_{21} & k_{22} \end{bmatrix}^{-1} \right\}^{\mathrm{T}} = (K^{-1})^{\mathrm{T}} \tag{8-16}$$

由式(8-15)可见，Ω 中的元素是 Φ 中元素的倒数，即第二放大倍数，

$$w_{ij} = \frac{1}{\varphi_{ij}}$$

因此第二放大倍数可由第一放大倍数直接求得，这个结论可推广到 n 个通道的一般情况。

根据相对增益的定义式有

$$\lambda_{ij} = \frac{k_{ij}}{w_{ij}} = k_{ij} \varphi_{ij}$$

可记作

$$\Lambda = K * \Phi \tag{8-17}$$

注意式中符号 $*$ 表示的是两个矩阵对应元素相乘，而不是矩阵相乘。

这样，只要知道所有开环放大倍数即 K 阵已知，就可由式(8-16)求出 Φ 阵，再由式(8-17)可求出相对增益矩阵。式(8-17)是最常用最方便求得相对增益阵的方法。

特别地，对于双变量耦合过程，

$$\begin{bmatrix} \lambda_{11} & \lambda_{12} \\ \lambda_{21} & \lambda_{22} \end{bmatrix} = \begin{bmatrix} \dfrac{k_{11} k_{22}}{k_{11} k_{22} - k_{12} k_{21}} & \dfrac{-k_{21} k_{12}}{k_{11} k_{22} - k_{12} k_{21}} \\ \dfrac{-k_{12} k_{21}}{k_{11} k_{22} - k_{12} k_{21}} & \dfrac{k_{11} k_{22}}{k_{11} k_{22} - k_{12} k_{21}} \end{bmatrix} \tag{8-18}$$

例如，设过程输入输出关系式如下：

$$Y_1(s) = \frac{1}{s+1} U_1(s) + \frac{1}{0.1s+1} U_2(s)$$

$$Y_2(s) = \frac{-0.2}{0.5s+1} U_1(s) + \frac{0.8}{s+1} U_2(s)$$

因为

$$K = \begin{bmatrix} 1 & 1 \\ -0.2 & 0.8 \end{bmatrix}$$

则

$$\Phi = (K^{-1})^{\mathrm{T}} = \left(\begin{bmatrix} 1 & 1 \\ -0.2 & 0.8 \end{bmatrix}^{-1} \right)^{\mathrm{T}} = \begin{bmatrix} 0.8 & -1 \\ 0.2 & 1 \end{bmatrix}^{\mathrm{T}} = \begin{bmatrix} 0.8 & 0.2 \\ -1 & 1 \end{bmatrix}$$

所以

$$\Lambda = K * \Phi = \begin{bmatrix} 1 & 1 \\ -0.2 & 0.8 \end{bmatrix} * \begin{bmatrix} 0.8 & 0.2 \\ -1 & 1 \end{bmatrix} = \begin{bmatrix} 0.8 & 0.2 \\ 0.2 & 0.8 \end{bmatrix}$$

或直接采用双变量耦合过程计算公式(8-18),结果是完全一致的。

(2) 试验法

虽然上面介绍的两种用解析关系确定相对增益的方法是可行的,然而,对于一个实际系统,往往并不知道被控耦合对象的传递函数,也难以由其机理写出过程的数学表达式。这时就要借助实验法来确定耦合系统的相对增益矩阵。

首先介绍在线试验法。以图 8.17(b)所示 2×2 耦合控制系统为例。

首先在两个系统均为开环情况下,用手动方式使 m_1 改变 Δm_1,记录 y_1 与 y_2 变化量的稳态值 Δy_1 与 Δy_2,由此得到相对增益 λ_{ij} 的分子。即在手动情况下使 m_2 保持不变,只改变 m_1 所引起 y_1 的变化为

$$\alpha_{11} = \left[\frac{\partial y_1}{\partial m_1} \right]_{m_2} = \Delta y_1 \tag{8-19}$$

然后将 y_2 闭环,由于 y_2 此时在自动控制作用下,因此,m_2 在变化,这将使由 m_1 变化造成 Δy_2 的逐渐减小,最后达到 $\Delta y_2' = 0$,当然此时 m_2 的变化又会引起 y_1 的变化,在稳态时使 Δy_1 变为 $\Delta y_1'$。这样就得到了相对增益 λ_{ij} 的分母为

$$\alpha_{11}' = \left[\frac{\partial y_1}{\partial m_1} \right]_{y_2} = \Delta y_1' \tag{8-20}$$

进而可求得一个相对增益值 λ_{11}

$$\lambda_{11} = \frac{\alpha_{11}}{\alpha_{11}'} = \frac{\Delta y_1}{\Delta y_1'} \tag{8-21}$$

其他相对增益值 λ_{12}、λ_{21} 及 λ_{22} 可由 λ_{ij} 与 1 互补的关系求得。

上述在线试验法,虽然符合相对增益的定义,但这样做一方面比较麻烦,另一方面对一些运行中的系统,一会儿开环,一会儿又局部闭环,使得这种试验在生产上是常常不允许的。另一种试验方法就是利用现有生产过程的在线测量系统的输出参数,来确定相对增益。

例如,如图 8.18 所示为一个混合系统,两种工质 F_A 与 F_B 经均匀搅拌混合后送出。要求对输出的流量 F 及混合后的成分 x 进行控制。

显然,这是一个耦合系统,因为无论注入混合器的原料 F_A 或 F_B 哪一个发生变化,都要影响到出料的总流量 F 及其成分 x。现选用流量 F_A 来控制最后混合物的成分 x,用流量 F_B 控制总流量 F,则根据相对增益的定义可知,$\lambda_{ij} = \lambda x F_A$ 的分子是指在 F_A 改变而 F_B 保持不变的情况下,该通道被控变量 x 的变化与该控制量 F_A 之比。对于该混合系统有

$$F = F_A + F_B$$

$$x = \frac{F_A}{F_A + F_B} = \frac{F_A}{F}$$

由式(8-19)可得

$$\alpha_{11} = \alpha_{xF_A} = \left[\frac{\partial x}{\partial F_A} \right]_{F_B} = \frac{F_B}{(F_A + F_B)^2} = \frac{1-x}{F}$$

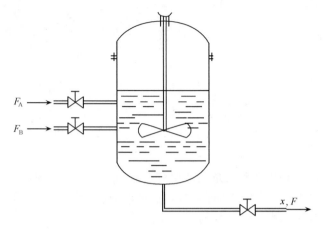

图 8.18 混合搅拌系统

λ_{11} 的分母是指在另一被控量 F 不变时，F_A 变化引起成分 x 的变化率，同样由式(8-19)得

$$\alpha_{11}' = \alpha_{xF_A}' = \left[\frac{\partial x}{\partial F_A}\right]_F = \frac{1}{F}$$

这样就得到了本系统的第一个相对增益

$$\lambda_{11} = \frac{\alpha_{11}}{\alpha_{11}'} = 1 - x$$

进而可求得该系统的相对增益矩阵为

$$\boldsymbol{\Lambda} = \begin{array}{c} \\ x \\ F \end{array} \begin{array}{cc} F_A & F_B \\ \left[\begin{array}{cc} 1-x & x \\ x & 1-x \end{array}\right] \end{array}$$

由以上例子可以看出，根据实际运行系统的在线测量值，就可以决定其相对增益矩阵，进而清楚地判断出系统间的耦合程度。

3. 相对增益符号的含意

首先要说明的是如果 λ_{11} 为负，则绝不能把 u_1 与 y_1 配对。原因如下：假设 u_1 与 y_1 之间的开环增益为正，这就意味着控制器的增益也为正以构成负反馈。在 y_2 可以得到很好控制的情况下（即回路 2 为闭环），负的相对增益说明 u_1 与 y_1 之间的增益为负。这意味着如果回路 2 处于闭环的情况下，就需要在回路 1 设计一个增益为负的控制器，然而，刚才分析过如果回路 2 为开环，需要在回路 1 设计一个增益为正的控制器。而一个控制系统控制器增益的符号需要根据其他回路是开环还是闭环而定的做法显然是不可取的，所以关键是：如果 λ_{ij} 为负，那么就不能把 u_j 与 y_i 配对。

对于 2×2 系统，前面分析表明如果 $\lambda_{11} > 1$ 则 $\lambda_{12} = \lambda_{21} < 0$；如果 $0 < \lambda_{11} < 1$ 则 $0 < \lambda_{12} < 1$。首先考虑 $\lambda_{11} > 1$ 的情况。

如果 $\lambda_{11} > 1$，即 $\left.\dfrac{\partial y_1}{\partial u_1}\right|_{u_2} > \left.\dfrac{\partial y_1}{\partial u_1}\right|_{y_2}$。这说明 u_1 与 y_1 通道的增益在回路 2 处于开环的情况下要大于回路 2 处于闭环的状态。

如果根据回路 2 处于开环的情况下设计 $u_1 - y_1$ 的控制器增益，那么当回路 2 处于闭环控制的时候,由于实际有效的过程增益要小于设计的 $u_1 - y_1$ 的增益,所以期望的响应速度要稍微迟缓一些。

然而,如果根据回路 2 闭环的情况设计 $u_1 - y_1$ 之间控制器的增益,那么当由于某些原因回路 2 开环时,由于实际 $u_1 - y_1$ 之间的增益变得要大于控制器整定时的增益,所以控制系统的稳定性会降低。

如果 $0 < \lambda_{11} < 1$,则 $\left.\dfrac{\delta y_1}{\delta u_1}\right|_{u_2} < \left.\dfrac{\delta y_1}{\delta u_1}\right|_{y_2}$。这表明 u_1 与 y_1 通道的增益在回路 2 处于开环的情况下要小于回路 2 处于闭环的状态。

如果根据回路 2 处于开环的情况下设计 $u_1 - y_1$ 的控制器增益,那么当回路 2 处于闭环控制的时候,由于实际有效的过程增益要高于设计时 $u_1 - y_1$ 的增益,因此期望的控制作用要更强一些。

然而,如果根据回路 2 闭环的情况设计 $u_1 - y_1$ 之间控制器的增益,那么当由于某些原因回路 2 开环时,由于实际 $u_1 - y_1$ 之间的增益变得要小于控制器整定时的增益,所以期望的控制作用要变得弱一些,以使输出响应迟缓一些。

对于多变量过程控制系统,相对增益揭示了系统的内在控制特性,对耦合系统的耦合程度给出了定量的分析,选取变量配对的依据就是 $\lambda_{ij} \approx 1$。

需要指出的是,大的相对增益($\gg 1$)对模型不确定性是很敏感的,这可以通过在下面的例子说明。

考虑如下的稳态过程模型和对应的相对增益矩阵

$$k_{\mathrm{m}} = \begin{bmatrix} 1.00 & 1.05 \\ 0.95 & 1.00 \end{bmatrix}, \quad \Delta = \begin{bmatrix} 400 & -399 \\ -399 & 400 \end{bmatrix}$$

在实际过程中 u_1 与 y_2 之间的增益有 5% 的误差是很容易发生的,正如下面实际过程增益矩阵和对应的相对增益所示:

$$k_{\mathrm{p}} = \begin{bmatrix} 1.00 & 1.05 \\ 1.00 & 1.00 \end{bmatrix}, \quad \Delta = \begin{bmatrix} -20 & 21 \\ 21 & -20 \end{bmatrix}$$

注意到根据模型的相对增益矩阵,要求 u_1 与 y_1 配对,而实际过程的相对增益矩阵又表明 u_1 必须与 y_2 配对。这种情况别无选择只能控制某一条回路,而让另一回路开环。工程设计中应根据实际物理特性和动态特性选择控制哪一条回路。

一个非常大的相对增益(大于 25 或更高)对于模型不确定性有极度的敏感性。这表明一些回路需要开环控制,即并不是所有的回路都进行反馈控制。

8.3.3　耦合系统的解耦设计方法

在多变量系统中,当变量间的关联非常严重时,即使采用最好的变量配对关系,也不一定能得到满意的控制效果,尤其是两个耦合度相同的控制系统难度更大,因为它们之间有可能产生共振。因此,对这种强耦合的系统必须进行解耦控制,使强耦合对象变成无耦合控制对象或轻度耦合的控制对象。

解耦控制的本质是要设计一个解耦网络(或称补偿网络),由于解耦网络的加入,可以部分或全部抵消系统间的关联。

1. 对角矩阵解耦法

对角矩阵解耦法是通过解耦使耦合对象的传递函数矩阵 $\boldsymbol{W}_{\mathrm{o}}(s)$ 变为对角形矩阵 $\boldsymbol{W}_{\Delta}(s)$。

此时系统间的耦合关联解除,多变量系统演变为相对独立的单变量控制系统。如图 8.19 所示是一个双输入-双输出解耦控制系统。

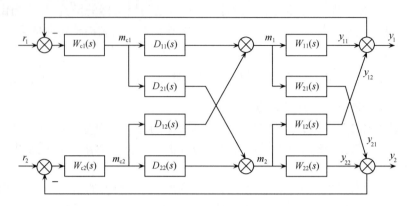

图 8.19　2×2 解耦控制系统框图

设耦合对象的传递函数矩阵为

$$\boldsymbol{W}_{\mathrm{o}}(s) = \begin{bmatrix} W_{11}(s) & W_{12}(s) \\ W_{21}(s) & W_{22}(s) \end{bmatrix} \tag{8-22}$$

式中,$W_{12}(s)$ 和 $W_{21}(s)$ 描述了系统间的关联。

解耦网络传递函数矩阵为

$$\boldsymbol{D}(s) = \begin{bmatrix} D_{11}(s) & D_{12}(s) \\ D_{21}(s) & D_{22}(s) \end{bmatrix} \tag{8-23}$$

目标矩阵为

$$\boldsymbol{W}_{\Lambda}(s) = \begin{bmatrix} W_{11}(s) & 0 \\ 0 & W_{22}(s) \end{bmatrix} \tag{8-24}$$

由图 8.19 可得如下关系:

$$\begin{bmatrix} M_1 \\ M_2 \end{bmatrix} = \begin{bmatrix} D_{11}(s) & D_{12}(s) \\ D_{21}(s) & D_{22}(s) \end{bmatrix} \begin{bmatrix} M_{\mathrm{c1}} \\ M_{\mathrm{c2}} \end{bmatrix} \tag{8-25}$$

故被控对象的等效输出向量为

$$\begin{bmatrix} Y_1 \\ Y_2 \end{bmatrix} = \begin{bmatrix} W_{11}(s) & W_{12}(s) \\ W_{21}(s) & W_{22}(s) \end{bmatrix} \begin{bmatrix} D_{11}(s) & D_{12}(s) \\ D_{21}(s) & D_{22}(s) \end{bmatrix} \begin{bmatrix} M_{\mathrm{c1}} \\ M_{\mathrm{c2}} \end{bmatrix} \tag{8-26}$$

根据解耦的要求,解耦后等效对象的传递函数矩阵应为对角阵,即

$$\begin{bmatrix} Y_1 \\ Y_2 \end{bmatrix} = \begin{bmatrix} W_{11}(s) & 0 \\ 0 & W_{22}(s) \end{bmatrix} \begin{bmatrix} M_{\mathrm{c1}} \\ M_{\mathrm{c2}} \end{bmatrix} \tag{8-27}$$

比较式(8-27)和式(8-26)得

$$\begin{bmatrix} W_{11}(s) & W_{12}(s) \\ W_{21}(s) & W_{22}(s) \end{bmatrix} \begin{bmatrix} D_{11}(s) & D_{12}(s) \\ D_{21}(s) & D_{22}(s) \end{bmatrix} = \begin{bmatrix} W_{11}(s) & 0 \\ 0 & W_{22}(s) \end{bmatrix} \tag{8-28}$$

即

$$\boldsymbol{W}_{\mathrm{o}}(s)\boldsymbol{D}(s) = \boldsymbol{W}_{\Lambda}(s) \tag{8-29}$$

从而得到对角矩阵解耦方式下解耦网络模型为

$$D(s) = W_o^{-1}(s)W_\Lambda(s) \tag{8-30}$$

在本例中,解耦网络为

$$
\begin{bmatrix} D_{11}(s) & D_{12}(s) \\ D_{21}(s) & D_{22}(s) \end{bmatrix}
$$

$$
= \begin{bmatrix} W_{11}(s) & W_{12}(s) \\ W_{21}(s) & W_{22}(s) \end{bmatrix}^{-1} \begin{bmatrix} W_{11}(s) & 0 \\ 0 & W_{22}(s) \end{bmatrix}
$$

$$
= \frac{1}{W_{11}(s)W_{22}(s) - W_{12}(s)W_{21}(s)} \begin{bmatrix} W_{22}(s) & -W_{12}(s) \\ -W_{21}(s) & W_{11}(s) \end{bmatrix} \begin{bmatrix} W_{11}(s) & 0 \\ 0 & W_{22}(s) \end{bmatrix}
$$

$$
= \frac{1}{W_{11}(s)W_{22}(s) - W_{12}(s)W_{21}(s)} \begin{bmatrix} W_{11}(s)W_{22}(s) & -W_{12}(s)W_{22}(s) \\ -W_{11}(s)W_{21}(s) & W_{11}(s)W_{22}(s) \end{bmatrix} \tag{8-31}
$$

显然,用式(8-31)所得的解耦网络进行解耦,将使原来处于耦合关联下的两个系统完全独立。以上所述虽然仅是一个 2×2 耦合系统,但对于任意阶的多变量耦合系统均可按此思路进行解耦,即将被控对象经解耦后变为一个对角形矩阵。

在对角矩阵解耦法中,目标矩阵 $W_\Lambda(s)$ 主对角线上保留了原耦合对象传递函数矩阵中主对角线上的元素。如果改变目标矩阵主对角线上的元素使其为1,就得到了单位矩阵解耦法,即取

$$
W_\Lambda(s) = \begin{bmatrix} 1 & & 0 \\ & \ddots & \\ 0 & & 1 \end{bmatrix} \tag{8-32}
$$

仍以上述 2×2 耦合系统为例,此时式(8-27)变为

$$
\begin{bmatrix} Y_1 \\ Y_2 \end{bmatrix} = \begin{bmatrix} 1 & 0 \\ 0 & 1 \end{bmatrix} \begin{bmatrix} M_{c1} \\ M_{c2} \end{bmatrix} \tag{8-33}
$$

式(8-28)变为

$$
\begin{bmatrix} W_{11}(s) & W_{12}(s) \\ W_{21}(s) & W_{22}(s) \end{bmatrix} \begin{bmatrix} D_{11}(s) & D_{12}(s) \\ D_{21}(s) & D_{22}(s) \end{bmatrix} = \begin{bmatrix} 1 & 0 \\ 0 & 1 \end{bmatrix} \tag{8-34}
$$

由此得到解耦网络模型为

$$
\begin{bmatrix} D_{11}(s) & D_{12}(s) \\ D_{21}(s) & D_{22}(s) \end{bmatrix}
$$

$$
= \begin{bmatrix} W_{11}(s) & W_{12}(s) \\ W_{21}(s) & W_{22}(s) \end{bmatrix}^{-1} \begin{bmatrix} 1 & 0 \\ 0 & 1 \end{bmatrix}
$$

$$
= \frac{1}{W_{11}(s)W_{22}(s) - W_{12}(s)W_{21}(s)} \begin{bmatrix} W_{22}(s) & -W_{12}(s) \\ -W_{21}(s) & W_{11}(s) \end{bmatrix} \begin{bmatrix} 1 & 0 \\ 0 & 1 \end{bmatrix}
$$

$$
= \frac{1}{W_{11}(s)W_{22}(s) - W_{12}(s)W_{21}(s)} \begin{bmatrix} W_{22}(s) & -W_{12}(s) \\ -W_{21}(s) & W_{11}(s) \end{bmatrix} \tag{8-35}
$$

采用单位矩阵法解耦,不但消除了原耦合系统间的关联,同时改变了等效被控对象的特性,由于此时对象特性为1,因而极大地提高了系统的稳定性。其缺点是解耦网络模型可能比其他解耦法求出的模型更难以实现。

2. 前馈补偿解耦法

前馈补偿解耦法是根据不变性原理设计解耦网络,从而解除系统的耦合关联。图 8.20 给出了一个双变量系统利用前馈补偿法进行解耦的系统框图。

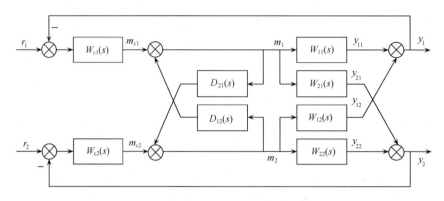

图 8.20 2×2 前馈补偿法解耦控制系统框图

利用不变性原理来消除这种耦合影响,令

$$y_{11} + y_{12} = 0 \qquad (M_2 \neq 0)$$
$$y_{21} + y_{22} = 0 \qquad (M_1 \neq 0)$$

因而有

$$W_{12}(s) + D_{12}(s)W_{11}(s) = 0$$
$$W_{21}(s) + D_{21}(s)W_{22}(s) = 0$$

从而得出解耦网络的数学模型为

$$D_{12}(s) = -\frac{W_{12}(s)}{W_{11}(s)} \tag{8-36}$$

$$D_{21}(s) = -\frac{W_{21}(s)}{W_{22}(s)} \tag{8-37}$$

显然,经前馈补偿解耦后,图 8.20 所示的耦合系统将变为两个单回路控制系统。比较对角矩阵解耦法与前馈补偿解耦法,可见它们具有相同的解耦效果,但应用前馈补偿法解耦,所需的解耦网络结构简单。例如,2×2 耦合系统,用对角矩阵法解耦,其解耦网络中包含 4 个解耦支路模型,而前馈补偿解耦法只需 2 个支路模型,且其解耦模型阶次低,因而易于实现。前馈补偿法是目前工业上应用最普遍的一种解耦方法。

8.3.4 解耦系统的简化

前述各种解耦网络在设计时,都必须已知被控耦合对象准确的数学模型 $W_o(s)$。而在现实中,无论是用解析法或是试验法都不可能得到准确的传递函数矩阵 $W_c(s)$,且 $W_{ij}(s)$ 可能比较复杂,此时,解耦网络模型甚至无法实现。为此,首先要对过程模型 $W_o(s)$ 进行简化处理,然后还要对解耦网络同样进行简化处理,经简化处理后,在实际应用中再经反复调整,有可能取得满意的效果。

(1) 耦合对象模型的简化处理

在耦合对象传递函数矩阵 $W_o(s)$ 中,若各 $W_{ij}(s)$ 的时间常数不等,而且最大的时间常数与最小的时间常数相差 10 倍以上时，可以忽略最小的那个时间常数，如有几个时间常数比较接近，则可假设它们相等。

（2）解耦网络模型的简化处理——静态解耦

在整个动态过程中进行解耦，固然很好，但此时解耦网络的结构往往比较复杂，所谓静态解耦是令解耦网络矩阵为线性定常矩阵。这样必然降低解耦的性能，即不在整个动态过程中实现解耦，而只是在静态条件下实现解耦。静态解耦已能使耦合系统稳定运行，且能在一定程度上减小被控参数变化的幅值，尽管会存在动态偏差，但其幅值已相应减小。这是一种基本而有效的补偿方法。

8.4 比值控制系统

凡是两个或多个参数自动维持一定比值关系的过程控制系统，统称为比值控制系统。例如，燃烧过程中，为保证燃烧经济性，需保持燃料量和空气量按一定比例混合后送入炉膛；造纸过程中，为保证纸浆浓度，必须控制纸浆量和水量按一定的比例混合。

在控制两种物料的比值系统中，起主导作用的物料流量称为主动量 y_1，如燃烧过程中的燃料量、造纸中的纸浆量；跟随主动量而变化的物料流量称为从动量 y_2，如燃烧过程中的空气量、造纸中的水量。y_2 与 y_1 保持一定的比值，即

$$k = y_2/y_1 \tag{8-38}$$

根据工业生产过程的不同需求，有三种常用的比值控制方案：单闭环比值控制、双闭环比值控制和变比值控制。单闭环或双闭环比值控制中，比值系数固定不变；而在变比值控制中，比值系数可变。

8.4.1 单闭环比值控制

如图 8.21 所示，从动量 y_2 是一个闭环控制系统，而主动量 y_1 开环。$W_{c1}(s)=k$ 为比值控制器。y_2 的给定是 ky_1，因为 y_1 开环，故 y_2 要随着 y_1 的变化而变化，即从动量又是一个随动控制系统。

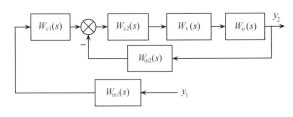

图 8.21 单闭环比值控制

单闭环比值控制结构简单，可克服作用于从动量回路中的扰动，应用于主动量可测而不可控的场合。

8.4.2 双闭环比值控制

双闭环比值控制可克服单闭环比值控制中 y_1 不受控的不足，它是由一个定值控制的主动量控制闭环和一个跟随主动量变化的从动量控制闭环组成。如图 8.22所示。

双闭环比值控制实现了主动量定值控制，使总物料量稳定。可同时克服主动量和从动

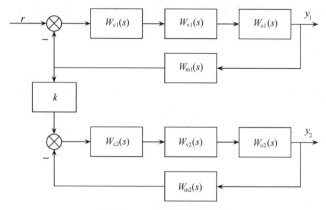

图 8.22 双闭环比值控制

量的扰动,适用于要求负荷变化平稳的场合,但控制稍复杂。

例 8.6 双闭环比值控制系统。

某化学反应器要求参与反应的 A、B 两种物料保持一定的比值,其中 A 物料供应充足,而 B 物料受生产负荷制约有可能供应不足。通过观察发现 A、B 两种物料流量因管线压力波动而经常变化。该化学反应器中 A、B 两物料的比值要求严格,否则易发生事故。根据上述情况,要求设计一个比较合理的比值控制系统,画出示意图与方框图。

解 因为 A、B 两物料流量因管线压力波动而经常变化,且对 A、B 两物料的流量比值要求严格,故应设计成双闭环比值控制系统。由于 B 物料受生产负荷制约有可能供应不足,所以应选择 B 物料为主动量,A 物料为从动量。根据 B 物料的实际流量值来控制 A 物料的流量,这样一旦主物料 B 因供应不足而失控,即调节阀全部打开尚不能达到规定值时,就根据这时 B 物料的实际流量值去控制 A 物料的流量而始终保持两物料的流量比值不变。如果反过来,选择 A 物料为主动量,就有可能在 B 物料供应不足时,调节阀全部打开,B 物料流量仍达不到按比值要求的流量值,这样就会造成比值关系失控,容易引发事故,这是不允许的。

该比值控制系统的示意图和方框图如图 8.23 所示。

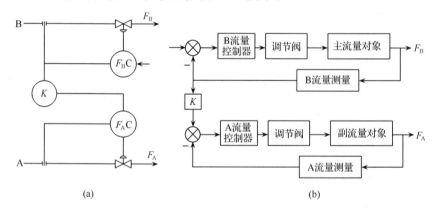

(a)   (b)

图 8.23 反应器双闭环比值控制系统

(a) 示意图　(b) 方框图

8.4.3 变比值控制

不管是单闭环或双闭环比值控制系统,其控制的目的就是要保证两种物料流量的比值固定不变。而在有些生产过程中,流量比值只是一种控制手段,而不是最终目的,这就是变比值控制系统。

变比值控制要求两种物料流量的比值,随第三个参数的需要而变化。它通过控制流量比值来实现第三参数的稳定不变。本质上是一个以第三参数为主参数、以流量比为副参数的串级控制系统。第三参数往往是产品质量指标。如图 8.24 所示。

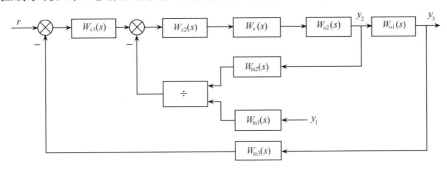

图 8.24　变比值控制

例 8.7　磨矿变比值控制系统。

对于磨矿系统,一般而言,若矿量已经基本稳定,系统按比例进行给水控制,可以初步稳定球磨机内的浓度。但若仅以固定比值进行给水控制,难以保证球磨机浓度,甚至会造成磨机"胀肚"(浓度过高称"干胀"或浓度过低称"稀胀",一旦发生"胀肚",将严重影响磨矿粒度,甚至造成磨机设备损坏)。所以,磨矿系统要求矿和水两种物料流量的比值要随浓度的变化而变化,决定采用变比值控制方案。

磨矿变比值控制系统示意图和方框图分别如图 8.25(a)和(b)所示。系统工作时,按当前给矿量比例控制给水。当浓度发生变化时,浓度控制器的输出将修改比例系数 k,从而修改了给水闭环的给定值,给水闭环及时调节给水量,保证浓度相对稳定。

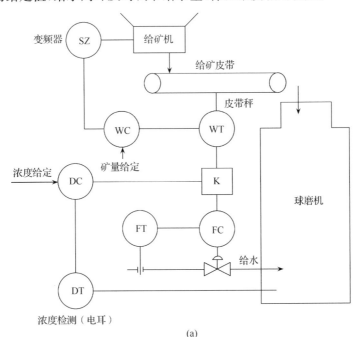

(a)

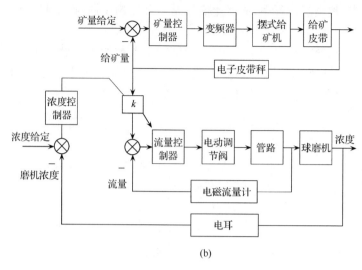

(b)

图 8.25 磨矿变比值控制系统
(a) 示意图 (b) 方框图

8.5 均匀控制系统

在定值控制系统中,为了保持被控量为定值,控制量可作较大幅度变化。如图 8.26(a) 所示,为保持被控量 y 稳定,控制量 q 变化幅度较大。而在均匀控制中,控制量和被控量同样重要,控制的目的要使它们在一定的范围内都缓慢而均匀地变化,如图 8.26(b) 所示。

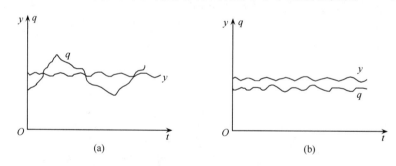

图 8.26 定值与均匀控制系统控制参数与被控参数变化曲线
(a) 定值控制 (b) 均匀控制

均匀控制的特点就是在工艺允许的范围内,前后装置或设备供求矛盾的两个参数(一个是控制量,另一个是被控量)都是变化的,其变化是均匀缓慢的。

均匀控制与定值控制在控制结构上没有任何区别,其区别在于控制的目的不同。均匀控制为保证被控量和控制量在一定范围内都缓慢变化,其控制器参数比例度 δ 和积分时间 T_i 都比定值控制系统大得多,即控制作用很"弱"。下面通过一个具体例子来说明均匀控制的应用。

例 8.8 矿浆池的液位及出量均匀控制。

冶金行业磨矿及浮选工艺中,矿石经破碎后进入磨机研磨形成原矿矿浆,矿浆在工艺处

理中有时需进入矿浆池,由渣浆泵抽到浮选设备进入浮选作业流程。生产工艺要求如下:

1) 矿浆池的液位保持相对稳定。若液位过高,易造成矿浆溢流损失;若液位过低,则易抽空,并造成泵设备损坏。

2) 矿浆池的出浆流量,即送入浮选设备的矿浆量保持相对稳定。因为在浮选作业中,药剂添加量往往相对不变,若进入浮选的矿浆量波动较大,势必会影响浮选作业效果。

通常,液位自动控制是通过调节泵的转速控制出浆流量:当来矿量增大导致液位增加时,增加变频器频率;反之,当来矿量减小液位降低时,降低频率,保证液位的相对稳定。

但这种控制思路只能满足生产工艺中的第一点要求,因为它本质上属于矿浆液位定值控制。这种控制为了保证被控量(液位)为定值,控制量(出浆流量)可能有时要作较大幅度的变化,这显然不符合生产工艺中的第二点要求。

根据以上分析,决定采用串级均匀控制方案,如图 8.27 所示。

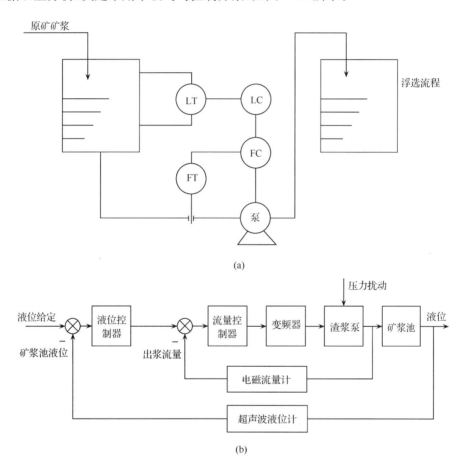

图 8.27 矿浆池串级均匀控制
(a) 示意图 (b) 方框图

图 8.27 中,液位控制器和流量控制器均采用 PI 控制,在进行调节器参数整定时,其比例度 δ 和积分时间 T_1 都要比定值控制系统大得多,只有这样才能保证矿浆液位和出浆流量缓慢均匀地变化。

8.6 超弛控制系统

超弛控制是将生产过程中的限制条件所构成的逻辑关系,叠加到正常的控制系统上去的一种组合控制方法。即在一个过程控制系统中,设有两个控制器,通过高、低值选择器选出能适应生产安全状况的控制信号,实现对生产过程的自动控制。它们一般是从生产安全角度提出来的,如要求温度、压力、流量、物位等参数不能越限。超弛控制系统又被称为选择性控制系统、取代控制系统或软保护系统。

在生产上需防止超限的场合很多,一般可采用两种办法,即硬保护和软保护。

硬保护是指当参数达到高限或低限时,系统开始报警,这时需设法排除故障,若没能及时排除故障,则当参数达到高限或低限时,系统经联锁装置动作,自动停车。

而软保护是指当参数达到高限或低限时,系统开始改变控制方式,以参数脱离极限值作为当前控制的第一指标,此时的控制方式一般会使控制质量有所降低,但可维持生产继续进行,避免了停车,因为停车往往会造成巨大的经济损失。

例如,在例8.7介绍的磨矿变比值控制系统中,在磨矿浓度正常范围内采用变比值控制,而一旦浓度超出正常范围,甚至有"胀肚"危险时,应采取停止给矿或停止给水措施,防止浓度过高或过低。待浓度恢复到正常范围后,继续实施浓度变比值控制。

例8.9 氨冷器超弛控制。

图8.28所示为氨冷器物料出口温度与液氨液位选择性控制系统。在正常情况下根据

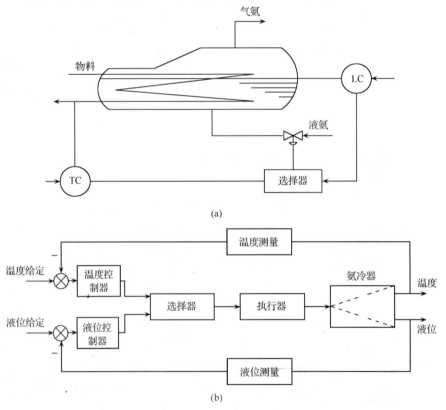

图8.28 氨冷器物料出口温度与液氨液位选择性控制系统

(a) 示意图 (b) 方框图

物料出口温度控制液氨的进入量,但氨冷器中液位不允许过高,否则会使气氨中带液,以致损坏后续设备(压缩机),故在液位高于某个数值后,将用液位控制器取代温度控制器,对液氨进入量进行控制。

由图可以看出,该系统的被控变量有两个:氨冷器内液位 L 与物料出口温度 T。控制器也有两个:液位控制器与温度控制器。其中温度控制为正常工作控制器,液位控制器为异常工况控制器。它们的输出通过选择器送到执行器,以控制液氨的进入量。

随着计算机控制技术的发展,采用软件方法取代以前的硬件选择器实现超驰控制已变得十分方便。在基于计算机的过程控制系统中,许多控制回路都采用超驰控制以避免故障或危险的发生或扩大,保证生产的正常进行。

8.7　分程控制系统

一般来说,一个控制器的输出仅控制一只调节阀动作。而一个控制器的输出信号分段分别去控制两个或两个以上调节阀动作的系统则称为分程控制系统。控制器的输出被分割成若干个信号范围段,而由每一段信号去控制一只调节阀。

分程控制是通过阀门定位器来实现的。它将调节器的输出压力信号分成几段,不同区段的信号由相应的阀门定位器转化为 $20 \sim 100$kPa 信号压力,使调节阀全行程动作,如图 8.29所示。

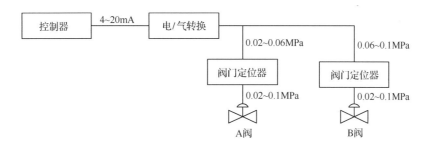

图 8.29　分程控制方框图

图 8.29 中,当信号压力在 $0.02 \sim 0.06$MPa 时,A 阀作全行程动作,而 B 阀不动;当压力在 $0.06 \sim 0.1$MPa 时,B 阀作全行程动作,此时 A 阀已达极限位置。分程控制系统就调节阀的开闭形式分为两类,即同向动作和异向动作,如图 8.30 所示。

在实际生产中,调节阀如果不能提供足够的可调范围,其结果将导致要么在大负荷下流量不足,要么在小负荷下流量难以稳定,甚至产生振荡。分程控制可以扩大调节阀的可调范围,以改善控制品质。

例 8.10　蒸汽减压系统分程控制。

蒸汽减压系统分程控制如图 8.31 所示,采用两只调节阀来控制中压蒸汽。设 A、B 两阀最大流通能力 C_{max} 均为 100,可调范围 k 为 30,由 $R = C_{max}/C_{min}$ 可得

$$C'_{max} = C_{A\,max} + C_{B\,max} = 2C_{max} = 200$$
$$C'_{min} = C_{A\,max}/R = 100/30 = 3.33$$
$$R' = C'_{max}/C'_{min} = 200/3.33 = 60$$

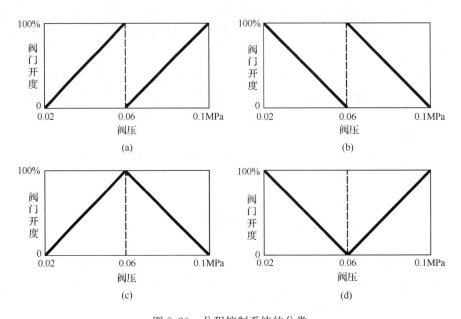

图 8.30　分程控制系统的分类

(a) 两阀气开式　(b) 两阀气关式　(c) 气开气关式　(d) 气关气开式
(a)、(b) 两个调节阀同向动作　(c)、(d) 两个调节阀异向动作

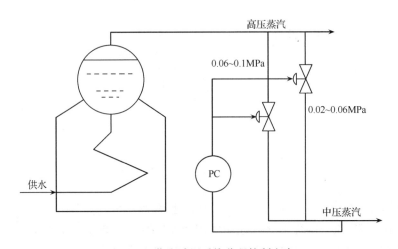

图 8.31　蒸汽减压系统分程控制方案

可见,采用两只流通能力相同的调节阀构成分程控制系统,其调节阀可调范围 R 比单只调节阀进行控制时的可调范围扩大一倍。调节阀的可调范围扩大了,可以满足不同生产负荷的要求,而且控制精度提高,控制质量得以改善,生产的稳定性和安全性也可进一步得到保证。

例 8.11　间歇反应器的分程控制。

分程控制还可以满足工艺操作的特殊需要。如图 8.32 所示,间歇反应器要求配比好原料并放入反应器,开始时温度达不到反应要求,需对其通以蒸汽加热,诱发化学反应。而当达到反应温度并开始反应后,会产生大量的反应热,需及时移走热量,否则会因温度过高而发生危险。

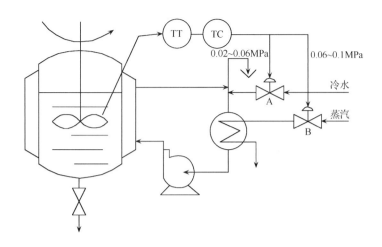

图 8.32　间歇式化学反应器分程控制系统

出于安全考虑,蒸汽阀选气开式,冷水阀选气关式。反应开始时,首先升温,A 阀渐渐关小,当 A 阀全关时,B 阀开始打开,蒸汽加热,达到反应温度时,反应开始。

反应开始后,温度继续上升,这时控制器使 B 阀渐渐关小,当 B 阀全关时,A 阀逐渐打开,冷却水把反应热带走,使反应釜温度恒定,反应继续进行。

例 8.12　油品储罐氮封分程控制。

分程控制还可以用作安全生产的防护措施。在炼油或石化行业,有许多储罐存放各种油品或石化产品。为使这些油品或石化产品不与空气中的氧气接触氧化变质或引起爆炸危险,常用罐顶充氮气的方法,使之与外界空气隔绝。氮封要求罐内氮气微量正压。储罐内存储的物料增减时,罐顶压力将产生变化,为稳定压力,如图 8.33 所示给出了油品储罐氮封分程控制系统。

A 阀(充氮气)采用气开式,B 阀(放空)为气关式。向油罐注油时,压力升高,压力小于 0.06MPa 时,A 阀全关、B 阀打开;从油罐抽油时,压力下降,压力大于 0.06MPa 时,B 阀全关、A 阀打开,维持压力不变。

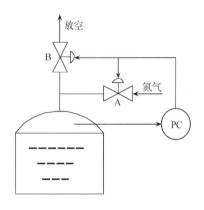

图 8.33　油品储罐氮封分程控制系统

分程控制在工业应用中需注意以下几个问题:

(1) 调节阀的泄漏量

选用的调节阀应不泄漏或泄漏量极小。尤其是在大、小阀并联工作时,若大阀泄漏量过大,小阀将不能充分发挥其控制作用。

(2) 调节阀流量特性的选择

在把两个调节阀作为一个调节阀使用的分程控制中,要求从一个阀向另一个阀过渡时,其流量变化要平滑。由于两个阀的放大系数不同,在分程点上会引起流量特性的突变。为了解决这个问题,可选择合适的调节阀流量特性,或采用分程信号重叠法。

8.8 阀位控制系统

在过程控制系统中,控制变量选择既要考虑到它的快速性和有效性,又要考虑到它的经济性和合理性。而在有些情况下所选择的控制变量很难做到两者兼顾。

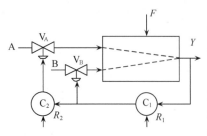

图 8.34 阀位控制系统结构原理图

阀位控制系统就是在综合考虑控制变量的快速性、有效性、经济性和合理性基础上发展起来的一种控制系统。

如图 8.34 所示,在控制系统中选用了两个控制变量 A 和 B,其中控制变量 A 从经济性和工艺的合理性考虑比较合适,但对克服干扰的影响不够及时、有效。控制变量 B 的快速性、有效性较好,即克服干扰比较迅速及时,但经济性、合理性差。这两个控制变量分别来自两只控制器。控制变量 B 由主控制器 C_1 控制,控制变量 A 由所谓的阀位控制器 C_2 控制。C_1 的给定值 R_1 是产品的控制指标,C_2 的给定值 R_2 是控制变量 B 管线上调节阀的阀位。阀位控制系统也因此而得名。

下面通过几个例子来说明阀位控制系统的应用。

例 8.13 管式加热炉原油出口温度控制。

如图 8.35 所示。选用燃料气(油)作为控制变量是经济合理的,然而它对克服外界干扰的影响却不及时。选用原油作为控制变量时,由于采用旁路控制,通道滞后小,对原油的出口温度控制十分及时、有效,然而从工艺上考虑是不经济的,会造成能量损耗。

若将上述两种控制变量有机地结合起来,就能达到提高控制质量的效果:由 TC 和阀 V_B 构成主回路,由阀 V_A 的阀位信号作为副被控参数,其设定值对应阀 V_B 的较小开度(如 10%),通过控制器 VPC 的参数整定(其比例带和积分时间都较大),使阀 V_A 缓慢动作,当系统稳定时,可使阀 V_B 处于较小的开度,避免能量损耗,同时由于采用旁路控制方式又可使系统具有良好的动态效果。

例 8.14 蒸汽减压系统压力控制。

如图 8.36 所示,4.0MPa 的中压蒸汽减压成 0.3MPa 的低压蒸汽,一般使用中压蒸汽经过起节流作用的调节阀 V_B 就可以了,但是这样做不经济。如果将中压蒸汽通过中压透平后转为低压蒸汽,则可使透平做功,使能量得到有效利用。

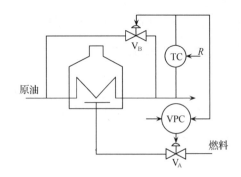

图 8.35 管式加热炉原油出口温度控制系统

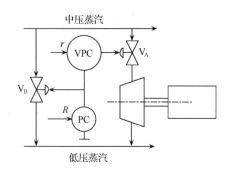

图 8.36 蒸汽减压系统压力控制系统

系统中,PC 为主控制器,它的输出同时作为阀 V_B 的控制信号,又作为阀位控制器 VPC 的测量信号,调节阀 V_A 由阀位控制器控制,而阀位控制器的给定值 r 则决定着阀 V_B 的开度(通常设置 r 值都是一个较小的值)。

阀位控制系统选择的两个控制变量,一个要着重考虑它的经济性和合理性,而另一个则要着重考虑它的快速性和有效性。

主控制器是控制产品的质量指标,因此一般情况下主控制器应选用比例积分控制器。但当对象时间常数较大时,则可选用比例积分微分控制器。阀位控制器的作用是使调节阀处于一个固定的小开度上,因此调节阀应选比例积分作用。

习题与思考题

8.1 试比较前馈控制和反馈控制系统的特点和不同。

8.2 可否采用常规的 PID 控制器作为前馈补偿器?

8.3 如图 8.37 所示为一加热炉,用燃料油在炉内燃烧来加热原油。工艺要求原油出口温度保持稳定,系统的主要干扰来自原油流量的波动。试分别画出单回路(反馈)控制系统与单纯的前馈控制系统的原理图与方块图,并比较这两种控制系统的特点。

8.4 题 8.3 中的加热炉,如果对原油出口温度控制要求很高,且原油流量与燃料油压力经常波动,试设计一个控制系统,画出系统的示意图与方框图。当调节阀选用气开阀时,试确定各控制器的正反作用。

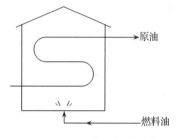

图 8.37　加热炉控制系统

8.5 时间滞后控制有哪些方法? Smith 预估控制与第 6 章介绍的内模控制有何关系? 实施采样控制时要注意哪些问题?

8.6 在多变量解耦控制系统中,为什么要合理选择变量的配对?

8.7 什么叫相对增益? 解耦控制有哪些常见的设计方法?

8.8 已知一对象数学模型为

$$\boldsymbol{W}(s) = \begin{bmatrix} W_{11}(s) & W_{12}(s) \\ W_{21}(s) & W_{22}(s) \end{bmatrix} = \begin{bmatrix} \dfrac{0.1}{(1+25s)(1+600s)} & \dfrac{0.25}{(1+5s)(1+600s)} \\ \dfrac{0.3}{(1+3s)(1+1300s)} & \dfrac{0.4}{(1+15s)(1+1300s)} \end{bmatrix}$$

试用前馈补偿法进行解耦设计。

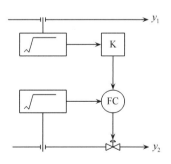

图 8.38　单闭环比值控制系统

8.9 如图 8.38 所示为一单闭环比值控制系统,要求:

1) 画出系统的方框图。

2) 系统中为什么要加开方器?

3) 为什么说该系统对主物料来说是开环的,而对物料来说是一个随动控制系统?

4) 如果其后续设备对物料来说是不允许断料的,试选择调节阀的气开、气关形式。

8.10 如图 8.39 所示为一反应器控制系统。F_A,F_B 分别代表进入反应器的 A、B 两种物料的流量,试问:

1) 这是一个什么类型的控制系统? 试画出其方框图。

2) 系统中的主物料和从物料分别是什么?

3) 试说明系统的控制过程。

8.11 什么叫均匀控制系统? 与定值控制系统在结构和参数整定上有何异同?

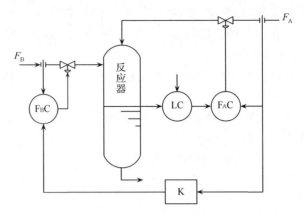

图 8.39　反应器控制系统示意图

8.12　什么叫超弛控制系统？采用超弛控制的主要目的是什么？

8.13　某工艺过程中的脱水工序，要用酒精以 2∶1 的比例加入到另一种待脱水的物料中。酒精来源有两个：一为新鲜酒精；二为酒精回收工序所得。工艺要求尽量使用回收酒精，只有当回收酒精不足时，才允许添加新鲜酒精予以补充。试根据以上要求：

1) 设计一控制系统，画出系统的示意图与方框图。

2) 若脱水工序中不允许酒精过量，选择调节阀的气开、气关型式。

3) 确定调节阀的工作信号段及分程特性。

8.14　某乙烯精馏塔的塔底温度需要恒定，其手段是通过改变进入塔底再沸器的热剂流量。本系统中采用 2℃ 的气态丙烯作为热剂，在再沸器内释热后呈液态进入冷凝液储罐。储罐中的液位不能过低，以免气态丙烯由凝液管中排出，危及后续设备，故设计了图 8.40 所示的控制系统。试问这是一个什么类型的控制系统？试画出其方框图，并确定调节阀的气开、气关型式，简述系统的控制过程（LS 为低选择器）。

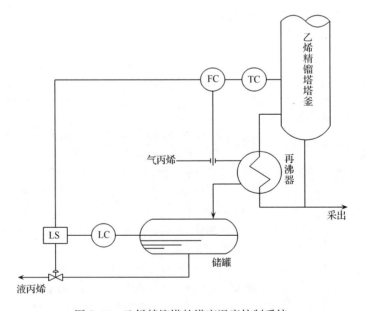

图 8.40　乙烯精馏塔的塔底温度控制系统

8.15　图 8.41 所示为一热交换器，使用热水与蒸汽对物料进行加热，工艺要求出口物料的温度保持恒定。为了节省能源，尽量利用工艺过程中的废热，所以只是在热水不足以及物料温度达不到规定值时，才利用蒸汽予以补充。试根据以上要求：

1）设计一控制系统,画出系统的示意图与方框图。

2）物料不允许过热,否则易分解,请确定调节阀的气开、气关型式。

3）确定蒸汽阀与热水阀的工作信号段,并画出其分程特性图。

4）简述系统的控制过程。

8.16 图 8.42 所示为一燃料气混合罐,罐内压力需要控制。一般情况下,通过改变甲烷流出量 F_A 来维持罐内压力。当罐内压力降低到 $F_A = 0$ 仍不能使其回升时,则需要调整来自燃料气发生罐的流量 F_B,以维持罐内压力达到规定值。为此要求:

1）设计一控制系统,画出系统的示意图与方框图。

2）罐内压力不允许过高,请选择调节阀的气开、气关型式。

3）确定调节阀的工作信号段,并画出其分程特性图。

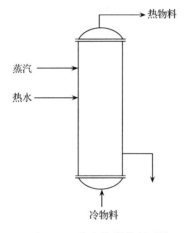

图 8.41　热交换器控制系统

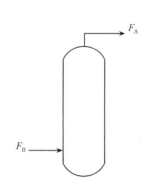

图 8.42　燃料气混合罐控制系统

8.17 图 8.43 为一管式加热炉,工艺要求用瓦斯与燃料油加热,使原油出口温度保持恒定。为节省燃料,要求尽量采用瓦斯气供热,只有当瓦斯气不足以提供所需热量时,才以燃料油作为补充。请设计出分程控制系统。

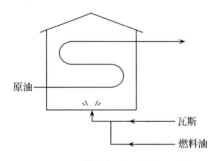

图 8.43　管式加热炉控制系统

8.18 什么叫阀位控制系统? 何时需要采用这种系统?

第9章　计算机过程控制系统

教学要求

本章概要介绍计算机过程控制系统。重点介绍集散控制系统(DCS)、基于PLC的监督控制与数据采集(PLC-SCADA)系统和现场总线控制系统(FCS),学完本章后,应能达到如下要求:

- 掌握计算机过程控制系统的特点和构成;
- 了解计算机过程控制系统的应用形式;
- 了解集散控制系统(DCS)的组成和结构;
- 掌握基于PLC的监督控制与数据采集(PLC-SCADA)系统的特点和应用;
- 掌握现场总线控制系统(FCS)的结构和特点;
- 了解控制与管理信息集成技术。

前面章节介绍了过程控制系统的基本组成和各类系统结构,为反映近年来计算机技术在过程控制中的应用,本章介绍计算机过程控制系统,重点介绍集散控制系统(DCS)、基于PLC的监督控制与数据采集(PLC-SCADA)系统和现场总线控制系统(FCS),最后还介绍了控制和管理的信息集成技术。

9.1　计算机过程控制系统的特点和构成

9.1.1　计算机过程控制系统的特点

计算机在现代工业生产过程控制中的使用越来越广,已基本取代了以前由模拟调节器构成的控制系统。在计算机过程控制系统中,计算机包括由单片机或DSP构成的数字调节器、工业控制计算机(IPC)、可编程序控制器(PLC)以及集散控制系统(DCS)等。与一般的个人计算机(PC)相比,用于过程控制的计算机普遍具有如下特点:

(1) 可靠性高

工业生产过程往往是连续运行的,生产装置几个月甚至一年以上才停工检修一次,而工业控制计算机是一种在线实时控制生产过程的装置,一旦发生故障,就会严重影响生产。所以要求控制计算机可靠性高,故障率低,一般要求连续无故障运行几千小时以上;同时平均故障时间要短(一次故障时间不超过几分钟)。例如,过程控制中用于现场控制的PLC往往具有很高的可靠性。

(2) 对计算机的速度和精度要求相对较低

因为工业生产过程往往是一个慢过程,而提高控制速度的关键在于输入/输出(I/O)设备,盲目追求计算机的速度是没有多大意义的。此外,由于A/D转换及检测仪表的精度一般都低于0.1级,考虑到运算精度,通常采用16位二进制字长即可满足精度要求。

（3）输入/输出等外部设备较完善

为了实现对生产过程的实时控制,控制计算机需要随时对过程参量进行采样、检测、转换、运算和逻辑判断,并对生产过程进行控制。此外,还要随时响应操作人员的各种不同要求,如改变相应的参数和给定值等。这不但要求有常用的外部设备,而且还要有各种输入/输出部件以及记录、显示等外部设备。

（4）实时响应性好

为了及时应对被控过程随时发生的变化,并保持数据的实时性,要求计算机在某一限定时间内(往往在秒级或毫秒级)必须完成规定的处理工作。

（5）中断系统比较完善

生产过程千变万化,任务有缓有急,控制计算机必须能自动快速响应生产过程和机器内部发出的各种优先级更高的中断请求。所以要求具有完备的中断系统,一旦出现了中断请求,它就暂停执行当前的程序,而去执行更高级别中断请求的相应程序,完毕后再回到原程序继续执行。

（6）具有比较丰富的指令系统

为了能适应各种工业过程自动控制的需要,控制机应具有较丰富的指令系统,尤其是逻辑判断指令和外围设备的输入/输出控制指令等。

（7）有反映生产过程的数学模型

如前所述,建立正确的被控过程数学模型是实现先进控制技术的前提。计算机(特别是IPC)的运用使这一目的的实现成为可能。

（8）有比较完善的软件系统

为了充分发挥控制机的功能,提高控制质量,并简化设计编程,要求计算机具有比较完整的操作系统,配备工业自动化所需要的应用软件系统等。

9.1.2　计算机过程控制系统的发展趋势

随着计算机和通信技术的发展,计算机过程控制系统的发展呈现出以下趋势:

（1）开放性和通用化

计算机过程控制系统中所使用的设备将趋于通用化,专用产品越来越少,特别是计算机和网络。网络通信规则逐步向得到普遍承认的标准靠拢,以系统集成的方式构成应用系统的方法已得到越来越多的应用。

（2）分散化和智能化

智能仪表、智能电子设备及现场总线技术将被大量采用,计算机过程控制系统的体系结构将进一步走向分散化,数字控制将深入到每一个控制回路和现场设备,特别是现场总线网络的发展已成为各厂家注目的焦点。

（3）系统构成的多样化

传统意义上的DCS已不复存在,目前所说的DCS是一种广义的概念,其中包括传统DCS厂家推出的新一代系统,也包括由PLC、高速总线网和组态软件所构成的系统。

（4）综合自动化

系统的发展逐步走向综合自动化,过程控制系统可与企业MIS网、ERP等实现互联。

9.1.3 计算机过程控制系统的构成

计算机过程控制系统的基本硬件组成如图9.1所示。

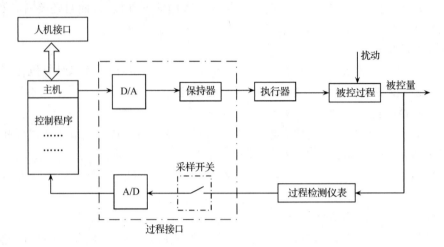

图 9.1　计算机过程控制系统的组成硬件

（1）主机

主机是计算机过程控制系统的核心。由它来执行程序,进行必要的控制运算、数据处理、逻辑判断和故障诊断等工作。

（2）过程接口

过程接口是计算机与被控过程的联系部分,包括被控过程参数输入的 A/D 通道以及控制量输出的 D/A 通道。

（3）外围设备

外围设备与通用计算机的外围设备相似,包括人机接口输入/输出设备(如键盘、鼠标、监视器)和存储器等。

（4）过程仪表

主要指过程检测仪表和执行仪表,如传感器、调节阀等。

构成一个计算机过程控制系统除了上述硬件部分外,还必须有软件部分,包括系统软件、组态软件、数据库管理软件和用户自行开发的应用软件等。

9.2　计算机过程控制系统的应用形式

计算机在现代工业生产过程中,对于不同的被控过程和不同的生产工艺要求,其控制方案往往是不同的,主要有以下几种典型应用方式。

9.2.1　巡回检测与数据处理

主要是应用计算机对工业生产中大量的过程参数进行巡回检测、计算、记录和数据越限报警等,其组成框图如图9.2所示。可见,计算机没有直接参与生产过程的控制。

对于这种控制系统,一般采用可靠性相对较低的单片机系统或 IPC 系统。

IPC 是在普通 PC 机的基础上经过改进使之能适应恶劣工业环境的 PC 机。IPC 配有

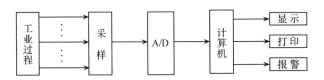

图 9.2　计算机巡回检测与数据处理组成框图

各种过程输入/输出接口板和相应的工业应用软件,具有良好的开放性、安全性和灵活性。具有非常强的计算处理能力,采用标准化的总线,具有丰富的图形显示及多媒体功能,还有丰富的操作系统支持(如 Windows,UNIX 等)和网络支持。

目前 IPC 主要用于控制系统中的监控层、调度层、决策层和管理层。在 DCS 中,IPC 常用作操作员站和工程师站,在几乎所有大型 PLC 应用中都以 IPC 作为操作员接口。

9.2.2　直接数字控制系统

直接数字控制(DDC)系统是相当普遍的一种应用形式。计算机对生产过程直接进行自动控制。如图 9.3 所示为直接数字控制系统的构成示意图。

传感器检测工业生产过程参数,经 A/D 转换后送给 DDC 计算机进行一系列处理,控制量经 D/A 转换成模拟信号送执行机构执行。

直接数字控制系统中,PLC 和数字调节器是最常用的控制器。

9.2.3　监督控制系统

在监督控制(DDC)系统中,鉴于其运算能力的限制,其给定值往往预先设定,不能随生产负荷、操作条件和工艺信息变化而及时进行修正,因此不能使生产处于最优工况。而在 SCC 系统中,如图 9.4 所示,作为上一级计算机,SCC 计算机具有很强的运算能力,往往由 IPC 担当。根据各种工艺参数以及各参数间的相互关系,或根据最优化数学模型,计算出各被控参数的最佳给定值,从而自动调整下一级计算机(如数字调节器或 PLC)的给定值,使生产处于最优工况。

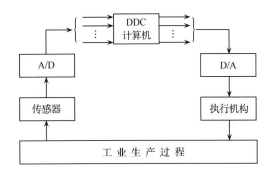

图 9.3　DDC 系统构成示意图

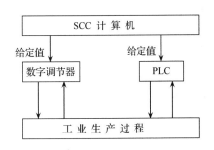

图 9.4　SCC 系统构成示意图

早期的计算机控制系统多属于这种控制方式。该系统可靠性高,一旦 SCC 计算机出现故障,仍可由 DDC 维持生产过程的正常运行。9.4 节介绍的基于 PLC 的 SCADA 系统就属于 SCC 系统。

9.2.4　集散控制系统

　　集散控制系统(DCS)是20世纪70年代中期迅速发展起来的,它把控制技术、计算机技术、图像显示技术以及通信技术结合起来,实现对生产过程的监视、控制和管理。它既打破了常规控制仪表功能的局限,又较好地解决了早期计算机系统对于信息、管理和控制作用过于集中带来的危险性。

　　DCS的设计思想是"控制分散、管理集中",与传统的集中式计算机控制系统相比,控制系统的危险被分散,可靠性大大增加。此外,DCS具有良好的图形界面、方便的组态软件、丰富的控制算法和开放的联网能力等优点,成为过程控制系统,特别是大中型流程工业企业中控制系统的主流。

9.3　集散控制系统

9.3.1　DCS的体系结构

　　DCS即所谓分布式控制系统,又称为集散控制系统,是相对于集中式控制系统而言的一种新型计算机控制系统,它是在集中式控制系统的基础上发展演变而来的。

　　集中式控制系统是指将过程数据输入输出、实时数据的处理与保存、实时数据库的管理、历史数据库的管理、历史数据处理与保存、人机界面的处理、报警与日志记录、报表直至系统本身的监督管理等所有功能集中在一台计算机中的系统。

　　集中式控制系统结构简单清晰,数据库管理容易,并可以保证数据的一致性。但具有如下方面不足:

　　1)各种功能集中在一台计算机中,使得软件系统相当庞大,各种功能要由很多实时的任务去完成,而任务数量的增加将导致系统开销增大,计算机运行效率下降。

　　2)由于集中式系统需要庞大而复杂的软件体系,使得系统的软件可靠性下降。

　　3)系统的可扩展性差。限于计算机硬件的配置,一个系统在建立时基本上就已经确定了其最终能力。如果能预见到其规模的扩充,只有预留计算机的处理能力,但这又会造成投资上的浪费。

　　4)集中式系统将所有功能及处理集中在一台计算机上,大大增加了计算机失效或故障对整个系统造成的危害性,一旦出现问题,造成的后果将是全局性的。

　　鉴于集中式控制系统存在的种种问题,人们开始针对这些问题寻求解决方案,其中有几点思路是非常具有建设性的,事实上这也成了日后DCS设计的基本原则:

　　1)针对过程量的输入/输出处理过于集中的问题,设想使用多台计算机共同完成所有过程量的输入/输出。每台计算机只处理一部分实时数据,而每台计算机的失效只会影响到自己所处理的那一部分实时数据,不至于造成整个系统失去实时数据。

　　2)用不同的计算机去处理不同的功能,使每台计算机的处理尽量单一化,以提高每台计算机的运行效率,而且单一化的处理在软件结构上容易做得简单,提高了软件的可靠性。

　　3)用计算机网络解决系统的扩充与升级的问题。与计算机的内部总线相比,计算机网络具有设备相对简单、可扩展性强、初期投资较小的特点,只要选型得当,一个网络的架构可以具有极大的伸缩性,从而使系统的规模可以在很大程度上实现扩充而并不增加很多费用,换句话说,就是系统的成本可以随着规模的扩充基本上呈线性增长的趋势。

4) 网络中的各台计算机处于平等地位,在运行中互相之间不存在依赖关系,以保证任一计算机的失效只影响自身。

事实上,被控过程本身具有层次性和可分割性,上述设想符合被控过程自身的内在规律,因此基于上述设想的 DCS 出现后,很快就得到了广泛的承认和普遍的应用,并且在较短时间内取得了相当大的进展。

这里不难看出,DCS 的关键是计算机的网络技术,可以认为 DCS 的结构其实质就是一个网络结构。如何充分利用网络资源,如何通过网络协调 DCS 中各台计算机的运行,如何在多台计算机共同完成系统功能的过程中保证所处理信息的实时性、完整性和一致性,则成为了 DCS 设计中的关键问题。

下面简要介绍 DCS 基本构成的各个组成部分,其总体结构示意图如图 9.5 所示。

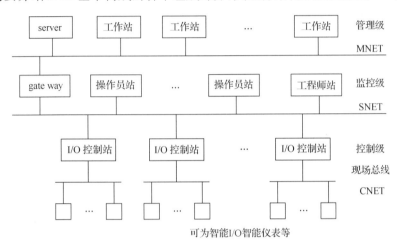

图 9.5　DCS 总体结构示意图

9.3.2　DCS 的基本组成

尽管不同厂家或同一厂家不同时期的 DCS 产品千差万别,但其核心结构却基本上是一致的,可以简单地归纳为"三点一线"式的结构。"一线"是指 DCS 的骨架计算机网络,"三点"则是指连接在网络上的三种不同类型的节点,即:面向被控过程的现场 I/O 控制站、面向操作人员的操作员站和面向 DCS 监督管理人员的工程师站。

一般情况下,一个 DCS 中只需配备一台工程师站,而现场 I/O 控制站和操作员站的数量则需要根据实际要求配置。这三种节点通过系统网络互相连接并互相交换信息,协调各方面的工作,共同完成 DCS 的整体功能。

1. DCS 的系统网络 SNET

用于 DCS 的计算机网络在很多方面的要求不同于通用的计算机网络。首先,它是一个实时网络,也就是说,网络需要根据现场通信实时性的要求,在确定的时限内完成信息的传送。这里所说的"确定"时限,是指无论在何种情况下,信息传送都能在这个时限内完成,而这个时限则是根据被控制过程的实时性要求确定的。

根据网络的拓扑结构,大致可以分为星型、总线型和环型三种。星型网由于其必须设置一中央节点,各个节点之间的通信必须经由中央节点进行,这种变相的集中系统不符合 DCS 的设计原则,因此星型网基本上不被各 DCS 厂家采用。目前应用最广的网络结构是环型网和总线型网。在这两种结构的网络中,各个节点可以说是平等的,任意两个节点之间的通信可以直接通过网络进行,而不需其他节点的介入。

从信息传送的实时性讲,星型网应该是最好的,因为这种拓扑结构没有共用传输介质的问题。DCS 之所以不采用这种结构,仅仅是由于其中央节点的存在使危险性集中了的缘故,其他两种拓扑结构不存在这个问题,但它们存在着另一个问题,就是共用传输介质的问题,这是影响网络传输实时性的关键。

为了实现传输介质共享,对于多个节点传送信息的请求必须采用分时的方法,以避免信息在网络上的碰撞。目前各种网络解决碰撞的技术不外乎两种,一种是以令牌的方式划分各个节点的时间片,使每一瞬间只有一个节点使用物理传输介质,即所谓 token ring(对于环型网)或 token passing(对总线型网)方式。

令牌实际是一个标识信号,它规定了要使用物理传输介质的节点标识,只有符合标识的节点(节点的标识号在系统中是唯一的)才能使用网络。这样就避免了某个节点传送信息时被其他节点干扰,当传送信息的节点完成传送之后,即刻释放网络,并产生一个令牌,将网络让给其他节点。这种令牌方式的网络要求各个节点在限定时间内使用网络,即每个令牌从获得到释放的时间是确定的,这样才能保证通信的实时性,对于较多的数据传送请示,就有可能被分割成多个令牌周期分几次完成传送。

另一种解决碰撞的技术是载波侦听与碰撞检测技术,即 CSMA/CD(carrier sense multiple access with collision detection)方式,这种方式不规定时间片,需要使用网络的节点需要首先对网络线进行侦听,测试网络是否忙,如果忙就等待,直到网络空闲。如果两个节点同时向网络发送数据,就会造成两个节点的数据传送同时出错的情况,这时,各个需要使用网络的节点就需要延迟一个随机的时间,然后再去试图占用网络。这种网络运行机制并不具备"在确定时限内完成信息传送"的特点,因此在 DCS 中很少用 CSMA/CD 方式的网络作为 SNET,而较多采用 TOKEN 方式的网络。但是在更高一层的管理网络 MNET 中,CSMA/CD 方式的网络使用比较普通,这是由于当网络上节点较多时,TOKEN 方式的网络开销比较大,使得网络节点的增加受到一定限制,同时在传送数据包的长度较大时,TOKEN 网完成一次传送的时间会拉得很长,而在高层管理网中往往节点数量较多,被传送的数据包较大,而且在这种场合实时性的要求相对没有那么严格,主要需考虑的是可以方便地增加实时性要求不太高的网络节点,在这些方面 CSMA/CD 则显然更具有优越性。

2. 现场 I/O 控制站

现场 I/O 控制站是完成对过程现场 I/O 处理并实现直接数字控制的网络节点,主要功能有:

1) 将现场各种过程量(温度、压力、流量、物位以及各种开关状态等)进行数字化,并将数字化后的量存在存储器中,形成一个与现场过程量一致的、能一一对应的、并按实际运行情况实时改变和更新的现场过程量的实时映像。

2) 将本站采集到的实时数据通过网络送到操作员站、工程师站及其他现场 I/O 控制站,以便实现全系统范围内的监督和控制,同时现场 I/O 控制站还可接收由上一级操作员站、工程师站下发的信息,以实现对现场的人工控制或对本站的参数设定。

3）在本站实现局部自动控制、回路的计算及闭环控制、顺序控制等,这些算法一般都是一些经典算法,也可下装非标准算法或复杂算法。

现场 I/O 控制站中最重要的硬件就是过程量 I/O 设备,其中包括数字量的输入(DI)、数字量的输出(DO)、模拟量输入(AI)和模拟量输出(AO)、脉冲量输入(PI)、脉冲量输出(PO)及其他一些针对特殊过程量的输入、输出模块。

由于被控过程现场的信号种类繁多,虽然它们可以归结为上述几大类,但每一类中还有不少细微差别。如模拟量输入,现在经常用到的有 4～20mA、1～5V、0～10V、±5V、热电阻型(包括 Pt100 和 Cu50 等)、热电偶型(包括 B 型、S 型、K 型等)等。由于这些模拟量输入信号的类型、幅值大小不同,必须将它们首先预处理成为统一的类型、统一的幅值,这就是所谓的"信号调理"。信号调理一般都通过一块专门的信号调理板用硬件实现,然后经过 A/D 变换后成为数字信号。

除了模拟量输入、输出的信号调理外,现场 I/O 控制站还应有开关量输入、输出和脉冲量输入、输出的信号调理板。

为了保证现场 I/O 通道不受外界干扰,控制站中必须配备各种隔离和保护电路,如开关量输入、输出通道的光电隔离,模拟量输入的隔离放大器隔离等。

3. 操作员站

DCS 的操作员站是处理一切与运行操作有关的操作界面 OI(operator interface)或人机界面 HMI(human machine interface)功能的网络节点,主要是为系统的运行操作人员提供人机交互,使操作员可以通过操作员站及时了解现场运行状态、各种运行参数的当前值、是否有异常情况发生等。同时通过输入设备对工艺过程进行控制和调节,以保证生产过程的安全、可靠、高效、高质。

操作员站的主要人机界面输出设备是彩色 CRT,输入设备则为工业键盘和光标控制设备(鼠标器或轨迹球)。

在 CRT 上监控的内容一般包括:

1）生产过程的模拟流程图(即用模拟图形表示的生产装置或生产线)——图中标有关键数据、控制参数及设备状态的当前实时状态。对于生产过程至关重要的极少数关键数据需要在 CRT 屏幕的固定位置上显示,并且不随屏幕显示内容的改变或画面的滚动而改变,使操作员在任何时候都可以一眼看到这些最重要的关键数据。

2）报警窗口——以倒排时间顺序的方式(即最新出现的报警排在窗口的最上端)列出所有生产过程出现的异常情况,如数值越限、异常状态的出现等。报警窗口中的报警列表应包括异常出现的时间、异常状态或异常数据的值、当前状态或数据的值、该异常是否已得到操作员确认等的简要说明。在报警状态解除并经过操作员确认后,相应的报警信息应从报警队列中删除。

3）实时趋势显示——可对一个或几个生产过程数据的最近一段时间的变化趋势用曲线表示出来,以使操作员对这个或这些数据的发展变化有所了解,并可帮助操作员分析生产过程的运行情况。

4）检测及控制仪表的模拟显示——这对于习惯在模拟仪表前进行操作的操作员来说是一种很好的显示方式。它可以提高操作员对实时数据所表示的内容及表达意义的反应速度,减少因反应迟钝而造成的失误。

5) 多窗口显示能力——有时需要将几个不同的生产过程现场模拟图放在同一个屏幕上显示,以对照了解它们之间的相互影响及变化情况,这就需要操作员站的 CRT 显示具有多窗口显示能力。

6) 灵活方便的画面调用方法、画面切换、翻页方法及"热点"功能——所谓"热点",就是在画面上有一些模拟按钮或特殊表示区域,当将光标移至这些区域并单击光标控制键时,即可弹出一个窗口或切换到另一个画面。这种操作可大大方便操作员的画面选择操作,而且直观简单,不需记忆特殊操作规则。

7) 音响报警装置——主要用于提醒操作员注意观察 CRT 上的报警窗口,及时了解报警情况。

除了人机界面功能外,操作员站还应具有历史数据的处理功能,这主要是为了形成运行报表和历史趋势曲线。一般的运行报表可分为时报、班报、日报、周报、月报和年报若干种,这些报表均要调用历史数据库,并按用户要求进行排版并打印输出。历史趋势曲线主要是能了解过去某时间段内某个或某几个数据的变化情况,有时还要求与当前数据的变化情况相对照,以得到一些概念性的结论,使操作员在进行控制和调节时更具有目标性。

操作员站由工业微型计算机或工作站、工业键盘、轨迹球、大屏幕 CRT 和操作控制台组成,这些设备除工业键盘外,均属通用型设备,一般不需特殊制造。工业键盘主要根据系统的功能用途及应用现场的要求进行设计和安排,例如,功能键的设置、盘面的布置安排及特殊功能键的定义等。由于有了轨迹球,许多功能可以通过屏幕操作实现,因此工业键盘的作用更偏重于特殊功能键,用以实现若干个重要的确定性功能。

在操作控制台一般还应留有安放打印机的位置,以便放置报警打印机或报表打印机。

4. 工程师站

工程师站是对 DCS 进行离线配置或组态工作和在线系统监督、控制、维护的网络节点。其主要功能是提供对 DCS 进行组态、配置工作的工具软件(即组态软件),并当 DCS 在线运行时实时地监视 DCS 网络上各个节点的运行情况,使系统工程师可以通过工程师站及时调整系统配置及一些系统参数的设定,使 DCS 随时处在最佳的工作状态中。

(1) 工程师站所提供的组态功能

工程师站的最主要功能是对 DCS 进行离线的配置和组态工作。大家知道,在 DCS 进行配置和组态之前,只是一个硬件、软件的集合体,它对于实际应用来说是毫无意义的,只有在经过对应用过程进行了详细透彻的分析、设计并按设计要求正确地完成了组态工作之后,DCS 才成为一个真正适于某个生产过程使用的应用控制系统。在 DCS 工程师站中,一般要提供硬件配置、数据库、操作员站显示画面等组态功能。

(2) 工程师站对系统的监控功能

与操作员站不同,工程师站必须对 DCS 本身的运行状态进行监视,包括各个现场 I/O 控制站的运行状态、各操作员站的运行情况、网络通信情况等。一旦发现异常,系统工程师必须及时采取措施,进行维修或调整以使 DCS 能保证长时间连续运行,不会因对生产过程的失控造成损失,另外还有对组态的在线修改功能,如上下限设定值的改变、控制参数的调整、对某个检测点或若干个检测点,甚至对某个现场 I/O 站的离线直接操作等。

系统工程师站的硬件没有什么特殊要求,选用通用的微型计算机或工作站就可以。

由于工程师站一般放在计算机机房内,工作环境条件较好,因此不一定非要选用工业型的机器,但由于工程师站要长期连续在线运行,因此其可靠性要求也较高。

9.3.3 典型 DCS 简介

20 世纪 80 年代国内 DCS 的市场几乎全被国外产品占有,代表厂家有:美国的 Honeywell、Westinghouse、日本的横河(YAKOGAWA)等。目前,国内外推出了各种型号的 DCS,不少于 60 种。国内大型企业 DCS 基本上都是引进的,投资较高,中小型企业很难承受。生产出适合我国中小型企业用的投资少、效益高、功能齐全灵活的 DCS,并使之系列化,是当前国内发展的总趋势。进入 20 世纪 90 年代以后,国内已开发出适合我国中小型企业用的 DCS,国产 DCS 的市场占有率不断上升,典型的有北京和利时(Hollysys)和浙大中控(Supcon)等。

1. Honeywell 公司的 TDC3000

TDC3000 主干网络称为局部控制网络(local control network,LCN),在 LCN 上可以挂接通用操作站、历史模件、应用模件、存档模件、各种过程管理站及各种网关接口。TDC3000 的下层网称为通用控制网络(universal control network,UCN),在 UCN 上连接各种 I/O 与控制管理站。为了与 Honeywell 公司老的产品 Data Hi-way 相兼容,在 LCN 上设有专门的接口模块,而在 Data Hi-way 上可以接操作员站、现场 I/O 及控制站等。TDC3000 的结构示意图如图 9.6 所示。

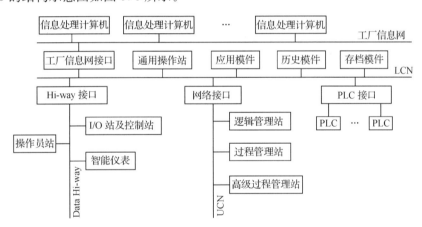

图 9.6　TDC3000 结构示意图

TDC3000 的主要组成部分有:

(1) 通用操作站(universal station,US)

完成人机接口功能,由监视器和带有用户定义的功能键盘组成。它可以监测控制过程和系统,通过组态实现控制方案、生成系统数据库、用户画面和报告、检测和诊断故障、维护控制室和生产过程现场的设备、评估工厂运行性能和操作员效率。

(2) 历史模件(history module,HM)

收信和存储包括常规报告、历史事件和操作记录在内的过程历史。作为系统文件管理员,提供模块、控制器和智能变送器、数据库、流程图、组态信息、用户源文件和文本文件等方面的系统储存库,完成趋势显示、下装批处理文件、重新下装控制策略、重新装入系统数据等功能。

（3）存档模件（archive replay module，ARM）

完成数据存取、数据分析功能，存档模件中所处理的数据包括连续历史数据、系统报表等。这些归档数据可在微机上或在通用操作站上重现。

（4）应用模件（application module，AM）

完成高级控制策略，应用模件通过最佳算法、先进控制应用及过程控制语言执行过程控制器和监督控制策略，工程师可以综合过程控制器（过程管理站、高级过程管理站和逻辑管理站）的数据，完成多单元控制策略，进行复杂运算。

（5）进程管理站（process manager，PM）

提供常规控制、顺序控制、逻辑控制、计算控制以及结合不同控制的综合控制功能。

（6）高级过程管理站（advanced process manager，APM）

除提供PM的功能外，还可提供事件顺序记录、扩充的批量和连续量过程处理能力以及增强的子系统数据一体化。

（7）逻辑管理站（logic manager，LM）

适用于快速逻辑、联锁、顺序控制和批量处理。LM可以控制离散的设备，并将其与TDC3000功能一体化。LM可用梯形图编程。

TDC3000任何新的功能都是在原有系统基础上开发出来的。Honeywell根据"渐进发展"的原则，通过不断地改进来满足用户对技术要求的变化。系统中设有分布式模块共享的全局数据库，并为非Honeywell产品提供数据存取途径。TDC3000系统综合了数据采集、常规过程控制、先进过程控制、过程和商业信息一体化各个层次的技术，为企业提供经营、管理和决策所必需的数据。系统提供与DECNet-VAX、通用微机、PLC及Honeywell前一代产品TDC2000的接口，并允许将多个TDC3000系统通过网络连接在一起，其应用领域包括造纸、石化、发电等。

2. 横河的CENTUM

日本横河电机公司的分散型控制系统主要有：CENTUM-V型、CENTUM-XL系统、CENTUM-CS等系列产品。这里主要以CENTUM-XL为主，介绍其系统构成和性能特点，相应结构示意图如图9.7所示。

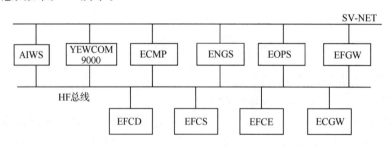

图9.7　CENTUM-XL结构示意图

CENTUM-XL系统由AIWS人工智能工作站、YEWCOM9000上位计算机、ECMP计算机站、ENGS工程师站、EOPS操作站、EFGW现场门单元、EFCD双重化现场控制站、EFCS现场控制站、EFCE电站用现场控制站以及ECGW现场通信单元等组成，它们之间用通信总线相连。作为控制级通信，一个HF总线最多可接32个站。在ENGS、EOPS、ECMP、AIWS、YEWCOM9000之间还可以通过SV-NET总线构成局域网络，实现管理级通信。

CENTUM-XL 的主要组成部分有：

（1）通信系统

HF 总线是该系统的控制级总线，具有高可靠性，新老系统可以挂在同一个 HF 总线上。信道为同轴电缆，最大传送距离（不加转换器）为 2km，传送速度为 1Mbit/s。

SV-NET 总线是横河公司开发的管理级通信网络，采用了 MAP 标准。SV-NET 总线为局域网络，传送距离标准为 500m，总线最多可以连接 100 个站，传送速度为 10Mbit/s。

EFGW 通信门路单元用于 CENTUM-XL 与上位计算机相连，EFGW 通信门路单元用于与下位系统（PLC，分析仪表等）通信。这两个门路单元采用 RS-232C 标准的串行接口。

（2）EOPS 操作站

EOPS 操作站完成操作员界面功能，如流程监视、报警、通信、趋势记录、控制调节等。系统维护功能包括站状态显示、系统报警显示、控制站存储，数据库维护等。

（3）现场控制站

现场控制站完成现场信号变换、数据采集和实时控制。主要单元由站控制箱、输入输出插件箱、信号变换插件箱、端子盘四部分组成。主要功能为反馈控制功能、顺序控制功能，还有运算功能、冗余功能、启动处理功能和通信功能等。现场控制站 CPU 和控制输出部分具有冗余功能。

（4）工程师工作站（ENGS）

工程师站使用 UNIX 操作系统，连在 HF 总线上，和操作站 EOPS 相配合，完成工程师操作。工程师操作主要指系统本身的装入和启动、系统组态和操作站组态、模拟图组态、控制站组态、系统的修改和维护。

横河电机公司是日本著名的 DCS 及仪表生产厂家，开发了 CENTUM 系列 DCS 产品，用于实现大、中、小规模的过程控制自动化。SV-NET 总线采用了 MAP 标准，形成开放型网络，便于与其他系统相连。工程师站和操作员站操作简单、功能丰富、人机界面友好。现场控制站结构紧凑、合理，控制功能完善。另外，CPU 和控制输出板采用了双冗余设计，保证了系统的安全可靠性。CENTUM-XL 进入我国市场较早，在石油、化工、钢铁、水泥、电力等领域中小装置应用较为广泛。

3. 西屋 Westinghouse 的 WDPF

WDPF 系统是由一系列具有不同功能的单元（站）集合而成的，各站之间通过 WDPF 高速数据通道（Westnet）自由、快速地进行数据通信。WDPF 通信系统的结构使得数据通道上的所有站都能够在没有通信开销的情况下透明地获取任何其他站上的过程数据，其结构如图 9.8 所示。

WDPF 主要组成部分有：

1）分布处理单元（DPU）——完成数据采集和控制，主要是逻辑控制和 PID 控制。

2）完全控制单元（TCU）——在一个控制器内将连续控制和成组控制集成一体，使得WDPF 能够进行复杂的成组、顺序和其他的高级控制，TCU 配备了用户的英文文本编程语言 VERBAL，能够进行多种成组处理和进行复杂的启动、停止和紧急恢复的顺序组态。

3）工程师站/操作员站——为操作员提供基于 CRT 的控制、显示和报警功能，为工程师提供所有对 WDPF 系统进行编程的工具，如工况的监视、系统诊断显示、实时及历史数据

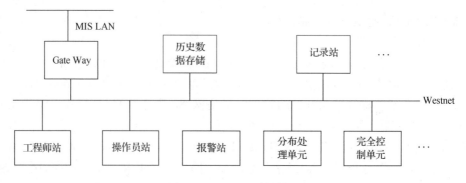

图 9.8 WDPF 系统结构

趋势、状态显示、数据库生成、图像生成和算法组态等。

4）历史数据报告站（HDR）——提供对从 WDPF 数据通道来的实时过程数据以及手工输入的离线数据的收集和存档,被存档的数据可以被检索和用来产生历史趋势和自由格式的报告。

5）记录站（LOG）——收集记录数据或周期打印标准格式的数据报表。

6）历史存储和检索（HSR）——提供大容量存储器,以及为以后分析用对全厂历史数据的智能化存储和检索。中期数据存放在磁盘上,长期数据存放在可选的磁带机上。

7）VAX 接口（VXT）——提供高速 DMA 通道以用于 WDPF 数据通道和 DEC 公司的 VAX 系列计算机的接口。

8）PC 机接口（minicalc）——它为 IBM PS/2-70 或 PS/2-80 个人计算机提供和系统的接口,PC 机作为数据通道上的一个站可以产生和接收数据。minicalc 包括一个 C 语言的支持软件库,用户可用来编写用户应用软件。

9）通用可编程序控制器接口（UPCI）——UPCI 是 Westnet 数据通道上的标准站,它为有效地将分立的可编程序逻辑控制器（PLC）集成进 WDPF 系统提供了方便。每个 UPCI 能够为 WDPF 系统连接 9 只 PLC,可以是不同厂家的不同型号的 PLC。

10）MIS 门路（gateway）——WDPF 能够和各种管理信息系统（MIS）相连并提供过程控制、优化、性能监视、管理报告等。MIS 局域网能够通过门路将 WDPF 连接到最有效的 MIS 设备,如 VAX、IBM、HP 等。

WDPF 系统硬件采用积木式标准结构,组态配置灵活。分布全局数据库使 WDPF 系统上每一站能够使用其他站产生的数据来进行回路控制。这种数据库存取上的透明性使得那些通常属于一个中央处理器的各种功能被分散,而由许多独立的站实现,由于每个站并行处理,而且可不中断地处理指定的工作,这样系统即使在各种事件同时发生的情况下,也不会降低性能。WDPF 系统主要应用于电力、化工、石油、冶金等领域。

9.4 基于 PLC 的监督控制与数据采集系统

监督控制与数据采集（SCADA）系统具有和 DCS 几乎相同的网络结构,包括现场控制级、过程监控级和生产管理级。

SCADA 系统多以 PLC 作为现场控制站,称为 PLC-SCADA 系统,一个典型的 PLC-

SCADA 系统结构如图 9.9 所示。

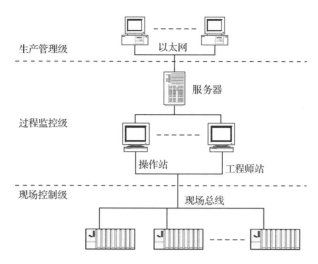

图 9.9 典型的 PLC-SCADA 系统结构

现场控制级对现场设备进行检测、控制，并采用基于可编程序控制器(PLC)的集散控制系统方案，可确保系统的可靠性。

过程监控级设置操作站计算机和服务器。操作站计算机可互为备份，互为冗余，确保数据完整、准确。服务器将实时参数与画面发布到企业局域网，供生产管理级调用。

生产管理级通过 Web 浏览，在计算机上可查看到现场所有设备的运行情况和生产情况，便于调度、指挥生产。

在当前国内中小型过程控制系统中，PLC-SCADA 系统由于其良好的性能价格比深受用户欢迎。

9.4.1 PLC-SCADA 系统和 DCS 的比较

从原理上讲，PLC-SCADA 系统和基于 DCS 的过程控制系统是很难区分的。下面列出了 PLC-SCADA 和 DCS 的几点不同之处。

1) PLC 最初是作为继电逻辑电子设备对数字量进行控制的，DCS 系统则引入了模拟量控制。随着系统的发展，至今所有的系统都能对数字量和模拟量进行控制。

2) DCS 系统的设计是面向对象的，这可以从其控制模块编码结构看出来。而 PLC 程序的编码则更多是面向线性顺序控制的。

3) 一个 DCS 系统是由硬件、处理器、I/O 模块、运行界面和与之相匹配的应用软件组成的一个完整系统。PLC-SCADA 则将整个系统分散成不同的部分，各个部分之间需要进行组合和通信。

4) DCS 系统只有一个全局数据库，一旦修改了这个数据库，它将影响整个系统的运行。PLC-SCADA 系统至少有两个不同的数据库，一个是用于 PLC 的，另一个是用在 SCADA 应用程序中的。任何修改都将在所有的数据库中进行。

5) PLC 的硬件、软件和授权与 DCS 系统相比相对便宜。

6) PLC 能以毫秒级的速度扫描，而 DCS 则只能以秒级速度扫描。

7) DCS 只有固定的扫描速率，而 PLC 的扫描速率则是由负载多少和 I/O 的数量决定的。

8) 起初的 DCS 是一个很封闭的系统,换句话说,要实现系统与其他系统接口设计是很困难的。SCADA 系统是基于 PC 设计的,所以它与其他系统的接口是通用的。现在许多 DCS 系统都有一个基于 Windows NT 技术的操作控制台,因此它可以方便地通过 OPC、ODBC 和 OLE 等技术与其他系统进行通信。

9) PLC-SCADA 系统在 PLC 和 SCADA 进行通信的时候要进行很多工作。例如,将信号从 PLC 传送到 SCADA 系统,或信号从 SCADA 流向 PLC,其间所涉及的每个状态位、报警点和信号原则上都要加以考虑。

10) DCS 中通信检测、系统性能管理和系统报警都使用标准函数,而在 PLC-SCADA 中这些功能都需要使用编程来实现。

从生产规模上来讲,PLC-SCADA 更适用于小工程,而 DCS 系统则适用于大工程。现在,人们组合了 PLC-SCADA 和 DCS 两者的优点,并将它称之为小型 DCS 系统,它具有典型的 DCS 性能。

9.4.2　组态软件

各 DCS 厂家为自己的 DCS 产品都提供自己的组态软件包,而对于 PLC-SCADA 系统,设计人员需自行选择通用的商品化组态软件。下面介绍一下组态软件的概念。

通常,软件功能由软件人员编程实现,其工作量大,通用性差,针对不同对象,都要修改或重新设计应用软件,而且这样形成的软件可靠性也较低。大家知道,对于不同的对象,系统的可执行程序代码一般是固定不变的,不同的对象只需改变数据实体即可,组态软件就提供了这样一种只需进行参数配置等工作即可生成自己所需应用软件的功能。这使从事自动控制开发的技术人员从复杂的软件编程中解放出来,从而可以更加专注于生产过程的控制,同时也提高了软件系统的可靠性和代码效率。

组态功能包括硬件配置组态、数据库组态、控制回路组态、逻辑控制及批控制组态等。

(1) 硬件配置组态功能

包括定义各个现场 I/O 控制站的站号、网络节点号、通信速度等网络参数,站内的 I/O 配置,如各个 I/O 点信号性质、信号调理类型等。

(2) 数据库组态

定义系统中数据库的各种参数,系统的数据库包括实时数据库和历史数据库。实时数据库组态主要对各数据点逐个定义其名称、工程量转换系数、上下限值、线性化处理、报警特性、报警条件等。历史数据库组态需要定义各个进入历史库数据点的保存周期。

(3) 控制回路组态

该功能定义各个控制回路的控制算法、采样周期、控制参数等。进行控制回路组态,最常用的是功能块图组态语言,它是用标准功能块(或称算法块)互相级联,用上一块的输出作为下一块的输入,每一块完成一种特定的处理或计算,经过组合,形成一个完整的控制回路。

(4) 逻辑控制及批控制组态

这种组态定义预先确定的处理过程。一般使用梯形图语言(Ladder 语言)进行定义,该语言可以用图形表示各种处理条件及各个处理间的连接关系。

(5) 控制算法语言组态

在有些情况下,特别是一些较特殊的控制处理,使用若干程序语句来处理可以更简单明了。算法语言的主要方法是用一些类似程序语言的语句组合来描述一个控制过程，以实现预定的控制功能。

（6）显示画面组态

使用在CRT屏幕上以人机交互方式直接作图的方法生成显示画面，这种方式的优越性在于其工作效率极高，全部定义工作直观具体，实现了"所见即所得"的定义方法。与一般商用绘图软件不同，显示画面生成软件，除了具有标准的绘图功能之外，还具有实时动态点的定义功能。因此实时画面是由两部分组成的，一部分是静态画面，常称为背景图；另一部分是动态点，包括实时更新的状态和检测值、"热点"活动按钮、设定值使用的滑动杆或滚动条等。另外，还需定义各种多窗口显示特性。

（7）报表生成组态

类似于显示画面生成，利用CRT屏幕以人机交互方式直接设计报表，包括表格形式及各个表项中所包含的实时数据和历史数据。利用CRT设计的报表基本上可以和实际打印出的报表格式一致，因此工作效率很高，而且具有极大的灵活性。

（8）操作安全保护组态

对于操作人员来说，最重要的是要保证操作的正确性，防止误操作，特别是在一些比较重要的、带有一定危险性的生产过程现场，操作员的操作更需十分谨慎。除了防止误操作外，还要防止越权操作，即不在操作员权限范围内的操作应该闭锁，因此操作员站必须有口令字保护，以确保操作安全性，并要求对操作员的所有操作命令进行记录。对于一些重要的操作命令还需进行口令字复核和操作复核，防止意外发生，操作安全保护组态的功能就是定义每个操作员的口令字，操作权限及操作范围，以便在运行时进行检查和记录。

目前流行的通用组态软件包括Intellution公司的iFix、Siemens公司的WinCC、Wanderware公司的Intouch以及国产组态王KingView等。

9.4.3 基于Web的远程监控

随着以太网技术的飞速发展，基于TCP/IP和Browser/Server(B/S)架构的网络分布式监控技术正日趋成熟，远程监控不再需要通过拨号连接而完全可以通过Web方式来实现。Web技术可跨越诸多设备和系统在硬件和软件产品间做到即连即用，只需用网上浏览器经由以太网和TCP/IP便可访问各种信息。与传统的Client/Server(C/S)结构的监控系统相比，B/S模式使界面软件更加图像化，并具有互动性，数据信息的存取和处理都由Web服务器完成，瘦客户机只需通过浏览器提出信息要求并接收、显示信息。瘦客户机可任意设置，只要能连上Internet并有权访问Web服务器，便可查阅现场有关生产信息，给维护和管理工作带来很大的方便。

将控制系统的各种数据信息集中到Web数据库，通过Web服务器，将相应数据传递给客户端的Web浏览器，是基于目前流行的B/S结构模式的一种开发方式。它主要靠后台的数据库支持WWW方式的浏览，需要利用动态HTML或者ASP技术以及大量的编程来实现。

1. Browser/Server结构模式

B/S结构模式与C/S结构模式类似，具有分布式计算的特性，主要特点是集中式管理，将程序、数据库以及其他一些组件都集中在服务器上，客户端只需配置操作系统及浏览器即可实现对服务器端的访问。基于这种模式的工业监控系统需要采用三层分布式结构：浏览器—Web 服务器—数据库服务器，其结构如图 9.10 所示。

图 9.10　浏览器—Web 服务器—数据库服务器结构

2. 支持 IIS 的 Web 服务器

IIS(internet information server)是 Microsoft 公司的运行于 Windows NT Server 上的 Web Server。它集成了 WWW、FTP 和 Internet 服务，同时充分利用了 Windows NT 的安全性，而 IIS 从 3.0 后集成的 ASP(active server page)技术则是开发 Web 数据库的强大工具。

在 IIS 安装好后，要完成使客户端能访问到在服务器上存放工业监控信息的 Web 站点的建立。利用 NT 中的管理控制台(MMC)可以管理整个 Web 站点，包括创建、删除、修改属性等。Web 站点主要是通过创建虚拟目录来生成的，实际上虚拟目录并不是一个真正存在的目录，它是实际的物理路径的别名，站点的各种文件是存放在实际的物理路径下。而在 IIS 中用虚拟目录进行管理，与物理路径无关，这种管理方式对 Web 站点的安全性是显而易见的。另外，还必须指定虚拟目录的访问权限等内容。

3. ActiveX 控件

ActiveX 是建立在微软的 COM 模型上的编码和 API 协议，ActiveX 控件则是 COM 技术中的重要成员，主要用于 Internet 和 Web 网，通常是 DLL 的形式，可以用多种语言写成。在基于 Web 技术的工业监控系统中，需要利用 ActiveX 控件将工业现场的各种被测对象的工作状态和实时数据与 WWW 结合起来，使用户可以通过浏览器远程监视和控制生产过程。

从这可以看出，用浏览器实现系统的远程监控，关键是如何恰当的编写各种被测对象的 ActiveX 控件，如数据显示控件、图形显示控件、趋势显示控件等。同时，这些控件还要有每隔一定时间访问实时数据库的能力。在 DCS 网络环境下运行的应用程序，应是遵循 COM/DCOM 标准，通过 ActiveX 实现的客户机/服务器结构的应用程序。

4. Web 数据库访问

Web 数据库中存在监控系统中按一定组织结构存放的各种被测数据的信息。这些信息如何被客户端所访问，是 Web 监控系统中的重要环节。

通过浏览器访问 Web 数据库的解决方案较多，传统的有 CGI 方式，简单的站点数据库访问有 IDC(internet database connector)和 ADC(advanced data connector)，在工业监控系统中使用这种 Web 数据库访问方式显然不合适。完整的数据库访问方式为 ADO(ActiveX data object)与 ASP(ActiveX server page)。

ASP 是一种动态设计站点的 Web 技术，特别是对数据库的访问尤为方便。ASP 提供了一个可以产生和执行动态的、交互式、高效率的 Web 服务器应用程序。在 ASP 中采用 ADO 对数据库进行访问,通过建立对象把访问数据库的细节高度抽象,充分利用了 ADO 快速、简便及低内存开销的优点。而建立在 ADO 结构优化上的 ActiveX Object 就是 ADODB。

5. 数据与画面的组织和刷新

Web 工业监控系统中的画面分为静止画面与动态画面。静止画面可以用 HTML 页面制作工具如 FrontPage 等进行制作,而动态画面则相对比较复杂。

前面已经提到了用 ActiveX 控件生成数据、图形等显示控件。生成这些控件的意义就在于可以利用这些控件,把它们嵌入到由 HTML 或 ASP 生成的各类监控页面中的适当位置上。由于这些控件具有动态信息的显示能力,这样,在客户端的浏览器上就可以看到具有动态显示效果的监控画面。

在制作 ActiveX 控件时,需要注意的是:考虑网络上的传输速率,必须使 ActiveX 控件尽量小,否则,在含有较多的 ActiveX 控件的页面显示时将会有较长的延迟。对于一些对动态画面要求不高的系统,可以采取实时数据与画面相对独立的 HTML 页面来实现,以避开 ActiveX 控件,减轻系统的开发工作。

下面介绍 PLC-SCADA 系统在过程控制中的一个具体应用。

例 9.1 PLC-SCADA 系统在过程控制中的应用。

在冶金行业选矿干选生产中,设备数量多而且联系紧密,主要有中碎机、细碎机、圆振筛、强磁机、弱磁机等,设备分布在不同的生产车间,其主回路和控制回路则分布在不同的低压配电室内,造成控制系统数据量大而且分散。根据低压配电室及车间信号采集点的实际布局,需设置多个控制站点,这对系统通信联网的方便性和可靠性提出了很高要求。

此外,选矿过程控制系统算法也较复杂。为达到良好的控制效果,须采用除常规控制策略以外的其他先进控制策略,如监督控制、优化控制等,算法的复杂性较大,这对现场控制器间以及控制器与监督计算机间的通信能力、数据处理能力要求较高。

针对上述工艺及控制特点,选矿干选过程控制系统采用 PLC-SCADA 系统,系统包括现场控制级、过程监控级和生产管理级,如图 9.11 所示。

在现场控制级,控制系统选择西门子 S7-300 系列 PLC(CPU315-2DP)作为主控制器。

为提高可靠性,使控制风险分散,设 2 个主站点,分别位于中碎控制柜和细碎控制柜内。选择 ET200M 模块作为远程 I/O,根据信号的实际布局,在中碎和细碎车间各设 4 个远程 I/O 从站点,如图 9.11 所示。

CPU 与 ET200M 远程 I/O 模块之间通过现场总线 PROFIBUS-DP 通信。其快速性完全满足设备联锁保护的要求。通过中继器还可增加站点并可延伸通信距离,便于将来系统扩展。

在两台主站点上各安装一块 CP342-5 通信处理模块,两者之间通过 FDL(fieldbus data link)进行通信。

在控制室设置的两台 OP 站上各安装一块 CP5611 通信板卡,监控计算机通过 CP5611 通信板卡并以 PROFIBUS 与现场控制级的两台 PLC 通信。

两台操作 OP 站实时读取 PLC 数据,以实现工艺流程和工艺数据实时显示。同时,两台 OP 站对 PLC 进行监督控制和参数优化功能,协助现场级 PLC 完成复杂的控制算法。OP 站采用 iFix 组态软件。

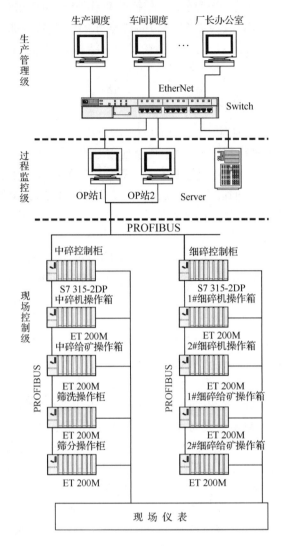

图 9.11　选矿干选自动控制系统

此外,控制系统通过服务器和交换机(switch)还可与生产调度、车间调度等联网,从而使管理层及时了解底层的生产和设备运行情况。生产管理级采用 B/S(browser/server)架构技术,摒弃传统的 C/S(client/server)结构,维护性好、扩展性强,大大降低了企业对系统的维护成本。基于 Internet/Intranet 网络,就可以方便、及时地实现远程生产监督和管理。

9.5　现场总线技术

9.5.1　现场总线及其特点

所谓现场总线(fieldbus),是指将现场设备(如数字传感器、变送器、仪表与执行机构等)与工业过程控制单元、现场操作站等互联而成的计算机网络,具有全数字化、分散、双向传输和多分支的特点,是工业控制网络向现场级发展的产物。

采用现场总线的自动化仪表及装置向着智能化、数字化、模块化、高精度化和小型化的方向发展。智能仪表和装置之间采用现场总线技术进行数字通信,而不再用模拟信号通过电线、电缆进行互联,这样就使信号传递方式发生了根本性变化,信号传递更加可靠、经济、各个仪表及装置之间的互联更加方便灵活。

现场总线完整地实现了控制技术、计算机技术与通信技术的集成,具有以下几项技术特点:

1)现场设备已成为以微处理器为核心的数字化设备,彼此通过传输媒体(双绞线、同轴电缆或光纤等)以总线拓扑相连。

2)网络数据通信传输速率高(可达 10Mbit/s 级),实时性好,抗干扰能力强。

3)摒弃了 DCS 中的 I/O 控制站,将这一级功能分配给通信网络完成。

4)分散的功能模块,便于系统维护、管理与扩展,提高可靠性。

5)开放式互联结构,既可与同层网络相连,也可通过网络互联设备与控制级网络或管理信息级网络相连。

6)互操作性,在遵守同一通信协议的前提下,可将不同厂家的现场设备产品统一组态,构成所需要的网络。

9.5.2　现场总线通信模型

发展现场总线协议的初衷是建立开放的控制通信网络,其通信协议理应趋于统一,但由于历史原因,已有众多公司与技术部门在开发现场总线技术与产品方面投入了大量人力与财力,在不同应用领域形成了既成事实的标准。至今,现场总线技术已有 40 多种,如 Foundation Fieldbus、PROFIBUS、World FIP、LonWorks、CAN、P-Net 等。

要真正实现现场总线系统的开放性,就必须满足一整套对接口、服务、协议的规范要求。开放系统互联(open system interconnection,OSI)参考模型是计算机及其网络系统发展形成的过程中为解决系统的开放性而提出的,因而它很自然地成为了现场总线系统的互联参考模型。

OSI 参考模型是由国际标准化组织 ISO 中的"开放系统互联"分技术委员会提出的,已成为正式国际标准。提出该模型的目的是为异种计算机互联提供一个共同的基础和标准框架,并为保持相关标准的一致性和兼容性提供共同参考。OSI 参考模型提供了概念性和功能性结构。该模型将开放系统的通信功能划分为七个层次,各层协议细节的研究是各自独立进行的,如图 9.12 所示第一列。这样一旦引入新技术或提出新的业务要求时,就可以把由通信功能扩充或变更所带来的影响限制在直接有关的层内,而不必改动全部协议。

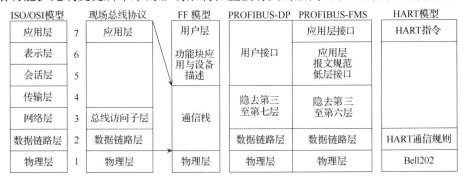

图 9.12　典型的现场总线协议模型

OSI 参考模型分层的原则是将相似的功能集中在同一层内,功能差别较大时则分层处理,每层只对相邻的上、下层定义接口,共计七层,从第一层到第七层依此为物理层、数据链接层、网络层、传输层、会话层、表示层和应用层。

OSI 参考模型每一层的功能是独立的,它利用其下一层提供的服务并为其上一层提供服务,而与其他层的具体情况无关。这里所谓的"服务"就是下一层向上一层提供的通信功能和层间会话规定,一般用通信服务原语实现。两个开放系统中的同等层之间的通信规则和约定称之为协议。通常,第一层到第三层功能称为低层功能(LLF),即通信传送功能,这是网络与终端均须具备的功能;第四层到第七层功能称为高层功能(HLF),即通信处理功能。

具有七层结构的 OSI 参考模型可支持的通信功能是相当强大的,但对于由传感器、控制器、执行器等器件设备组成的工业控制底层网络来说,单个节点面向控制的信息量不大,信息传输的任务相对比较简单,但实时性、快速性的要求较高。如果按照七层模式的参考模型,由于层间操作与转换的复杂性,网络接口的造价与时间开销显得过高。为满足实时性要求,同时也为了降低成本,现场总线采用的通信模型大都在 OSI 模型的基础上进行了不同程度的简化。

典型的现场总线协议模型如图 9.12 第二列所示。

可见,现场总线多采用 OSI 模型中的三个典型层:物理层、数据链路层和应用层,在省去中间三至六层后,考虑现场总线的通信特点,设置一个现场总线访问子层。它具有结构简单、执行协议直观、价格低廉等优点,也满足工业现场应用的性能要求。它是 OSI 模型的简化形式,其流量与差错控制在数据链路层中进行,因而与 OSI 模型不完全保持一致。总之,开放系统互联模型是现场总线技术的基础。现场总线参考模型既要遵循开放系统集成的原则,又要充分兼顾到现场总线系统的特点和特殊要求。

9.5.3 常见现场总线简介

下面简单介绍几种常见的现场总线技术,它们在一些特定的应用领域已逐渐形成其影响和优势,有的已成为企业标准或国家标准。

1. 基金会现场总线 FF(foundation fieldbus)

FF 的前身是以美国 Fisher-Rosemount 公司为首,联合 Foxboro、横河、ABB、西门子等80 家公司制定的 ISP 协议,并以 Honeywell 公司为首,联合欧洲等地的 150 家公司制定的World FIP 协议。屈于用户的压力,ISP 和 World FIP 的北美组织于 1994 年 9 月合并,成立了现场总线基金会,其初衷是致力于开发国际上统一的现场总线协议。FF 已成为 IEC 的现场总线国际标准的子集之一。

如图 9.12 第三列所示,基金会现场总线以 OSI 开放系统互联模型为基础,取其物理层、数据链路层、应用层为 FF 通信模型的相应层次,并在应用层上增加了用户层,隐去了第三至第六层。

基金会现场总线分低速 H1 和高速 H2 两种通信速率。H1 的传输速率为 31.25kbit/s,通信距离可达 1900m(可加中继器延长),可支持总线供电,支持本质安全防爆环境。H2的传输速率可为 1Mbit/s 和 2.5Mbit/s 两种,其通信距离分别为 750m 和 500m。物理传输介质可支持双绞线、光缆和无线发射,协议符合 IEC1258-2 标准。其传输信号采用曼彻斯特编码。

2. LonWorks 技术

LonWorks(local operating networks)由美国 Echelon 公司推出并与摩托罗拉、东芝公司共同倡导，于 1990 年正式公布形成的。它采用了 ISO/OSI 模型的全部七层通信协议，采用了面向对象的设计方法，通过网络变量把网络通信设计简化为参数设置，其通信速度从 300kbit/s～1.5Mbit/s 不等，直接通信距离可达 2700m(78kbit/s，双绞线)；支持双绞线、同轴电缆、光纤、射频、红外线、电源线等多种通信介质，并开发了相应的本安防爆产品，被誉为通用控制网络。

LonWorks 技术所采用的 LonTalk 协议被封装在称之为 Neuron 的神经元芯片中并得以实现。集成芯片中有 3 个 8 位 CPU，一个用于完成开放互联模型中第一层和第二层的功能，称为媒体访问控制处理器，实现介质访问的控制与处理；第二个用于完成第三至第六层的功能，称为网络处理器，进行网络变量的寻址，处理背景诊断，函数路径选择，软件计时网络管理，并负责网络通信控制，收发数据包等。第三个是应用处理器，执行操作系统服务与用户代码。芯片中还具有存储信息缓冲区，以实现 CPU 之间的信息传递，并作为网络缓冲区和应用缓冲区。

LonWorks 技术已被广泛应用在楼宇自动化、家庭自动化、保安系统、办公设备、运输设备、工业过程控制等行业。

3. PROFIBUS 技术

PROFIBUS 是 Process Fieldbus 的缩写，已成为德国国家标准和欧洲标准。PROFIBUS 由 PROFIBUS-FMS、PROFIBUS-PA 和 PROFIBUS-DP 三部分组成。其中 PROFIBUS-DP 是一种高速(数据传输速率 9.6kbit/s～12Mbit/s)、经济的设备级网络，主要用于现场控制器与分散 I/O 之间的通信，如图 9.12 第四列所示，定义了第一、二层和用户接口。第三到七层未加描述。用户接口规定了用户和系统以及不同设备可调用的应用功能，并详细说明了各种不同 PROFIBUS-DP 设备的设备行为，可满足交直流调速系统快速响应的时间要求。

PROFIBUS-PA 的数据传输采用扩展的 PROFIBUS-DP 协议。PA 的传输技术可确保其本征安全性，而且可通过总线给现场设备供电。使用连接器可在 DP 上扩展 PA 网络，传输速率为 31.25kbit/s。

如图 9.12 第五列所示，PROFIBUS-FMS 定义了第一、二、七层，应用层包括现场总线信息规范(fieldbus message specification，FMS)和低层接口 LLI(lower layer interface)。FMS 包括了应用协议并向用户提供了可广泛选用的强有力的通信服务。LLI 协调不同的通信关系并提供不依赖设备的第二层访问接口。主要解决车间级通信问题，完成中等传输速度的循环或非循环数据交换任务。

4. CAN 总线

CAN 是 Control Area Network 的简称，最早由德国 BOSCH 公司提出，用于汽车内部测量与执行部件之间的数据通信。其总线规范现已被 ISO 国际标准组织制定为国际标准，被广泛应用在离散控制领域。

CAN 协议采用了 OSI 模型中物理层和数据链路层。物理层又分为物理信令 PLS (physical signaling)、物理媒体附件(physical medium attachment,PMA)与媒体接口(medium dependent interface,MDI)三部分,完成电气连接,实现驱动器/接收器的定时、同步、位编码解码功能。数据链路层分为逻辑链路控制 LLC 与媒体访问控制 MAC 两部分,分别完成接收滤波、超载通知、恢复管理,以及应答、帧编码、数据封拆装、媒体访问管理和出错检测等。

CAN 的信号传输采用短帧结构,每帧的有效字节数为 8 个,因而传输时间短,受干扰的概率低。当节点严重错误时,具有自动关闭的功能,以切断该节点与总线的联系,使总线上的其他节点及其通信不受影响,具有较强的抗干扰能力。

CAN 信号的传输介质为双绞线,其通信速率最高可达 1(Mbit/s)/40m,直接传输距离最远可达 10km/5(kbit/s),可挂接设备数最多可达 110 个。

5. HART 通信协议

HART 是 Highway Addressable Remote Transducer 的缩写。最早由 Rosemount 公司开发并得到 80 多家著名仪表公司的支持,于 1993 年成立了 HART 通信基金会。其特点是在现有模拟信号传输线上实现数字信号通信,属于模拟系统向数字系统转变过程中的过渡性产品。

如图 9.12 第六列所示,HART 通信模型包括物理层、数据链路层和应用层。它的物理层采用 Bell 202 国际标准,数据链路层用于按 HART 通信协议规则建立 HART 报文格式。其信息构成包括开头码、结束码、现场设备地址、字节数、现场设备状态与通信状态、数据、奇偶校验等。应用层的作用在于使 HART 指令付诸实现,即把通信状态转换成相应的信息。

HART 规定了一系列命令,按命令方式工作。命令被分为三类:第一类称为通用命令,这是所有设备都理解、执行的命令;第二类称为一般行为命令,它所提供的功能可以在许多现场设备(尽管不是全部)中实现,这类命令包括有最常用的现场设备的功能库;第三类称为特殊设备命令,以便在某些设备中实现特殊功能,这类命令既可以在基金会中开放使用,又可以为开发此命令的公司所独有。在一个现场设备中通常可发现同时存在这三类命令。

HART 采用统一的设备描述语言 DDL。现场设备开发商采用这种标准语言来描述设备特性,由 HART 基金会负责登记管理这些设备描述并把它们编为设备描述字典,主设备运用 DDL 技术,来理解这些设备的特性参数,而不必为这些设备开发专用接口。

HART 能利用总线供电,可满足本安防爆要求。

可见,现场总线技术及其产品是十分丰富的,但如此多的总线标准,在某种程度上又妨碍了该项技术本身的发展。预计在今后一段时期内,会出现几种现场总线标准共存,出现同一生产现场异构网络互联通信的局面。但无论如何,发展共同遵从的统一的标准规范,真正形成开放互联系统,则是大势所趋。

9.5.4 现场总线控制系统

采用现场总线技术构成的分散控制系统,其控制功能将更加分散,系统的构成将更加灵活,可靠性将更高。现场总线控制系统(FCS)与传统控制系统的结构对比如图 9.13 所示。

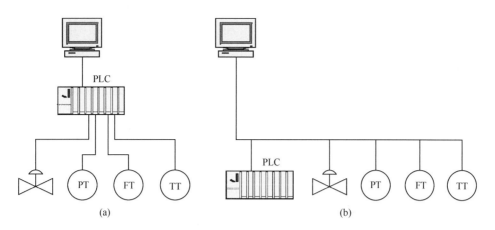

图 9.13　现场总线控制系统与传统控制系统的结构对比

(a) 传统控制系统　(b) 现场总线控制系统

基于现场总线的过程控制系统主要有如下优点：

（1）增强了现场级信息集成能力

现场总线可从现场设备获取大量丰富信息，能够更好地满足过程控制及工厂自动化的信息集成要求。现场总线是数字化通信网络，它不单纯取代 4～20mA 信号，还可实现设备状态、故障、参数信息传送。系统除完成远程控制，还可完成远程参数化工作。

（2）开放式、互操作性、互换性、可集成性

不同厂家产品只要使用同一总线标准，就具有互操作性、互换性，因此设备具有很好的可集成性。系统为开放式，允许其他厂商将自己专长的控制技术，如控制算法、工艺流程、配方等集成到通用系统中去。

（3）系统可靠性高、可维护性好

基于现场总线的自动化监控系统采用总线连接方式替代一对一的 I/O 连线，对于大规模 I/O 系统来说，减少了由接线点造成的不可靠因素。同时，系统具有现场级设备的在线故障诊断、报警、记录功能，可完成现场设备的远程参数设定、修改等参数化工作，也增强了系统的可维护性。

（4）降低了系统及工程成本

对大范围、大规模 I/O 的分布式系统来说，省去了大量的电缆、I/O 模块及电缆铺设工程费用，降低了系统及工程成本。

FCS 是由 DCS 以及 PLC 发展而来，它保留了 DCS 的特点，或者说 FCS 吸收了 DCS 多年开发研究以及现场实践的经验。FCS 正以迅猛的势头快速发展，是目前世界上最新型的控制系统。现场总线控制系统是目前自动化技术中的一个热点，正受到国内外自动化设备制造商与用户越来越强烈的关注。现场总线控制系统的出现，将给自动化领域带来又一次革命，其深度和广度将超过历史上的任何一次，从而将开创自动化的新纪元。

9.6　计算机信息集成技术

计算机过程控制系统的发展，一方面向现场深入，另一方面向上层发展。特别是近年来开放系统体系结构的提出，各种网络通信规约的标准化，逐步克服了过去各种计算机系统不

能相互通信的"孤岛"现象,使得面向过程控制的计算机控制系统和面向生产管理与调度的管理信息系统(management information system,MIS)可以相互传递信息,出现了将 DCS 或 SCADA 系统与 MIS 集成在一起的计算机集成过程控制系统(computer integrated process system,CIPS)。

CIPS 使得企业总体自动化水平大为提高,计算机不仅可以进行单个设备或生产工序的控制,也可以将这些个别的生产单元联系在一起进行协调控制,实现整个生产过程的总体优化,而且还可以更进一步地对全厂的生产调度、物料平衡、成本控制、库存控制、质量控制、统计分析等功能实现全面的综合自动化,形成了现代化企业的计算机管理控制一体化系统。

9.6.1 计算机信息集成概述

工业生产企业的目的就是根据用户的需求,在企业管理人员和操作人员的共同控制与操作下,经过一定的生产设备,把一些物资的形态转变成为用户所要求的具有使用价值的产品,在转变过程中,使产品高于原材料的价值。

在这一转变过程中,要能做到满足生产过程的各种规程;提高设备的利用率;减少如废气、废水等有害环境的物质产生,满足环境污染法规的要求;保证产品的规格质量,加速对客户需求的响应能力;提高产品的生产率;尽力节省人力资源,减少原料和产品的库存量等。

可见,企业的效益不仅决定于工艺过程控制,还与企业生产管理息息相关。

1. 流程工业生产过程特点

流程工业其生产工艺和产品品种相对比较固定,其物料流和能量流往往是连续的,前一个生产单元和产品可能是后续生产过程的原料,在生产单元内部,被加工物料存在着物理的或化学的变化,也进行着物质与能量的转换。生产过程管理的重点就是要保证物料、能源等的连续供应以及每个生产单元在生产期间的稳定运行。任何一个单元、装置或设备运行过程中的故障都会影响整个生产过程的运行。

流程工业生产规模大,工艺流程复杂,若由人力直接参与操作与控制,劳动强度大,容易出事故。因此,生产过程大多采用自动控制,特别是采用 DCS 或 PLC-SCADA 来控制底层的工业生产过程。有些企业已采用先进控制技术,以保证生产单元和装置的平稳优化控制。

图 9.14　流程企业综合管理
信息系统

从企业生产管理信息来看,流程工业可大致分为三个部分,即企业的管理信息系统 MIS,工业生产过程控制系统(process control system,PCS)以及企业(或车间、工段)运行系统(plant operation systems,POS),如图 9.14 所示。

企业运行系统是整个流程工业企业管理的重要部分,其中有大量的人员参与对管理信息和过程控制信息的处理与加工。传统的企业运行系统信息处理方式,由于底层信息不能及时、准确上达,存在上层管理决策者无法准确估计、无法最大限度地挖掘企业潜力等一系列问题。而面对丰富的信息资源,人们又往往为处理这些信息而苦恼,发挥不了信息的优势与作用。

2. 流程工业信息分类及集成特点

流程工业的信息和数据包括三大部分:一是企业的管理信息;二是实时生产数据信息;

三是原料、半成品、产品质量信息。

1) 企业管理信息——这部分信息包括企业供应与销售合同、库存信息、企业财务资金信息、市场信息、企业决策信息、生产计划与方案以及企业生产设备管理信息等。这些信息大多数来自企业内部,有些来自外部。这些信息属于管理类型,一般都存放在关系数据库中。

2) 生产数据——在流程工业中,实时的生产过程数据和设备运行状态的信息是底层自动化的基础,其中包括物流数据、能量流数据以及各种操作条件,如温度、压力、液位等。这些数据和信息都是实时的生产数据和信息,具有很强的时间特性,通常由实时数据库存储这些数据和信息。在生产数据中,特别重要的是进出装置和储罐的物料流和能量流的数据及储存量。根据这些数据和信息,就可以知道物料和能量在各生产装置的移动、转化、消耗等情况。

3) 质量和实验数据信息——企业产品、半成品及原材料的组成和性质是企业质量管理的重要信息和数据,这些信息不仅是产品质量的依据,而且也是物料流和能量流进行质量平衡计算的信息来源。

计算机信息集成控制的目标就是要从企业全局出发,对企业各环节进行优化,将传统的工业生产过程与现代的信息、计算机、管理、自动化、系统工程等有机地结合起来。通过集成提高企业生产的柔性、敏捷性,使企业产品上市快、高质量、低消耗、服务好、清洁生产,从而提高企业的经济效益和市场竞争能力。

流程工业计算机信息集成控制技术和方法具有自己的特点,其信息集成的功能结构如图 9.15 所示。

公司企业的经营决策系统是对整个企业的经营决策、新产品与新工艺的开发、企业的技术改造、企业的产品策略与运行等做出优化决策。企业经营决策层给出企业产品策略(其中包括产品品种、数量、上市时间等指标)后,再由企业管理层根据管理信息系统优化排出生产计划。生产计划的执行,又要根据企业的设备、原材料等情况,由生产调度系统编制生产调度指令。监控层,即过程监控系统对各生产装置(或单元)进行优化计算,给出优化配方或生产

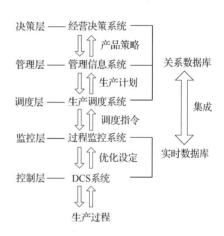

图 9.15 流程工业信息综合集成功能图

方案(设定值),从而使控制层按照优化的配方或生产方案对底层工业生产过程进行实时操作与控制。

由于各层的任务和目标不同,其控制周期也不一样。一般的底层控制实时性要求强,以秒级甚至于毫秒级进行控制与调节。先进控制与单元的优化控制一般用来改变 DCS 的 PID 控制回路的给定值,则可以稍慢一些,如以分钟为单位进行调整。装置优化层,一般根据物流和能量流信息以及优化指令及各种约束条件,进行稳态(静态)优化,一般的动作周期以分或小时为单位。生产调度层,一般三天或一周调度一次。生产计划的排定,一般以季度或月为单位做出优化计划。管理层则是以年或季度为单位做出产品经营与动作的策略。

3. 流程工业信息集成技术的发展

从信息化技术的发展角度看,随着信息技术的发展,过程控制系统的信息集成方式和规范都发生了较大变化。在过程控制软件中,一些新结构,如组件对象模型(component object nodel,COM)、分布式组件对象模型(distributed component object model,DCOM)、ActiveX、OPC规范等,这些控制软件的新结构,大大推进了过程控制系统的信息集成水平。

从20世纪90年代开始,分布式控制系统在不断提高系统控制功能的同时向全面企业管理功能扩充。目前,几家著名的DCS产品都集成了控制和管理功能。也就是说,集散控制系统已逐步成为企业自动化、信息化的整体解决方案,它不仅可以监控工艺流程并使之最佳运行,同时还可以通过对企业生产管理信息和市场信息的综合分析和处理,为企业的生产调度、经营决策提供依据,从而产生极大的经济效益。

在实现企业自动化和信息化过程中,数据库技术起到了关键的作用。

在新型DCS系统中,生产的实时数据和管理的非实时数据的集成,使管理和控制形成一个有机的整体。形成一个自下而上的逐级数据采集、分布存储、统一管理系统,从车间到调度、从分厂到总部都可及时了解各自所关心的数据与信息;自上而下,可根据市场需要和工厂实际生产能力,以经济效益为目标逐级调整计划、优化调度,并且对工艺装置进行先进控制;同时,组织生产平稳操作,进行生产过程的监督管理,以保证生产的安全、稳定、长期运行,提高经济效益。

9.6.2　实时数据库与关系数据库的集成

大家知道,在企业信息集成技术中,实时数据库和关系数据库起到了关键作用,下面概要介绍这两种数据库的特点和集成。

1. 实时数据库的特点与应用

实时数据库(real time database,RTDB)是生产数据的集成平台,如图9.16所示,它向下采集生产装置的实时数据、操作信息、实验室等数据,统一存储管理,为生产管理提供各种所需的数据。同时为先进控制、计划调度、模拟优化等应用提供生产装置的实时数据和历史数据。向上可与由关系数据库构成的管理数据库进行数据互访,从而将过程控制数据与事务管理数据有机连在一起,起到上下贯通、管控一体化的作用。

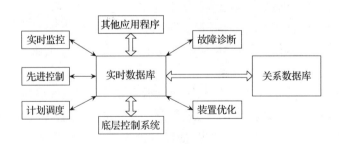

图9.16　实时数据库集成平台

实时数据库和传统的数据库在概念、原理、结构、算法等方面存在着很大的差别,最根本的区别在于数据与事务的定时限制。

实时数据库中一个重要部分是数据库接口，分实时数据接口（real time data interface，RDI）和应用程序接口（application program interface，API）两种类型。实时数据接口的任务是与下层实时控制系统 DCS 交换数据，用户程序接口的任务是为高层应用程序（包括先进控制软件模块）提供对数据库中的数据进行操作的入口，基本结构如图 9.17 所示。

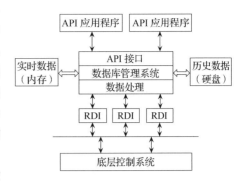

图 9.17　实时数据库的基本结构

实时数据库的数据采样频率一般在分级或秒级，数据的类型包括整型、实型、字符型和二进制等。实时数据库与关系数据库除了在实时性方面有很大区别以外，数据的组织结构也完全不一样。实时数据库具有灵活的在线组态功能，可以随时增加或减少数据点，也可以任意改变数据点的定义，而不破坏已有的数据。

（1）实时数据接口

实时数据接口 RDI 要实现数据采集和回写两项功能。数据采集的任务是连续地将需要的数据读入数据库。一个实时数据库可能同时从几个控制系统采集数据，每个系统都有对应的接口。数据处理模块将对采集到数据库中的实时数据进行处理，包括数据超限或冻结等有效性判断，以及平均值、最大值、最小值等统计处理。数据回写是将实时数据库中的数据下传到实时控制系统。这些数据通常是先进控制和优化控制的计算结果、化验室的化验结果等。回写可以按定时方式进行，也可以在用户程序的请求下进行。数据回写还可以用来实现不同控制系统之间的数据交换，即将一个实时控制系统的数据采集到数据库，然后将其迅速传到另一个实时控制系统。

（2）历史数据存档

实时数据库中数据包括实时数据（即变量的当前值）和历史数据。实时数据一般驻留在内存中，以便数据库的各种模块进行快速调用。而历史数据由于数据量大，必须保存在硬盘上，还可以转存到光盘、磁带等存储介质上。保存历史数据通常采用一些数据压缩技术来减少磁盘占用量。另外一个可以大量减少数据存储量的方法是对数据统计平均，包括小时平均、日平均、周平均等。

（3）应用程序接口

实时数据库除了采集、保存过程数据外，通常都具有一些基本的应用功能，如数据查询、趋势显示、实时监控等。为了与先进控制、优化控制、计划调度、实验室管理等应用系统集成，实时数据库系统还提供了应用程序接口 API。应用程序接口是实时数据库与上层应用的数据交换通道，先进控制等应用程序通过调用数据库的 API 函数实现对实时数据的读写、查询等操作。应用程序除了利用 API 函数来访问实时数据库之外，还可以利用 ActiveX 控件。事实上，ActiveX 控件是更高级的 API，利用它可以设计出图形化的应用程序，如基于 B/S 模式的监视页面。

（4）数据库管理系统

数据库管理系统实现数据库内部的管理调度，提供对数据库各功能模块进行组态的人机界面和对系统运行状态的监控工具。其中组态管理包括数据库本身组态、数据接口组态、历史数据组态等。

（5）实时数据格式

实时数据库中的数据是按数据点进行组织的，或者说一个数据点就是一个库。每一个数据点包含静态、动态两部分的信息。静态信息是有关点的定义，包括点的名称、单位、上下限、输入输出属性、读写方式、采样频率等。动态信息是一系列按时间顺序存储的数据点的采样值。每一个数据采样点包括点的值（整型、实型、字符型和二进制）、采样时间标记和可信度。数据可信度可以让用户在使用数据的时候对不同可信度的数据采取不同的处理方法，这个值主要由数据库接口根据通信情况、数据超限等因素来确定。如前所述，实时数据库中包含数据点的实时值和历史值，在时间上是离散的。数据的连续性通过插值和外推等算法获得，当用户需要两个采样点之间的数据或未来时刻的数值，数据库管理系统可以根据一定的算法提供相应的估算值，当然在这种情况下数据的可信度必然降低。

实时数据库接口是实时数据库连接到实时控制系统的输入输出界面，它将不同格式的实时数据转换成统一格式，送到实时数据库中。数据库接口按模块化设计，以便在不同的应用环境下根据实际控制系统配置相应的接口。一个实时数据库可能同时与几个控制系统相连，对不同类型控制系统，需要开发相应的软件接口。

早期的实时数据库一般都内嵌于工控软件包中，而现在已经有不少的独立产品问世，其中，Aspen Plus 公司的 Info Plus，OSI 公司的 PI 以及 Honeywell 公司的 PHD 是目前世界上实时数据库系统的几个主流产品。作为同一领域的产品，它们在技术上有许多共同点：

1）数据集成平台。把生产装置操作信息、生产数据、实验室数据及事务管理数据有机地连在一起。

2）Client/Server 体系结构。可在多种系统配置下运行。数据服务器采集、管理数据，客户端的应用程序访问、处理来自多个服务器的信息。

3）支持多种平台的服务器。服务器模块可在多种机型和操作系统上运行。客户端应用平台为 Windows 标准环境。

4）开放性。支持 Client/Server 结构、Windows 界面、SQL 访问、OLE 目标嵌套、ODBC 数据连接、ActiveX 等技术标准。

5）数据库压缩技术。采用先进的数据库压缩技术，不仅节省磁盘开销，同时保证对历史数据访问的快捷性及复原后数据的精度。

6）集成性。具有超过 100 个以上的各种标准接口，可与各种 DCS、PLC 及关系型数据库集成。

7）商品化。易于安装使用，性能稳定，用户只需简单培训即可操作使用，使用过程中不需专门的技术支持。

2. 关系数据库的特点与应用

与实时数据库相比，关系数据库技术的发展已经相当成熟，出现了很多商品化的大型关系数据库（如 Oracle、Sybase、Infomix 和 Microsoft SQL Server 等），并得到了广泛的应用。在企业自动化、信息化系统中，关系数据库是生产历史数据和管理信息的集成平台，为生产管理和经营决策提供了充分的信息来源，为企业提高经济效益发挥着关键的作用。

从技术层面讲，关系数据库与实时数据库有很大的不同，它大量增加了并发性、安全性和一致性的措施，非常适合于企业管控一体化中的各种历史信息的管理。关系数据库的特点可归结为如下几点：

（1）Client/Server 结构

企业管控一体化系统的整体结构是一种层次结构，从计算机网络的角度来看，就是一种 C/S 结构。数据库中的 C/S 指的是软件结构，Client 和 Server 指的是两种类型的进程，比较典型的 C/S 结构是：用户程序运行在 PC 机平台上，数据库服务器程序运行在小型机或 PC 机的平台上。

（2）多线程体系结构

目前，许多关系数据库基本上都采用了多线程（multi-threaded）的体系结构。由于线程（thread）系统开销很小，并且充分利用了 CPU 的时间片，因此大大提高了系统的可伸缩性，特别有利于信息系统中并发用户较多的情况。

（3）分布式数据库

企业管控一体化系统本身就是一种分布式结构，在大中型工业企业中，地域覆盖面广，没有分布式的处理，系统的效率就会非常低。分布式数据库是在数据库一级做分布式管理和处理，使各分散点都能及时而准确地对数据库进行数据管理，并节省大量的网络开销。

（4）备份与恢复

在企业管控一体化系统中保存了大量的当前数据和历史数据，数据的安全性是至关重要的，若丢失任何的数据都有可能带来巨大的经济损失，而关系数据库的备份与恢复（backup and restore）功能正好解决了这个问题。

（5）异种数据库的互联

企业管控一体化系统是工业企业自动化、信息化的完整解决方案，系统庞大，涉及面广，因此常常带来异种数据库的互联问题。目前，各主要的大型数据库生产厂家都提供了相互的互联产品，在网络协议方面，各种关系数据库一般都支持 TCP/IP 协议。此外，各种数据库都能支持 ODBC（open data base connectivity），只要是基于 ODBC 标准开发的应用程序，就可以和任何支持 ODBC 的数据库服务器互相通信。

随着企业竞争的加剧，关系数据库的应用广度不断拓展，应用层次不断提高，从最原始的生产调度、财务管理和 MIS 系统，发展到现在方兴未艾的 ERP 和电子商务。随着大型关系数据库以及数据仓库技术的进步，又会促进一些高层次应用的产生和发展，如数据挖掘和决策支持系统。而其中的生产历史信息无疑是这些应用最主要的数据来源，对生产信息的充分利用必将会提高企业的生产管理水平，进一步提高企业的市场竞争力。

3. 实时数据库与关系数据库的集成

企业管控一体化要求生产数据在整个企业内部能够充分共享，所以要求实时数据库与关系数据库之间实现无缝连接，实时数据库中的实时数据进入关系数据库后，用户可以通过访问关系数据库中的生产历史数据，了解企业的生产状况，对生产管理和经营决策提供支持。

出于开放性和数据集成的考虑，不论是工业监控软件中的内嵌实时数据库，还是独立开发的实时数据库产品，都提供了与关系数据库的接口，通过这些接口，可以将实时数据存储到关系数据库中；反之，实时数据库也可以从关系数据库中获取组态信息，实现实时数据库与关系数据库的无缝集成。一般来讲，实时数据库可通过以下几种方法与关系数据库集成。

（1）通过实时实数据库提供的 ODBC 接口

为了提高系统的灵活性和可扩展性，实时数据库通常都提供了内嵌的脚本语言，以满足用户的各种要求。同时为了提高系统开放性,实时数据库中支持可访问关系数据库的OD-BC接口,这样,可以利用脚本语言中相应的SQL语句,通过ODBC接口访问关系数据库,执行数据存储和数据查询等操作。

(2) 通过实时数据库的用户API函数

用户程序接口的任务是为高层应用程序(包括先进控制软件模块)提供对数据库进行操作的入口。所以可以通过实时数据库提供的API函数来访问实时数据库中的实时数据,再通过ODBC或者ADO等数据库访问标准,将数据写入关系数据库中。

(3) 通过实时数据库提供的ActiveX控件

较新的实时数据库产品都支持ActiveX标准,可以利用VB、VC++等编程工具,通过创建ActiveX对象,访问对象支持的属性和方法,来获取实时数据库中相应的实时数据,然后可通过ODBC等标准将数据写入数据库。当然,通过这种方法获得的数据还能为其他的应用程序服务,如Honeywell的PHD实时数据库为用户提供了Visual PHD组件,它包含了可以访问实时数据的多种ActiveX控件,极大地方便了上层应用对实时数据的访问。

9.6.3 企业信息集成系统

企业信息集成的主要技术包括系统数据管理技术、计算机网络技术和系统集成平台技术。

企业系统综合集成往往存在着多种网络之间的集成,特别在大型企业,存在着协议体系结构完全不同的网络。在异构和分布环境下,存在着网内或网间的设备互相连接、传输介质互用、网络软件互操作以及数据通信等问题。计算机网络技术包括网络互联技术和网络管理技术。网络互联要解决地址方案、路由选择和通信速度匹配等。一般是用标准的网络协议和路由器、网桥、网关等网络设备来实现,网络管理是对网络资源的管理,其中包括对资源的控制、协调和监视。

在大型企业中,有关系数据库、实时数据库等多种数据信息管理系统,成千上万的企业应用软件以及系统软件间的集成接口需要解决。集成平台是一组集成的基础设施和集成服务器,其中包括信息服务器、通信服务器、前端服务器和经营服务器等,该集成平台是系统过程及应用的开发环境。优良的集成平台应具备:

1) 能实现全企业的信息集成和功能集成。

2) 能适用于各种不同的计算机系统。

3) 能实现应用软件和系统内所用的计算机系统独立,各类数据可以在计算机系统间转换。

4) 符合各种软件标准。

例如,有些企业应用数据仓库DW(data warehouse)作为综合集成平台,因为数据仓库是面向主题的、集成的、稳定的、不同时间的数据集合,用于支持企业经营管理中决策制定过程。也就是说数据仓库能把分布在企业网络中不同信息岛上的数据集成到一起,存储在一个单一的集成关系数据库中。利用这种集成信息,可方便用户对信息的访问,也可以使决策人员对一段时间内的历史数据进行分析和研究其发展趋势。通俗地讲,就是为用户建立一座数据桥梁,使用户简单、灵活、方便地使用信息综合集成系统中各种数据库里的数据和信息。如图9.18所示企业信息综合集成框架的例子。

由图9.18可知,所有管理信息系统的数据、实时数据库的数据以及实验室信息管理系

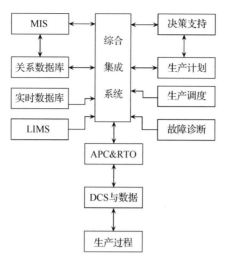

图 9.18　企业信息综合集成系统

统(LIMS)的分析化验数据等,通过综合集成系统(平台),为管理、运行和操作整个企业提供各种信息资源。该综合集成系统实际是一个管理各种数据库的数据库,或称为数据仓库,它起着桥梁的作用,把各种信息有选择地分送给各个用户,从而有效地管理和控制企业的生产过程。从图中也可知道,所有上层的优化决策,都要通过先进控制(APC)和实时优化(RTO)来指挥底层自动控制的执行,例如,优化给定 PID 回路的设定值,或直接驱动执行机构(调节阀)。因此,底层自动控制系统,包括测量变送环节、执行机构(气动阀、电动阀等)是信息综合集成系统的眼睛和手脚,先进控制与实时优化是身躯,只有这个层次功能齐备、基础扎实,才能使上层的优化管理决策系统的指令得到执行与实现。

习题与思考题

9.1　计算机过程控制系统有哪些特点?

9.2　试述计算机过程控制系统的构成及应用形式。

9.3　试述 DCS 的体系结构和基本组成。

9.4　PLC-SCADA 系统与 DCS 有何异同?

9.5　过程控制中,有哪些组态软件? 各有何作用?

9.6　试述现场总线及其构成的控制系统的特点。常见的现场总线有哪些?

9.7　为什么要进行工业过程企业的信息集成?

9.8　实时数据库与关系数据库有何区别? 其集成方式有哪些?

第 10 章　过程优化技术及应用

教学要求

本章概要介绍实时过程优化的基本概念和结构,重点介绍过程优化问题的描述和求解算法。学完本章后,应能达到如下要求:

- 掌握实时过程优化的定义,弄清实时优化的基本结构;
- 了解实时优化在综合自动化过程控制体系中的位置和作用;
- 掌握实时过程优化问题的描述及形成;
- 掌握线性规划和二次规划等典型优化算法;
- 掌握典型过程控制系统实时优化的步骤。

10.1　过程优化概述

10.1.1　过程优化基本概念

在本书前面的章节中,从过程动态需求的角度,系统地介绍了过程模型的建立、控制策略的制定、控制器的设计和参数整定、数据的获取传输和监督等过程控制中各种问题的解决方法。早期传统的生产过程控制解决的只是在给定设定值下装置的平稳操作问题。近年来,过程控制采用一些先进的控制技术集成了一定的局部优化功能,然而其往往局限在适用于目标函数为线性时的一种"卡边"优化的功能。对于像冶金磨矿分级过程产量最大,加热炉热效率最优,原油调合产品利润最高等工厂级的产量、利润和能耗等终极生产指标优化问题还无能为力。

20 世纪 90 年代以来,人们发现通过对流程工业操作条件的反复优化可以增大工厂的利润,因而实时优化技术在流程工业过程中逐步推广应用。实际生产过程中,由于质量的要求、原料价格变化、处理和存储的限制等操作条件以及运行工况的频繁变化,最优设定值可能天天变化甚至每小时之内都会产生变化。这就要求对各被控变量的设定值根据一定的生产指标进行实时优化以克服操作条件变化和工况更替对生产指标的影响。随着计算机技术和优化技术的发展,实时优化(real time optimization,RTO)技术能够在计算机控制系统中实现,进而对生产过程进行实时优化控制。

实时优化的概念是非常复杂和广泛的,过程控制中的优化通常可分为动态优化控制和稳态设定值优化两类。

1) 动态优化控制:指通过调节操纵变量使被控变量接近预先设定的目标值,其目标值可以是固定的或者是随时间动态变化的。控制的方法主要有:优化反馈控制和模型预测控制方法等。

动态优化控制意味着选择最好的控制算法以及控制参数,使得系统的动态性能满足期望的性能指标。例如,现代控制理论中的线性二次高斯问题(LQG)提出的动态控制算法,是针对线性微分方程描述系统的一个特定二次型性能指标所得到的最优化控制算法。该算法中动态性能指标与工厂企业的稳态最优经济目标没有直接的关系。可见,动态优化控制理论不是连续过程企业全部自动化的完整回答。

2) 稳态设定值优化:稳态设定值优化适用于代数方程描述的过程和目标而不是微分方程描述的系统。首先根据过程的生产目标建立表征效益的指标函数,其次考虑当前操作条件下各变量的约束条件,然后根据前两步建立的优化问题求解最优稳态设定值。

10.1.2 过程优化的结构

在实时优化控制中,计算机控制系统将完成所有数据传递和设定值优化计算,并将计算结果送到控制器中。为实现实时优化计算,需要如下几个步骤:数据采集和校正,确定过程的稳态,更新模型参数以满足当前的工况,计算和实施这些新计算的最优设定值。

1) 为了确定过程单元是否处于稳态,计算机控制系统中的软件应该实时监督关键过程变量的测量值(如成分、产率和流量等)并分析生产过程的操作条件是否已接近稳态。只有当所有关键过程变量测量值均到达允许的范围内,我们才认为生产运行是处于稳态的,设定值的优化计算才能启动。而基于物料和能量平衡的数据校正可以用单独的优化软件包来实现。数据的有效性和条理对任何优化来说都是极其关键的。

2) 优化软件利用回归技术刷新模型参数,以便与当前生产数据相匹配。典型的模型参数有热交换器的换热系数、反应器性能参数和加热炉效率等。这些参数出现在工厂中每个单元的物质和能量平衡以及反映物理性质的基本方程中。在决定什么参数应该更新和什么参数用于更新时,需要大量的工厂知识和经验。在完成参数估计后,应收集与当前生产约束有关的信息、控制状态的数据、供料、产品和公用工程的经济值以及其他操作成本等。负责计划和调度的部门应按时更新经济值,然后优化软件计算最优设定值。在优化计算后,要重新检查生产过程的稳态条件,如果确定各个过程处于不同的稳态,则新的设定值将传递到计算机控制系统,以作为新的优化设定值。

实时优化控制与常规控制相结合可以看作是一种串级控制结构,如图 10.1 所示。外环的实时优化控制回路的运行将比内回路慢很多。

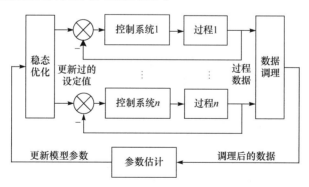

图 10.1　实时优化和常规反馈控制结构示意图

过程实时优化的下层功能就是动态控制系统。通过实时优化得到的决策变量将直接传送给控制系统作为下层环路的设定值,从而实现了实时的优化控制。实时优化在流程工业综合自动化三层结构(即过程控制系统 PCS,制造执行系统 MES 和企业资源计划 ERP)的总体框架中占有重要的地位,它的任务是期望长期保证生产装置运行在最优工况下,进而实现企业的总体优化目标。流程工业综合自动化的五级递阶功能结构如图 10.2 所示,其中包括优化、控制、监视和数据采集等。

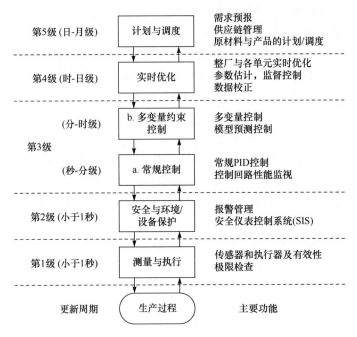

图 10.2 综合自动化过程控制递阶结构

图 10.2 中每个方框的位置是一种概念性的划分,它们在功能的执行过程中可能是重叠的,也可能是缺失的,而且几个阶段往往可能共用同一个计算平台。各递阶层的主要功能简述如下:

1) 过程测量与执行层:主要提供数据采集和在线分析以及执行功能,包括传感器校验,还有各层间的双向通信,即高层为底层设定目标,而底层将实时约束和性能等信息传递给高层。

2) 安全与环境/装置保护层:主要包括例如报警管理和紧急停车等活动。虽然计算机软件能够执行这些任务,但为了获得更高的安全性能,往往还要对工厂设计一个分离的硬件安全系统。

3) 模拟量反馈控制层:该层通常包括内层的常规反馈控制层和外层的多变量约束控制层。其中第 3b 级主要对多变量控制或具有实际约束的过程给出优化的设定值并传递给本地控制单元,而单回路或多回路控制等常规控制则在第 3a 级中完成。

4) 实时优化层:主要根据厂级的生产指标协调各子过程单元,并给出每个单元的设定值,所以通常又称为监督控制。本章重点关注实时优化层。

5) 计划与调度层:该层是企业经营计划涉及企业生产的部分。以某石化企业为例,其通常包括一个涉及其属下所有炼油厂的综合计划和调度模型,对此优化模型进行优化后得到企业的运营总目标、各炼油厂内部交换的价格、各炼油厂原油和产品的配送、生产目标、库存目标、最优操作条件、物流分配和各炼油厂的调和方案等。

在线实时优化比离线优化更为及时和实用,但其实现也远比离线优化复杂和困难。在线实时优化需要实时地决定优化决策,因此需要计算机和优化软件具有快速计算的能力。从目前国内外的工业实践来看,从单元过程到装置的实时优化是比较现实和有效的,而全厂级乃至全公司范围内的实时优化还比较困难。虽然单元过程内部优化的作用是局部的,但对于一些在整个流程中起关键作用的单元过程,其作用将直接影响到全局。这些过程的实时优化对全局性能的提升具有主导性,应该首先予以实施。从综合自动化过程的整体递阶结构看,单元过程的实时优化在全局优化中是一个起承上启下作用的重要环节。通过该环节对本单元过程或装置寻求并制订满足优化目标的实施方案,并通过第 3 级控制系统的设定值来加以执行。同时最高级的计划和调度只有通过该环节才能协调和实现全局优化的目标。可见实时优化是沟通企业经营管理和实际生产操作之间联系的一个不可或缺的重要环节。

10.2　过程的实时优化问题

10.2.1　实时优化问题的分类

实际工业生产过程中通常碰到三种不同类型的实时优化问题:包括稳态操作条件、负荷分配和生产计划调度。

1) 稳态操作条件优化问题:指形如蒸馏回流比、中间馏分组成、化学反应器反应温度或压力等操作条件的稳态优化问题。

2) 负荷分配优化问题:指将一定的资源如物料、能源等在若干平行的生产设备中进行最优化分配。

3) 生产计划调度问题:指生产作业计划的排定,重复进行的清洗、再生、维修或再装配作业等周期性操作的最优化时间安排等。

动态控制系统中的设定值往往由上述三种不同类型实时优化的结果给定。而第 3 级的反馈控制系统的任务是确保过程实时优化问题决策变量在期望的最优数值上。因此决策变量的个数和合适范围的值必须确定,而且必须知道决策变量对过程因变量和企业经营目标的作用。决策变量对工厂经济效益影响通常包括如下三种:

1) 工厂利润随决策变量的增加而单调增加:如图 10.3 中曲线 A 所示的约束利润函数关系。当决策变量变的较大时,会受到决策变量本身或其他因素的约束。图中 A 的决策变量最大限制是约束 x_1,若决策变量增大到约束 x_2,则超过了系统的最大约束 x_{max}。因此系统必须工作在小于 x_{max},即约束点 x_1 上。因此往往不需要知道利润的大小或者利润函数的形状,只要寻求 x_1 的精确值及其与相关约束变量的关系即可。

2) 工厂利润与决策变量的关系是一无约束的高峰利润函数关系:如图 10.3 中的曲线 B 所示,其中利润函数在自变量的允许范围(x_{min}-x_{max})内达到最大值。这表明在两种或者更多对利润函数有影响的竞争中存在一种折中方案。最优目标函数时决策变量出现在利润函数斜率为零的地方。这种情况下,实际的约束位置并不重要,重要的是要求出合适的经济价值和精确的斜率。

3) 工厂利润与决策变量的关系是一种最小约束利润函数关系:如图 10.3 的曲线 C 所示,该曲线的斜率是负的。决策变量的最优值出现在 x_{min} 点上。

上述三种情况基本概括了工业生产过程常见的实时优化问题,多重峰值的情况尚属少见。

10.2.2　过程实时优化问题描述

实时过程优化就是寻求一组使评价生产过程目标函数达到最优,同时又满足各项生产

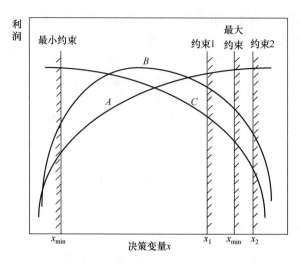

图 10.3　常见的三种不同的工厂利润函数

约束要求的操作参数。因此需要首先将过程生产指标最大化问题描述为一个合适的优化问题，然后进行求解。结合过程工业的实际情况，实时优化的主要问题概括为如下三个方面：过程目标的建立、约束和运行模型以及优化求解和分析。

1）过程优化目标建立：首先应该分析了解被控过程或单元的主要输入和输出变量，并确定关键的过程参数作为决策变量；过程优化目标是指需要最大化或最小化的目标函数，包括成本和产品的价值，或与它们相关联的生产过程运行参数的函数，由于其常常涉及经济效益，又被称为经济目标函数。

过程目标函数通常指过程的某项重要的经济指标，或者经简化后得到的一些关键操作指标，如原料消耗、产品产量、纯度、收率和能耗等。为了获得基于运行利润的单目标函数，每个产品的数量和质量必须建立与公用工程的消耗和原材料的消耗间的关系。所选择的目标函数可能会依赖于工厂的配置和供需情况。假设某过程以经济效益最高为期望的过程优化目标，其单位时间内的运行经济效益通常可表示为

$$P = \sum_S F_S V_S - \sum_r F_r C_r - OC \tag{10-1}$$

其中 P 为单位时间的运行利润；$\sum_S F_S V_S$ 为产品流量乘以各个单位产品价格之和；$\sum_r F_r C_r$ 为原料流量乘以各个单位原料价格之和；OC 为单位时间的操作费用。

实际生产过程中的过程目标函数往往有着更为复杂的形式。考虑运行利润最大化的过程运行情况可能包括：产品生产能力的限制、市场需求及销售的限制、大规模生产、原材料和能源消耗量大、产品质量优于规范要求、有价值组分随废料流失或有害组分随废料排放等。

2）约束和运行模型：包括稳态过程模型和对过程变量的所有约束。

建立过程的输入输出稳态模型和辨识过程变量的操作极限是过程建模的基本要求。约束存在于过程本身，也存在于过程系统设备中等。约束条件分为等式约束和不等式约束。流程工业过程通常从热力学、动力学得到的物料平衡、能量平衡、动量平衡等都属于等式约束。而一般的安全条件，例如过程操作时的压力上限、温度上限均属于不等式约束。此外，实时优化中的约束还有可能包括：操作条件导致的约束、供料和产品量、储存和库存能力、产品杂质等引起的约束。

而建立过程优化问题的运行模型通常包括如下两种途径：

① 机理分析建模：通过内在机理分析，按照质量、能量、动量等守恒定律，通过理论推导得出生产过程的数学模型。在装置上不能或者很难进行实验时，机理建模是唯一的建模途径。实际生产过程中，往往存在过程机理不清楚或者过程过于复杂等情况，这将限制机理建模方法的应用。

② 实验建模：实验建模方法在实际工程中广泛采用。其主要通过测量过程的输入输出数据，根据这些数据来表征过程的动态特性，并通过相应的算法对所获输入输出数据进行分析以获得被控对象数学模型的过程，这种建模方法又称为辨识建模。实验建模方法无需深入地了解过程机理，只需借助于成熟的数学方法，设计合理的实验来获取过程数据，因此在工程应用中有一定的优越性。然而实验建模得到模型的准确性难以验证，而且所得模型参数没有物理意义，不利于分析过程中各因素变化时产生的影响。

由于上述两种建模方法各有优缺点，采用两者相结合的方法是获取高质量模型的重要途径。

3）优化求解和分析：包括优化方案、寻优算法和优化策略的实施以及参数灵敏度分析等。

为在线运行的需要，首先要判断生产过程是否处于稳态，只有在稳态时优化结果才有效。此外采集数据需要进行校正以保证其满足过程的各类平衡条件。为实现实时优化还需要更新模型参数以适合于当前的运行状况，计算出关键控制回路新的设定值，并传送到先进控制系统加以执行。典型的过程实时优化系统构成如图10.4所示。

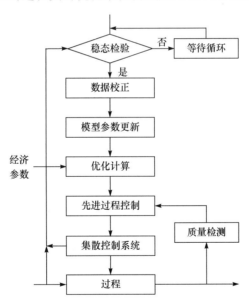

图10.4 典型过程实时优化系统的主要构成

此外，通常还需要确切地知道哪些参数在优化问题中起着关键作用，这对优化问题来说是非常有用的。因此，可以通过改变模型中各参数，重复计算优化问题，从而寻找比较敏感的参数。

10.3 优 化 算 法

过程实时优化的寻优算法主要还是采用最优化方法。实际过程的实时优化问题往往可以描述为如下形式的最优化问题

$$
\begin{aligned}
\min \quad & f(x) \\
& g_i(x) \geqslant 0 \quad (i=1,2,\cdots,m) \\
& h_j(x) = 0 \quad (j=1,2,\cdots,l)
\end{aligned}
\tag{10-2}
$$

其中 x 为决策变量，$f(x)$ 为目标函数，$g_i(x) \geqslant 0$ 为不等式约束，$h_j(x)=0$ 为等式约束。

10.3.1 线性规划算法

当 $f(x)$，$g_i(x)$ 和 $h_j(x)$ 均为 x 的线性函数时，式(10-2)描述的优化问题称为线性规划问题。这是一种最为普通也最为成熟的一类优化问题。为了讨论方便，我们给出线性规划的标准形式为

$$
\begin{aligned}
\min \quad & c^{\mathrm{T}}x \\
\text{s. t.} \quad & Ax = b, \quad x \geqslant 0 \\
& h_j(x) = 0 \quad (j=1,2,\cdots,l)
\end{aligned}
\tag{10-3}
$$

虽然实际应用中存在各种线性规划问题，但它们都可以转化为如上的标准形式，这为优化问题的求解带来了很大的方便。关于将一般线性规划问题转化为上述标准线性规划问题相对简便，读者可参考相关文献。

线性规划的求解方法很多，本节介绍求解线性规划比较常用的单纯形法。求取线性规划的一般步骤为：求出一个基本可行解；检查该基本可行解是否为最优解；若不是则再求一个没有检查过的基本可行解，如此继续，直至检查出某基本可行解即为最优解为止。用单纯形法求解线性规划问题首先应该建立单纯性表，根据式(10-3)建立如下表格

A	b
c^{T}	0

单纯形表的获取为对上述表格进行行变换，得到如下表格

中心部位	右列
底行	右下端

（底线）

且满足如下特点：①中心部位具有单位子块；②右列元素非负；③底行相应于单位子块位置的元素为0；④底行其他元素非负。在变换过程中满足特点①、②、③较为容易，以下介绍在不破坏这三个特点的条件下，逐步调出第④个特点的步骤。

第一步：选择进基变量，从底行负元素中任选一个元素，假设为 $\bar{c}_j$；

第二步：选择离基变量，从所选元素 $\bar{c}_j$ 所在列底线以上的正元素中按以下规则选定一元素 $\bar{a}_{kj}$

$$
\frac{\bar{b}_k}{\bar{a}_{kj}} = \min_i \left\{ \frac{\bar{b}_i}{\bar{a}_{ij}} \mid \bar{a}_{ij} > 0 \right\}
$$

第三步：旋转运算，利用初等行变换及倍加至底行的运算，把 $\bar{a}_{kj}$ 变为1，该列的其他元素变为0。

第四步:若底行元素均非负,算法终止,否则回到第一步。

这样每迭代一次保证得到一个新的基本可行解,而且右下端的元素单调增大,可知新的基本可行解不比原来的基本可行解坏。因此当最优解存在和基变量的值都大于零时,经过有限步迭代后一定能够得到最优解。

例 10.1 用单纯形法求解

$$\begin{aligned} \min \quad & x_1-3x_2+2x_3+4x_4 \\ \text{s. t.} \quad & 2x_1-4x_3+x_4=6 \\ & -x_1+x_2+3x_3=5 \\ & x_1,x_2,x_3,x_4\geqslant0 \end{aligned}$$

$\qquad(10\text{-}4)$

解 首先将线性规划问题(10-4)写成表格形式

$$\begin{array}{ccc|c} 2 & 0 & -4 & 1 & 6 \\ -1 & 1 & 3 & 0 & 5 \\ \hline 1 & -3 & 2 & 4 & 0 \end{array}$$

通过行变换将上式变换为满足特点①~③的表格

$$\begin{array}{ccc|c} 2 & 0 & -4 & 1 & 6 \\ -1 & 1 & 3 & 0 & 5 \\ \hline -10 & 0 & 27 & 0 & -9 \end{array}$$

第一步:选择进基变量,根据上述步骤,应选-10;

第二步:选择离基变量,根据上述步骤,应选2;

第三步:旋转运算,根据上述步骤可得

$$\begin{array}{ccc|c} 1 & 0 & -2 & 1/2 & 3 \\ 0 & 1 & 1 & 1/2 & 8 \\ \hline 0 & 0 & 7 & 5 & 21 \end{array}$$

第四步:底行元素均非负,算法终止。

由上述表格可知,最优值为-21,对应的决策变量为 $x_1=3,x_2=8,x_3=0,x_4=0$。

Matlab 工具箱提供了现成的线性规划问题求解工具,对于本节讨论的标准线性规划问题(10-3),可采用如下的调用格式

$$[X,\text{FVAL}]=\text{linprog}(c,-I,0,A,b)$$

其中 FVAL 为最优值,X 为对应的最优决策变量,I 是维数为 n 的单位阵,0 是维数为 n 的列向量。对于例 10.1 中的线性规划问题,在 Matlab 中输入如下信息:

c=[1 -3 2 4];I=eye(4);A=[2 0 -4 1;-1 1 3 0];b=[6;5];

[X,XFAL]=linprog(c,-I,zeros(4,1),A,b)

即可得到优化结果。

10.3.2 二次规划算法

二次规划问题是最简单的约束非线性规划问题,是非线性规划中最早被人们研究且研究比较成熟的一类问题。许多工业过程中的实时优化问题可以归结为二次规划问题。因此掌握二次规划求解算法对过程优化的实施有着重要的作用。

考虑如下二次规划问题:

$$\min \quad c^T x + \frac{1}{2} x^T H x \tag{10-5}$$

$$\text{s. t.} \quad Ax \leqslant b, \quad x \geqslant 0$$

其中假定 m 维向量 $b \geqslant 0$，H 为 $n \times n$ 对称半正定矩阵。首先写出问题（10-5）的拉格朗日函数。

$$L(x, u, v) = c^T x + \frac{1}{2} x^T H x + u^T (Ax - b) - v^T x \tag{10-6}$$

根据约束非线性系统的最优性条件，在最优解处应该满足如下 K-T（Kuhn-Tueker）条件

$$\begin{cases} Ax + y = b \\ c + Hx + A^T u - v = 0 \\ x \geqslant 0, \quad u \geqslant 0, \quad v \geqslant 0, \quad y \geqslant 0 \end{cases} \tag{10-7}$$

$$x^T v + u^T y = 0 \tag{10-8}$$

此处我们把满足式（10-7）和式（10-8）的解称为互补基本可行解，即二次规划的 K-T 点。同时可以证明当 H 为半正定矩阵时，它便是问题（10-5）的最优解。式（10-7），式（10-8）又被称为线性互补问题，式（10-8）称为互补松弛条件。

若记

$$M = \begin{bmatrix} 0 & -A \\ A^T & H \end{bmatrix}, \quad q = \begin{bmatrix} b \\ c \end{bmatrix}$$

$$Z = \begin{bmatrix} u \\ x \end{bmatrix}, \quad W = \begin{bmatrix} y \\ v \end{bmatrix}$$

则式（10-7），式（10-8）简写为

$$\begin{aligned} & W - MZ = q \\ & W \geqslant 0, \quad Z \geqslant 0 \\ & W^T Z = 0 \end{aligned} \tag{10-9}$$

以下介绍求解线性互补问题（10-9）的著名方法——Lemke 方法。如果 $q \geqslant 0$，则令 $W = q, Z = 0$ 就是线性互补问题（10-9）的解。因此我们讨论有 $q_i \leqslant 0$ 的情形。先引进一个人工变量 ω_0，则上述问题改写为

$$\begin{aligned} & W - MZ - \omega_0 I_1 = q \\ & W \geqslant 0, \quad Z \geqslant 0 \\ & W^T Z = 0 \end{aligned} \tag{10-10}$$

其中 I_1 是各分量均为 1 的向量。显然我们只要 $\omega_0 I_1 + q \geqslant 0$，则取 $W = \omega_0 I_1 + q, Z = 0$ 便是（10-10）的解。同时，问题（10-10）的解中，若 $\omega_0 = 0$，则 W, Z 是问题（10-10）的解，也就是二次规划（10-5）的最优解。因此可取

$$\begin{aligned} & \omega_0 = \max\{-q_i\} \\ & W = \omega_0 I_1 + q \\ & Z = 0 \end{aligned}$$

便是问题（10-10）的初始互补基本可行解。然后像线性规划中一样选择进基和离基变量，通过旋转得到一个相邻的互补基本可行解，如此继续，最终得到 $\omega_0 = 0$ 的互补基本可行解。离基变量和线性规划单纯形法一样，在所列主元列中的正元素中选取满足如下条件

$$\frac{d_{l0}}{d_{lk}} = \min_{d_{ik}>0}\left\{\frac{d_{i0}}{d_{ik}}\right\}$$

的元素为离基变量,其中 l 为主元行号。

例 10.2 求解二次规划

$$\min \quad \frac{1}{2}x_1^2 + \frac{1}{2}x_2^2 - x_1 - 2x_2$$

$$\text{s. t.} \quad 2x_1 + 3x_2 \leqslant 6$$

$$x_1 + 4x_2 \leqslant 5 \qquad\qquad (10\text{-}11)$$

$$x_1, x_2 \geqslant 0$$

解 本例中

$$H = \begin{bmatrix} 1 & 0 \\ 0 & 1 \end{bmatrix}, \quad c = \begin{bmatrix} -1 \\ 2 \end{bmatrix}, \quad A = \begin{bmatrix} 2 & 3 \\ 1 & 4 \end{bmatrix}, \quad b = \begin{bmatrix} 6 \\ 5 \end{bmatrix}$$

故

$$M = \begin{bmatrix} 0 & 0 & -2 & -3 \\ 0 & 0 & -1 & -4 \\ 2 & 1 & 1 & 0 \\ 3 & 4 & 0 & 1 \end{bmatrix}, \quad q = \begin{bmatrix} 6 \\ 5 \\ -1 \\ -2 \end{bmatrix}$$

本来线性互补问题可写为如下表格形式

ω_1	ω_2	ω_3	ω_4	z_1	z_2	z_3	z_4	ω_0	$q(d_{i0})$
1	0	0	0	0	0	2	3	−1	6
0	1	0	0	0	0	1	4	−1	5
0	0	1	0	−2	−1	−1	0	−1	−1
0	0	0	1	−3	−4	0	−1	−1	−2

选择 $\max\{-q_i\} = -q_4 = 2$ 相应的第 4 行第 9 列作主元进行旋转得

ω_1	ω_2	ω_3	ω_4	z_1	z_2	z_3	z_4	ω_0	$q(d_{i0})$
1	0	0	−1	3	4	2	4	0	8
0	1	0	−1	3	4	1	5	0	7
0	0	1	−1	1	3	−1	*1	0	1
0	0	0	−1	3	4	0	1	1	2

由上表可以看出仅有 $\omega_4 - z_4$ 这一对变量全部不是基变量,因此选 z_4 进基,在所选列中有

$$\min\{8/4, 7/5, 1/1, 2/1\} = 1/1$$

故选第 3 行第 8 列元素作主元,进行旋转得

ω_1	ω_2	ω_3	ω_4	z_1	z_2	z_3	z_4	ω_0	$q(d_{i0})$
1	0	−4	3	−1	−8	6	0	0	4
0	1	−5	4	−2	−11	*6	0	0	2
0	0	1	−1	1	3	−1	1	0	1
0	0	−1	0	2	1	1	0	1	1

上表中 ω_0 仍在基变量中,且仅有 $\omega_3 - z_3$ 这一对变量全部不是基变量,因此选 z_3 进基,在所选列中有

$$\min\{4/6, 2/6, 1/1\} = 2/6$$

故选第 2 行第 7 列元素作主元，进行旋转得

ω_1	ω_2	ω_3	ω_4	z_1	z_2	z_3	z_4	ω_0	$q(d_{i0})$
1	-1	1	-1	1	3	0	0	0	2
0	$1/6$	$-5/6$	$4/6$	$-2/6$	$-11/6$	1	0	0	$2/6$
0	$1/6$	$1/6$	$-2/6$	$4/6$	$7/6$	0	1	0	$8/6$
0	$-1/6$	$-1/6$	$-4/6$	$14/6$	$*17/6$	0	0	1	$4/6$

继续上述步骤得

ω_1	ω_2	ω_3	ω_4	z_1	z_2	z_3	z_4	ω_0	$q(\bar{d}_{i0})$
1	$-14/17$	$20/17$	$-5/17$	$-25/17$	0	0	0	$-18/17$	$22/17$
0	$6/102$	$-96/102$	$24/102$	$120/102$	0	1	0	$66/102$	$78/102$
0	$24/102$	$24/102$	$-6/102$	$-30/102$	0	0	1	$-42/102$	$108/102$
0	$-1/17$	$-1/17$	$-4/17$	$14/17$	1	0	0	$6/17$	$4/17$

上表中 ω_0 已经被置换出基，即得到了相应线性互补问题的解，所求二次规划的最优解为：$y_1=22/17$，$x_1=78/102$，$x_2=108/102$，$u_2=4/17$，其余变量均为 0，即 $x^*=(78/102$, $108/102)$。

Matlab 工具箱也提供了现成的二次规划问题求解工具，对于本节讨论的标准二次规划问题（10-5），可采用如下的调用格式

$$[X,FVAL]=\text{quadprog}(H,c,\bar{A},\bar{b})$$

其中 FVAL 为最优值，X 为对应的最优决策变量，$\bar{A}=[A;-I_{n\times n}]$，$\bar{b}=[b;0_{n\times 1}]$。对于例 10.2 中的二次规划问题，在 Matlab 中输入如下信息：

H=[1 0;0 1]; c=[-1;-2]; A_bar=[2 3;1 4;-1 0;0 -1]; b_bar=[6;5;0;0];
[X,XFAL]=quadprog(H,c,A_bar,b_bar)

即可得到优化结果。

除线性规划和二次规划外，还有很多先进的优化算法逐步应用到过程实时优化中，包括约束非线性规划、智能优化算法如遗传算法、模拟退火算法、微粒群算法和差分进化算法等。这些算法本书中不一一阐述，读者可参考相关文献。

10.4　实时优化应用案例

以下用一个例子来说明最优化问题的形成及求解步骤。

例 10.3　在一个炼油厂里，有自备透平发电机两台，所用燃料为燃油和瓦斯气。瓦斯气为炼厂其他装置所产生的废气，不计其成本。两台发电机（G_1 和 G_2）与燃料（瓦斯气 G 和燃油 O）的关系如图 10.5 所示。

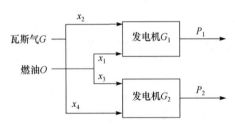

图 10.5　炼厂发电机功率与燃料关系

如何保证一定输出功率下燃油消耗量最少是本次优化的目的。假设这一优化问题的操作目标是两台发电机要提供 50MW 的电力，而使费用最少，即应尽可能多地使用瓦斯气而尽量少用昂贵的燃油。两台发动机具有各自不同的操作特性，G_1 的效率比 G_2 高。两台发电机的输出功率与燃料的经验关系为

$$P_1 = 4.5x_1 + 4x_2 \tag{10-12}$$

$$P_2 = 3.2x_3 + 2x_4 \tag{10-13}$$

式中，P_1 和 P_2 分别表示发电机 G_1 和 G_2 的输出功率，单位为兆瓦(MW)；x_1 和 x_2 分别表示发电机 G_1 所用的燃油和瓦斯气，单位为吨/小时(t/h)；x_3 和 x_4 分别表示发电机 G_2 所用的燃油和瓦斯气，单位为吨/小时(t/h)。瓦斯气总的可用量为 5t/h，两台发电机的输出功率范围分别为 18～30MW 和 14～25MW。以下按照本节介绍的步骤，将这一优化问题先用数学公式描述，然后进行优化求解。

第一步：过程目标函数的建立。使发电成本最小就是使燃油消耗最小。因此目标函数(f)可以定义为使

$$f = x_1 + x_3 \tag{10-14}$$

最小。

第二步：建立过程和约束模型。根据对问题的描述，过程约束应满足功率关系式(10-12)和式(10-13)。

功率范围

$$18 \leqslant P_1 \leqslant 30 \tag{10-15}$$

$$14 \leqslant P_2 \leqslant 25 \tag{10-16}$$

总功率

$$P_1 + P_2 = 50 \tag{10-17}$$

瓦斯供应

$$x_2 + x_4 = 5 \tag{10-18}$$

变量非负约束

$$x_i \geqslant 0, \quad i = 1, \cdots, 4 \tag{10-19}$$

基于上述等式和不等式约束，消去变量 x_2, x_4, P_1 和 P_2，选择 x_1 和 x_3 为决策变量，得到如下有效约束条件

$$50 \leqslant 4.5x_1 + 6.4x_3 \leqslant 55 \tag{10-20}$$

$$15 \leqslant 2.25x_1 + 1.6x_3 \leqslant 20 \tag{10-21}$$

第三步：优化求解。此处只有两个决策变量，可采用图解线性规划求解。对于此类线性规划的最优值求解问题，其解一般处于不等式构成区间的顶点。对于不等式(10-20)和(10-21)围成的区间，可计算其定点为 A(20/3,25/8)，B(20/9,25/4)，C(10/9,125/16)和D(50/9,75/16)，对应的燃油消耗分别为 235/24，305/36，1285/144 和 1475/144。可见 B 点处的发电成本最低，该情况下 $x_1 = 20/9$，$x_2 = 5$，$x_3 = 25/4$，$x_4 = 0$，$P_1 = 30$，$P_2 = 20$。可见为达到最大的发电效率，全部的瓦斯气用于效率较高的发电机 G_1。

习题与思考题

10.1 什么是过程优化？过程优化的必要性体现在哪些方面？

10.2 实时优化在综合自动化过程控制递阶结构中的地位和作用是什么？

10.3 过程优化目标的建立要考虑哪些方面因素的影响？

10.4 用单纯形法求解如下线性规划问题

$$\max \quad x_1 + 2x_2$$
$$\text{s. t.} \quad -x_1 + 3x_2 \leqslant 10$$
$$x_1 + x_2 \leqslant 6$$
$$2x_1 - x_2 \leqslant 2$$
$$x_1 + 3x_2 \geqslant 4$$
$$2x_1 + x_2 \geqslant 4$$
$$x_1 \geqslant 0$$
$$x_2 \geqslant 0$$

10.5　用 Lemke 法求解如下二次规划问题

$$\min \quad x_1^2 + x_2^2 + 6x_1 + 9$$
$$\text{s. t.} \quad 4 - 2x_1 - x_2 \leqslant 0$$
$$x_1, x_2 \geqslant 0$$

10.6　某化工厂生产两种产品 E 和 F,所用原料为 A 和 B,其产品与原料消耗关系为

过程 1　　A+B→E

过程 2　　A+2B→F

每天所能供应的最多原料为:A,40000kg,价格为 15 元/kg;B,30000kg,价格为 20 元/kg。其化学反应过程参数及费用如下表所示:

过程	产品	每千克产品消耗原料	加工费/(元/kg)	产品销售/(元/kg)	每天最大生产能力/kg
1	E	1/2A,1/2B	15	40	30000
2	F	1/3A,2/3B	5	33	30000

此外还有公用工程及劳动力费用,过程 1 为 2000 元/天,过程 2 为 350 元/天,该费用即使不生产,也要消耗。其目标函数为每天获得利润最大,请列写有关约束条件,并求解该过程优化问题。

参 考 文 献

蔡自兴.1990.智能控制.北京:电子工业出版社

常健生.2001.检测与转换技术.3版.北京:机械工业出版社

陈夕松,顾新艳等.2004.磨矿二段球磨浓度前馈串级复合控制系统的设计.自动化仪表,25(12):62~64

陈夕松,李奇等.2001.PLC在梅山铁矿细碎及筛分系统中的应用.电气自动化,23(1):48~49

陈夕松,李奇等.2001.梅山铁矿选厂分布式控制系统(DCS)设计.电气传动,31(4):49~51

陈夕松,李奇等.2001.铁矿石破碎机电流模糊控制的设计与应用.工业仪表与自动化装置,159(3):31~33

陈夕松,李奇等.2003.基于PROFIBUS总线的PLC-SCADA系统在磨矿控制中的应用.电气自动化,25(1):51~52

陈夕松,王露露等.2004.Nordberg HP系列破碎机给矿自动控制系统设计.工业仪表与自动化装置,177(3):47~48

陈夕松,王露露等.2004.选矿过程矿浆液位自动控制系统设计.自动化仪表,25(6):59~60

陈夕松,王露露等.2004.选矿过程球磨自动控制系统设计.电气自动化,26(4):63~64

陈夕松,魏彬等.2005.模糊PID在选矿球磨浓度控制中的应用.工业仪表与自动化装置,182(2):15~17

陈夕松,张景胜等.2003.矿石物流平衡的PLC设计与实现.自动化仪表,24(8):38~40

方康玲.2002.过程控制系统.武汉:武汉理工大学出版社

符羲.1996.系统最优化及控制.北京:机械工业出版社

顾绳谷.1997.电机及拖动基础.2版.北京:机械工业出版社

何坚勇.2008.运筹学基础.2版.北京:清华大学出版社

何克忠.1991.计算机控制系统.北京:清华大学出版社

何平.1995.模糊控制系统设计与应用.北京:科学出版社

何衍庆.2004.工业生产过程控制.北京:化学工业出版社

胡寿松.1990.自动控制原理(上、下).北京:国防工业出版社

黄德先,王京春,金以慧.2011.过程控制系统.北京:清华大学出版社

金以慧.1992.过程控制.北京:清华大学出版社

李士勇.1996.模糊控制·神经控制和智能控制论.哈尔滨:哈尔滨工业大学出版社

厉玉鸣.1999.化工仪表及自动化例题习题集.北京:化学工业出版社

刘宝坤.2001.计算机过程控制系统.北京:机械工业出版社

刘迎春.2002.传感器原理设计与应用.4版.长沙:国防科技大学出版社

三菱电机株式会社.1998.变频器原理与应用教程.北京:国防工业出版社

邵裕森,戴先中.2002.过程控制工程.北京:机械工业出版社

孙增圻.1992.智能控制理论与技术.北京:清华大学出版社

王常力,罗安.2001.集散控制系统选型与应用.北京:清华大学出版社

王桂增等.2002.高等过程控制.北京:清华大学出版社

王化祥.2004.自动检测技术.北京:化学工业出版社

王树青.2003.工业过程控制工程.北京:化学工业出版社

王兆安,黄俊.2001.电力电子技术.4版.北京:机械工业出版社

翁维勤.2002.过程控制系统及工程.2版.北京:化学工业出版社

徐春山.1995.过程控制仪表.北京:冶金工业出版社

杨丽明,张光新.2004.化工自动化及仪表(工艺类专业适用).北京:化学工业出版社

易继锴,侯媛彬.1999.智能控制技术.北京:北京工业大学出版社

尤昌德.1996.现代控制理论基础.北京:电子工业出版社

张福学.1993.现代实用传感器电路.北京:中国计量出版社

张晓华.1999.控制系统数字仿真与CAD.哈尔滨:哈尔滨工业大学出版社

章正斌.1990.模糊控制工程.重庆:重庆大学出版社

朱麟章.1995.过程控制系统设计.北京:机械工业出版社

朱善君.1992.可编程序控制系统原理应用维护.北京:清华大学出版社

诸静.1994.模糊控制原理与应用.北京:机械工业出版社

Bequetle B W.2003.Process Control:Modeling,Design and Simulation.Prentice Hall

Curtis Johnson.2002.Process Control Instrumentation Technology.6th.Pearson Education

附录 A　过程控制 SAMA 图

在许多大型过程控制工程设计中,过程控制框图的画法一般采用国际标准,如 SAMA (scientific apparatus makers association)图例(见附表 A.1)。这种图例的最大特点在于其流程比较清晰,特别是对复杂回路画起来和读起来都相当清楚。SAMA 图例的输入输出关系及流程方向与控制组态方式比较接近,各种控制算法有比较明确的标志,国际上很多大公司推荐采用这种画法。

SAMA 图例有三种外形,分别表示不同的含意如下:

○──测量或信号读出功能;

□──自动信号处理,一般表示机架上所安装组件的功能;

◇──手动信号处理,一般表示仪表盘上所安装仪表的功能。

附表 A.1　过程控制 SAMA 常见图例

FT	流量变送器	∑	加法器	V/I	V/I 转换器	A	模拟信号发生器
PT	压力变送器	∑/n	求平均值	I/V	I/V 转换器	☼	指示灯
LT	液位变送器	∑/t	积算	mV/V	电势-电压转换	I	指示表
TT	温度变送器	I	偏置器	V/V	电压-电压转换	R	记录表
ST	转速变送器	△	偏差	R/I	电阻-电流转换	MO	电动执行机构
ZT	位置变送器	>	高值选择器	R/V	电阻-电压转换	HO	滚动执行机构
K	比例器	<	低值选择器	P/I	气压-电流转换		气动执行机构
∫	积分器	⌐	高值限幅器	P/V	气压-电压转换	f(x)	未注明执行机构
d/dt	微分器	⌐	低值限幅器	I/P	电流-气压转换		直行程阀
f(t)	时间函数器	⌐	高低限幅器	V/P	电压-气压转换		三通阀

f(x)	函数发生器	V⌿	速率限制器	T	切换	⋈	旋转球阀
√	开方器	H/	高限监视器	A/D	模数开关	TR	跟踪
×	乘法器	L/	低限监视器	◇T	自动/手动切换	A/M	自动/手动
÷	除法器	H/L	高低限监视器	◇↕	手操作信号发生器		

附例 1 单回路控制系统 SAMA 图。

附图 A.1 所示是过程控制中最常见的可实现自动/手动无扰切换的某物位单回路控制系统的 SAMA 图。

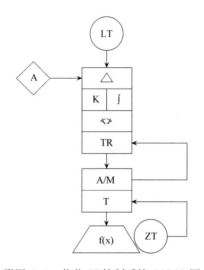

附图 A.1　物位 PI 控制系统 SAMA 图

由附图 A.1可见,物位变送⟨LT⟩与给定值◇A 形成偏差 △ 后进行比例 K 积分 ∫ 并作高低限幅 ⟨⟩ 处理,在送执行机构 f(x) 前,进行了自动/手动 A/M 的跟踪 TR ,并通过位置变送⟨ZT⟩实现无扰切换 T 。

附录 B 过程控制仪表位号

在过程控制系统中,构成一个回路的每一个仪表(或元件)都有自己的仪表位号。仪表位号由字母代号组合和回路编号两部分组成。仪表位号中的第一位字母表示被测变量,后续字母表示仪表的功能。回路编号中第一位数表示工序号,后续数字表示顺序号,如附图 B.1 所示。

在管道、仪表流程图和系统图中,仪表位号的标注方法是:字母代号填写在仪表圆圈的上半圆中;回路编号填写在下半圆中,如附图 B.2 所示。

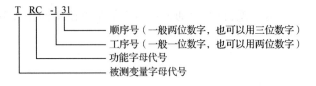

附图 B.1

附图 B.2 仪表位号的标注

常用仪表位号中表示被测变量和仪表功能的字母代号见附表 B.1。

附表 B.1 常用过程控制仪表位号

字母	第一位字母		后续字母
	被测参数	修饰词	功能
A	分析		报警
C	电导率		控制
D	密度	差	
E	电压(电动势)		检测元件
F	流量	比(分数)	
H	手动		
I	电流		指示
K	时间或时间程序	变化速率	自动-手动操作器
L	物位		灯
M	水分或湿度		
P	压力或真空		连接点、测试点
Q	数量或件数	累积、积算	
R	核辐射		记录
S	速度、频率	安全	开关、联锁
T	温度		传感变送
V	振动、机械监视		阀、风门、百叶窗
W	重量、力		套管
Y	事件、状态	Y 轴	继动器、计算机、转换器
Z	位置、尺寸	Z 轴	驱动器、执行机构或未分类的最终执行元件

附例 2 磨矿过程控制仪表位号。

对于第 1 章图 1.1(a)，还可以按附图 B.3 所示形式给出。图中 SZ 表示速度执行机构，WC 表示矿量控制器，WT 表示矿量变送。

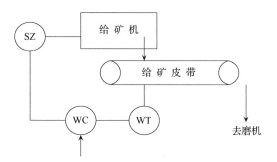

附图 B.3　磨矿过程入磨矿量自动控制系统示意图

附例 3 硫酸沸腾炉过程控制仪表位号。

硫酸生产中的沸腾炉如附图 B.4 所示，请说明图中位号和图形的含义。

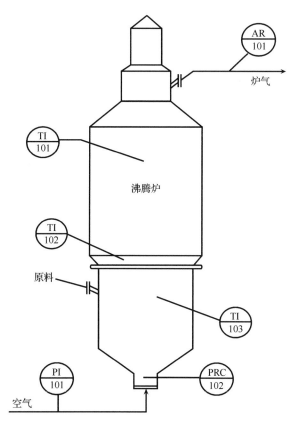

附图 B.4　沸腾炉示意图

仪表位号 TI-101、TI-102、TI-103 表示为第一工序第 01、02、03 个温度检测回路。其中：

T 表示被测变量为温度；

I 表示仪表具有指示功能。

仪表位号 PI-101 表示为第一工序第 01 个压力检测回路,其中:
P 表示被测变量为压力;
I 表示仪表具有指示功能。

仪表位号 PRC-102 表示为第一工序第 02 个压力控制回路。其中:
P 表示被测变量为压力;
RC 表示仪表具有记录、控制功能。

仪表位号 AR-101 表示为第一工序第 01 个成分分析回路。其中:
A 表示被测变量为成分;
R 表示仪表具有记录功能。

附录 C 过程控制部分专业术语中英文对照表

英　文	中　文	英　文	中　文
actuator	执行器	current	电流
air supply	气源	dead band	死区
alarm	报警	dead time	纯滞后
algorithm	算法	de-coupled control	解耦控制
analog	模拟	density	密度
application	应用	derivative	微分
array	矩阵	direct digital control(DDC)	直接数字控制
auto	自动	distributed control system (DCS)	集散系统
bias	偏置	disturbance	扰动
boiler	锅炉	dynamic	动态
cascade control	串级控制	electric	电动
channel	通道	electric supply	电源
chemical	化工	engineering	工程
communication	通信	enterprise resource planning (ERP)	企业资源规划
composition	成分	error	误差
comprehensive automation	综合自动化	expert control	专家控制
computer aided design(CAD)	计算机辅助设计	factory automation(FA)	工厂自动化
computer integrated manufacturing system(CIMS)	计算机集成制造系统	feedback	反馈
computer integrated process system(CIPS)	计算机集成过程控制系统	feed-forward	前馈
configuration	组态	field bus	现场总线
control	控制	filter	滤波
coupling	耦合	first-order	一阶
criteria	指标	flow rate	流量

英　文	中　文	英　文	中　文
frequency	频率	management	管理
fuzzy control	模糊控制	management and control integrated system(MCIS)	管控一体化系统
gain	增益	controlled variable	被控量
gauge	量计	manipulated variable	控制量
hardware	硬件	manual	手动
humidity	湿度	mass	质量
hydraulic supply	液压源	measurement	检测
hydrokinetic	液动	mechanical	机械
industrial PC(IPC)	工控机	metallurgical	冶金
industry	工业	motion control	运动控制
input	输入	multi-parameter	多变量
instrument	仪表	multiple in multiple out(MIMO)	多输入多输出
integral	积分	multivariable	多变量
integral of absolute error (IAE)	偏差绝对值积分	neural network control(NNC)	神经网络控制
integral of squared error(ISE)	偏差平方值积分	orifice	孔板
integral of time and absolute error (ITAE)	偏差绝对值与时间乘积积分	output	输出
integral of time and squared error (ITSE)	时间乘偏差平方积分	override control	超弛控制
interference	干扰	overshoot	超调量
interlock	联锁	parameter	参数
internal mode control	内模控制	petroleum	石油
inverter	变频器	PID	比例积分微分
lag	滞后	pneumatic	气动
lead	超前	power	电源、功率
level	物位	predictive control	预测控制
load	负载	present value (PV)	当前值
loose control	均匀控制	pressure	压力
low limit	下限	process	过程

英　文	中　文	英　文	中　文
process automation(PA)	过程自动化	software	软件
process control	过程控制	split-range control	分程控制
production	生产	stable	静态
programmable logic controller (PLC)	可编程控制器	stable error	稳态误差
proportional	比例	supervisory control and data acquisition (SCADA)	监督控制与数据采集
pump	泵	system	系统
quantity	数量	temperature	温度
radiation	辐射	thermo-couple	热电偶
ratio control	比值控制	transfer function	传递函数
regulator	调节器	transient time	过渡过程时间
relay	继电器	transmitter	变送器
resistance temperature detector (RTD)	热电阻	tuning	整定
response	响应	upper limit	上限
safety	安全	vacuum	真空
sampling	采样	valve	阀
second-order	二阶	valve position control	阀位控制
sensor	传感器	velocity	速度
set-point（SP）	设定值	viscosity	黏度
simulation	仿真	voltage	电压
single chip computer	单片机	water supply	水源
single in single out(SISO)	单输入单输出	weight	重量
single-loop control	单回路控制